M. Gottfried Voigt

Physicalischer Zeit-Vertreiber

Facetten der Physik

Physik hat viele
Facetten: historische, technische
soziale, kulturelle, philosophische und
amüsante. Sie können wesentliche und
bestimmende Motive für die Beschäftigung
mit den Naturwissenschaften sein. Viele
Lehrbücher lassen diese „Facetten der
Physik" nur erahnen. Daher soll
unsere Buchreihe ihnen
gewidmet sein.

Prof. Dr. Roman Sexl
Herausgeber

Bisher erschienen:

Band 1 Weber/Mendoza, Kabinett physikalischer Raritäten
Band 2 Boltzmann, Populäre Schriften
Band 3 Marder, Reisen durch die Raum-Zeit
Band 4 Gamov, Mr. Tompkins' seltsame Reisen durch Kosmos und Mikrokosmos
Band 5 Kuhn, Die kopernikanische Revolution
Band 6 Voigt, Physicalischer Zeit-Vertreiber

M. Gottfried Voigt

Physicalischer Zeit-Vertreiber

Mit einem Vorwort
von Roman U. Sexl und Jürgen Teichmann

Friedr. Vieweg & Sohn Braunschweig/Wiesbaden

CIP-Kurztitelaufnahme der Deutschen Bibliothek

Voigt, M. Gottfried:
[Physikalischer Zeit-Vertreiber]
Physikalischer Zeit-Vertreiber/M. Gottfried Voigt.
Mit e. Vorw. von Roman U. Sexl u. Jürgen
Teichmann. – Nachdr. d. 1. Aufl. Rostock,
Wilden, 1670. – Braunschweig, Wiesbaden:
Vieweg, 1980.
(Facetten der Physik; Bd. 6)
ISBN 3-528-08477-4

Dieses Buch ist ein Nachdruck der 1. Auflage von 1670,
verlegt bei Joachim Wilden, Buchhändler in Rostock, gedruckt in Güstrow
durch Christian Scheippeln.

Die drei Bildwiedergaben erfolgen mit freundlicher Genehmigung
des Deutschen Museums München.

1980

Satz: Vieweg, Braunschweig
Umschlaggestaltung: P. Morys, Salzhemmendorf
Druck: E. Hunold, Braunschweig
Buchbinderische Verarbeitung: W. Langelüddecke, Braunschweig
Printed in Germany

ISBN 3-528-08477-4

Vorwort

Gottfried Voigts „Physicalischer Zeit-Vertreiber“ entstand 1670, in einer Zeit des Umbruchs der Wissenschaft. Galileo Galileis „Dialog über die beiden Weltsysteme“ war 1632 erschienen und hatte durch die Wahl der italienischen Nationalsprache – anstelle der für die Wissenschaft üblichen lateinischen Universalsprache – und durch seine ebenso populäre wie polemische Darstellung weite Verbreitung gefunden. Das Aristotelisch-Ptolemäische Weltbild der Antike stand im Kreuzfeuer der Kritik und war in vielen Einzelheiten widerlegt. Doch war die Zeit noch nicht reif für eine neue Synthese, und die wirbelerfüllte Welt des Descartes, dessen „Principia Philosophiae“ 1644 erschienen, war ein verfrühter Versuch zur Schaffung eines neuen Weltbildes, das Aristoteles ablösen konnte.

Ein Problemkreis, der damals im Mittelpunkt des Interesses stand, war die Frage des Vakuums. In Bergwerken hatte man entdeckt, daß man Wasser mit Saugpumpen nur 11 Meter hoch heben kann. Versuchte man die Wassersäule höher zu ziehen, so riß sie einfach ab, wie Galilei 1638 in seinen „Unterredungen und mathematische Demonstrationen über zwei neue Wissenszweige, die Mechanik und die Fallgesetze betreffend“ mitteilte. Was war oberhalb der Wassersäule? War dort ein leerer Raum, ein Vakuum, entstanden? Ein zentrales Dogma der Aristotelischen Physik stand damit auf dem Spiel. Aristoteles hatte mehrere Argumente gegen die Möglichkeit eines Vakuums. So kann sich ein Körper im leeren Raum orientierungslos keiner Richtung zuwenden, da jede Richtung ebenso gut ist wie die andere. Die Existenz des Vakuums hätte deshalb eine Leichenstarre des Universums zur Folge, die in lebhaftem Gegensatz zu der Ansicht der Atomisten stand, bei denen die Welt aus Atomen aufgebaut war, die sich im leeren Raum bewegten. Experimente von Torricelli in Italien, von Pascal in Frankreich und vor allem von Otto von Guericke in Deutschland versuchten die offenen Probleme zu klären. Die Ergebnisse dieser Versuche, die ab 1644 angestellt wurden, ließen kaum mehr einen Zweifel an der Existenz des Vakuums und führten bald zu einer ausführlicheren Untersuchung der Eigenschaften von Gasen, die in Robert Boyles Experimenten aus dem Jahre 1660 gipfelten. Wieder war ein wichtiger Grundpfeiler der Aristotelischen Physik gefallen, und der Weg zum Wiederaufleben der seit der Antike weitgehend verdrängten

Atomistik war damit frei. Viele Elemente des neuen Weltbilds standen nunmehr bereit, doch die große Synthese ließ noch auf sich warten. Sie erfolgte erst 1687 in Isaac Newtons „Philosophiae Naturalis Principia Mathematica".

In diese Zeit des Umbruchs und des Übergangs fällt Voigts „Physicalischer Zeit-Vertreiber". Er ist ein besonders frühes Beispiel für die populäre naturwissenschaftliche Literatur in der Nationalsprache, die besonders im 18. Jahrhundert immer breitere Kreise zog. Das berühmteste Beispiel darunter waren die 1686 – also ein Jahr vor Newtons grundlegendem Werk – erstmals publizierten „Unterredungen über die Vielheit der Welten" des Sekretärs der französischen Akademie der Wissenschaften und geistreichen Schriftstellers Bernard le Bovier de Fontenelle. Dieses rein astronomisch ausgerichtete Buch erlebte noch zu Lebzeiten Fontenelles 32 französische Auflagen! Doch gab es schon 1660 in Frankreich eine „Philosophie für Damen" von René Bary, 1737 in Italien den „Newtonismus für die Damen" von Francesco Algarotti, der Fontenelle nachahmte.

Diese Aufklärungsbücher waren nicht für das einfache Volk gedacht. Voltaire spottete noch im 18. Jahrhundert, er habe nicht verlangt, Schuster und Dienstmägde aufzuklären, dies überlasse er den Aposteln. Die neuen Bildungsbücher waren vielmehr für die gehobenen und an Unterhaltung interessierten Stände gedacht, vor allem für den Adel und das höhere Bürgertum, soweit es existierte. Das geht auch aus der Widmung des vorliegenden „Zeitvertreibers" hervor, die sich an den „Hochedlen/Magnifico/Best/und Hochgelehrten Herrn Johann Schlüters" richtet, der in Mecklenburg Geheimrat und Kanzler war und als Gönner besonderes Interesse an diesem amüsanten und doch lehrreichen Zeitvertreib hatte.

Eine wundersame Mischung alter und neuer physikalischer Ideen präsentiert uns der Autor hier. Einerseits hängt er der Elementenlehre des Aristoteles an, Erde, Wasser, Luft und Feuer sind auch bei ihm die Bauelemente dieser Welt. Und auch in der Frage nach dem Vakuum schließt er sich Aristoteles an. Selbst ein scheinbar leeres Bierfaß enthält Bierdämpfe – wie unser lebenslustiger Autor wohl selbst überprüft hat, so daß hier von einem Vakuum keine Rede sein kann. Auch Guerickes Luftpumpenversuche, die überall Furore machten, können Voigts Glauben an die Lehren des Aristoteles in diesem Punkt nicht erschüttern.

Andererseits erweist sich Voigt aber als überzeugter Atomist. „Warum ist es in der Stube oben heißer als unten?" fragt uns der Autor. Weil die Feueratome, die Atomi ignae, nach oben steigen und sich daher unter der Decke sammeln! Dieselben „Atomi ignae oder subtile feurige Körperlein" führen auch dazu, daß Spinnweben beim warmen Ofen wackeln. Auch in siedendem Wasser sind es die Feueratome, die aufsteigen und Blasen mit sich reißen. Selbst das Kalkbrennen findet so seine natürliche Erklärung. Da sich nämlich Wasser und Feuer nicht vertragen, entweichen die Feueratome schleunigst, wenn man Kalk mit Wasser löscht.

Aber auch andere Atomarten hat unser Autor bei Bedarf vorrätig. „Wie kömmet denn der Staub auf die Bücher und Kleider, wenn sie gleich feste verwahret und verschlossen sind? Durch die Atomos terrae geschieht es. Denn sie sind immer in der Luft zerstreuet ..."

So mischt unser Autor nach Bedarf die Lehren des Aristoteles mit der Sprache der wiederaufkommenden Atomistik. Noch bis 1624 konnte ja ein zu energisches Eintreten für die Existenz der Atome mit dem Tode bestraft werden, da die unregelmäßige und ziellose Bewegung der Atome dem göttlichen Einfluß auf den Kosmos zu widersprechen schien. Doch bereits 1646 finden wir bei Johann Chrysostomus Magnien eine erste Bestimmung der Größe der Atome, die in bestem Einklang mit kirchlichen Traditionen stand: „Mehr als einmal habe ich beobachtet, wie sich der Rauch eines verbrannten Weihrauchkornes so verbreitet, daß er einen Raum erfüllt, der mehr als 700 Millionen mal größer ist als das Korn selbst." Eine kurze Rechnung führt Magnien zum Schluß, „daß in diesem Weihrauchkorn, das selbst nicht größer als eine Erbse war, mindestens 777 6 00000000000000 Elementaratome enthalten waren. Daraus kann man ersehen, wie winzig ein Atom ist, und kann erahnen, wie groß die Zahl der Atome im ganzen Universum sein muß." Nur um rund zwei Größenordnungen hatte sich Magnien hier verschätzt, und erst 250 Jahre später konnten seine Überlegungen verbessert werden.

Doch nicht nur der Atomismus, auch Probleme der Schwerkraft beschäftigen Voigt. „Warum fällt ein Stein erstlich sachte, hernach geschwinder herunter?" fragt der Autor. Um die Beschleunigung nachzuweisen empfiehlt er in Ermangelung geeigneter Stoppuhren sogar ein einfaches Experiment: „Er nehme zwei Steine gleichschwere, und lasse einen vom Tische, den anderen vom Dache herab auf die Erde fallen, und lege den Kopf oder die Hand unter, was gilts, er wird erfahren, welcher am meisten wehe tun wird, nämlich der, der vom Dache heruntergefallen."

Noch in einem anderen Zusammenhange beschäftigen fallende Steine den Autor. „Hat es auch Steine geregnet?" für dieses außerordentliche Phänomen weiß Voigt einige Gewährsleute, darunter Livius anzuführen. Auch eine mögliche Erklärung für diese Naturerscheinung findet sich. Wenn nämlich die Materia lapideszens und der Spiritus lapidiszus in Wolken vorhanden, „welches aber gar selten geschiehet", so könnten sich Steine bilden, die vom Himmel fallen. Doch war dies keinesfalls sicher, und noch mehr als ein Jahrhundert später wurde Ernst Florens Friedrich Chladni, der durch seine Klangfiguren berühmt wurde, zum Gegenstand öffentlichen Spotts, als er für die reale Existenz von Meteoriten eintrat, die vom Himmel fallen.

Die Schwerkraft führt aber auch noch auf andere Unannehmlichkeiten. „Man hat leider! oft erfahren, daß die schwangeren Wolken zerbrochen, und mit unstümer Macht heruntergefallen, und alles überschwemmen. Nicht allein in der Sündflut, sondern auch nach derselben.“ Gar große Unglücke können dadurch hervorgerufen werden, wie zu Konstantinopel anno 1490, wo „eine Wolke herabgefallen, welche 880 Häuser niedergerissen und 3000 Menschen ersäufet.“

In dieser Betonung außergewöhnlicher Naturereignisse, die bei Voigt immer wieder zitiert und erörtert werden, tritt zutage, wie sehr man in dieser Zeit noch den normalen Ablauf des Naturgeschehens nicht als geeignetes Thema wissenschaftlicher Untersuchungen betrachtete, sondern nur auffällige, ungewöhnliche Ereignisse als erklärungsbedürftig erachtete. Man liebte das Absonderliche und trug es in barocken Schatz- und Wunderkammern zusammen. Umso mehr kontrastiert damit der Geist der neuen Naturwissenschaft, der Galilei veranlaßte, schwingenden Kronleuchtern in der Kirche seine Aufmerksamkeit zu schenken und Kugeln rollen zu lassen, um dem normalen, gewöhnlichen Naturgeschehen auf die Spur zu kommen.

Die meisten Ausführungen Voigts beschäftigen sich aber nicht mit physikalischen Problemen im heutigen Sinne. Sein Begriff der „Physik“ als Wissen über die gesamte Natur stammt von Aristoteles ab. Unsere heutige, eingeschränkte Auffassung von Physik ist dagegen erst im Laufe des 19. Jahrhunderts entstanden.

Ganz im Stile der alten, scholastischen Tradition verläuft auch Voigts Diskussion der verschiedenen Phänomene. Vielfaches Zitieren von Autoritäten gibt einer Meinung Gewicht, wobei die verschiedenen Interpreten des Aristoteles schon genügend widersprüchliche Varianten des Naturwissens abwürfen, wie Voigt in der lateinischen Vorrede mitteilt. Dieser Aristotelischen Tradition liegt ja auch ein durchaus plausibles Wissenschaftsverständnis zugrunde. Voigt zitiert als Grundlage des Wissens Vernunft und Erfahrung – Erfahrung also und nicht das Experiment! Bei allen „anmutigen“ Fragen wird deutlich, daß die tradierte Erfahrung wesentlich ist. Was von vielen und immer wieder als Beobachtung weitergereicht wurde, galt als gesichert, ohne daß man die Verläßlichkeit dieser Quellen allzu genau wertete.

Der Erfahrung wurde der Vorrang vor dem Experiment nicht ohne Begründung eingeräumt. Denn ein experimenteller Eingriff in die Natur würde stets eine Verfälschung bedeuten und konnte nichts zur Erkenntnis beitragen. Nur durch eine sorgfältige Reflexion der – passiven – Erfahrung durch die Vernunft war gesicherte Erkenntnis möglich. Wenn dagegen ein technisches Instrument den Anspruch erhob, geheiligtes Wissen umzustoßen, wie das Fernrohr Galileis 1609 die Siebenzahl der Planeten durch die Entdeckung der Jupitermonde in Frage stellte, dann war das nur ein Beweis, wie wenig die Technik der wahren Erweiterung des Wissens angemessen war. Das damals bereits bekannte Mikroskop und andere Instrumente tauchen deshalb bei Gottfried Voigt nirgends als anerkannte Mittel zur Erkenntnisgewinnung auf. Allerdings zählt die Astronomie, und damit der Anwendungsbereich des Fernrohrs, nicht zu seinem Definitionsbereich der Physik.

Vielleicht erscheint uns heute Voigts „Physicalischer Zeit-Vertreiber" zu schnell als amüsantes aber längst vergangenes Wissen. Nachdenklich stimmt die Vorstellung, wie unsere populären Bildungsbücher in 400 Jahren als Faksimile-Drucke verlegt, kommentiert und konsumiert werden mögen.

Roman Sexl und *Jürgen Teichmann*

Wien und München, Sommer 1980

M. Gottfried Voigts /
Physicalischer
Zeit-Vertreiber /

darinne

Zwey Hundert

Auserlesene / Lustige / Anmuhtige

Fragen

**Aus dem Buch der Natur beantwor-
tet / auch allerhand neue und rare Curiosi-
täten angeführet / die Geheimniße der Natur
entdecket / die Ursachen vieler Dinge erkläh-
ret / die Wahrheit befestiget / und die
Irrthümer kräfftig wiederleget
werden /**

**Allen Liebhabern der Natürli-
chen Weißheit zu Nutz und
gefallen herausgegeben**

nebst einem

Dreyfachen vollständigen Register.

In Verlegung Joachim Wilden /
Buchhändler in Rostock.
Gedruckt zu Güstrow
Durch Christian Scheippeln / Anno 1670.

Dem
Hoch-Edlen / Magnifico,
Vest / und Hochgelahrten

Herrn Johann Schlütern /

Fürtrefflichen JCto, und
Fürstl. Mecklenb. geheimten
Raht und Hochbetrauten
Cantzler u. s. f.

Meinem Hochgeneigten
Mæcenat, und grossen
Gönner.

Hochgeneigter Herr

ALs der berühmte Mohler Timanthes den Griechischen Held Agamemnon abconterfaien solte / wie derselbe seine Hertz-allerliebste Tochter Iphigeniam, die nunmehr zur Schlachtbanck geführet und den Göttern solte auffgeopffert werden / mit heissen Thränen beweinet: so bildete er ihn ab mit verdeckten und verhülleten Angesichte / anzuzeigen / daß seine mehr als Todenbleiche traurige Gestalt und vergossene Thränenfluht / mit keinem Pinsel noch Farbe abgemahlet werden könte. Hochzuehrender Herr / ich wolte zwar auch den Glantz Seiner Heroischen Tugenden / vortrefflichen Geschickligkeit / herrlichen Verstandes und anderer hochrühmlichen Qualitäten / mit welchen er von dem Höchsten reichlich begabet / abbilden; ich wolte die Hoheit seines Standes / darein Jhn der allgewaltige Himmels König und unser gnädigster Landes-Fürst und Herr gesetzet / darstellen: ich wolte in Gold und ewiges Marmor schreiben das Himmel-breite Lob Seiner unvergleichlichen Schrifften / welches schon durch Sud-Ost-West- und Norden erschollen; ich wolte mit lebendigen Farben abreissen die Lineamenten seiner hochangebohrnen Freundligkeit und Gunst gegen die Musen und derselben Verwanten; ich wolte beschreiben Seine hohen Meriten / mit welchen Er sich ümb Könige / Fürsten und Herren höchstrühmlich verdient gemacht; ich wolte endlich præsentiren ein rechtes Conterfait eines mit Gottseeligkeit / Verstand / Weißheit und allen andern herrlichen Tugenden ausgerüstetē Cantzlers; Aber ich muß Timanthen folgen (wiewohl nicht in einer Materie / doch in gleicher Erfindung) und dieses alles mit der Decke der verwunderung ümbhüllen. Vieleicht werden es andere / denen die Natur günstiger gewesen / als mir / einmahl zu wercke setzen. Wiewohl ich zweiffele / ob ein schwacher Kiel (gesetzt daß er auch von Demant und die Dinte selbst Hipocreen wäre) solch Sonnen-gleiches Lob werde erreichen können.

Im übrigen habe den ersten Theil dieses Physicalischen Werckleins mit E. Hoch-Edlen Excellentz großanſehnlichen Nahmen zu zieren und vermittelst unterdienstlicher Zuschrifft dem Leser recommendirlich zu machen / ich mich erkühnet. Zu welcher Kühnheit mich denn verursachet Seine hochgedachte Gunst und Leutseeligkeit / die Er zum öfftern meiner Wenigkeit hat sehen und verspüren lassen. In Erwegung dessen getröste ich mich /

Er werde auch dieses Jhm unterdienstlich zugeschriebenes Büchlein nach Seiner hochangebohrnen Güte und Höffligkeit anzunehmen/ und bey ruhenden andern Stats-Wichtigkeiten/ ihm ein und andern gönstigen Einblick zuverleihen belieben lassen. Denn/ ob vielleicht nicht viel darinn zu finden seyn möchte/ welches die köstliche und weitwichtigern Geschäfften zugewiedmete Zeit erstattete: dörffte dennoch etwas unterweilen vorkommen/ so E. Excellentz erheblichen Neigungen gemäß und denselben einiger massen gefällig wäre. Dafern nun diese meine zuversichtliche Hoffnung ihren Zweck und Ziel erreichet/ werde ich gewiß dafür halten/ es habe Minerva selbst hiebey helffen mit Hand anlegen und das Glück habe mich zu seinem Sohn erkieset.

Womit E. Hoch-Edle Excellentz ich dem mächtigen und starcken Schutz-Arme GOttes/ und desselben reichsten Seegen an allem erwünschetem Wohlergehn und langer Leibes Gesundheit zu gnädigsten Vergnügen J. Hoch-Fürstl. Durchl./ zu grossen Auffnehmen und Zier des Landes/ und zu sonderbahren Trost der hoch-vielgeliebten Jhrigen/ in meinem Gebehte befehle/ unterdienstlich bittende/ mir und meinen Studien mit fernerer hohen Gunst jederzeit wohl zugethan verbleiben. Güstrow den 1. Febr. 1670.

E. Hoch-Edlen Excellentz

mit unterdienstlicher
Pflicht verbundenster

M. Gottfried Voigt.

JAm Physicos lusus dias producis in auras,
Atqve dicis causâ vis superesse tuis.
Delicias Physicas commendat amœnior usus,
His teret, & fallet tempus ubiqve bonus.
LEUCORIS & VARNUS certant GOTHOFREDE; corollam
Hic capiti nectit, nec minus illa Tuo:
I liber in mundum doctis placiture Magistris,
Invenit oblectans, Vir, juvenisqve caput.
Pergito, mi VOIGTI, famam proferre profanis
Et sacris scriptis, præmia tempus habet.

HisceClarissimi, Eximii atqve Excellentis DN. M. VOIGTII, Lycei Gustrovici Rectoris solertissimi, meritissimiq;, amici & fautoris honoratissimi, Physicarum rerum oculiferia erudito orbi commendare voluit

Christianus Woldenbergius,
Crempâ Holsat: Phil. J. U. D. Decretal. PP. Ducal. Consistorii Assessor, & Comes Palat. Cæsareus.

Ad Excellentissimum Virum

DN. GOTHOFREDUM VOIGTIUM,

Celeberrimum Philosophiæ Magistrum, illustris Lycei Gustroviensis Rectorem Dignissimum, fidelissimum, Quæstiones Physicas invito Momo edentem.

ET Phœbum, & Phœben peperit Latona gemellos,
Cum passim erraret fessa labore Dea.
Vix Delos capit errantem: connixaq; partus
Turpiter à Lyciis mox prohibetur aqva.
Haut aliter Doctrina Tua, *O Clarissime*, RECTOR,
Vera Dea in terris facta gemellipara est.
Utraq;, Divina, atq; humana scientia, proles
In gremio ludens est patefacta tuo.
Non etenim Trivium sonuit Tua Dogmata tantùm;
In lucem cunctis edita scripta patent.
Hinc scitur, qvâ mente Deus, qvâ fronte colatur,
Illinc, qvid scito differat ore Sophus.
Nec satis est: iterum naturæ arcana recludis,
Dum rerum causas dicere posse juvat.
O sanctum studium! cuncta est Tibi nota vetustas,
Et scis, Autores qvæ reperere novi.
Talia *Cardani* ingenium subtile notârat,
Qvæ licet arrodat *Scaliger*, ipse docet.
Talia *Kircherus* sub terra, & in æthere lustrat,
Et plures alii, qvos numerare vetor;
Horum non tam nunc seqveris vestigia cautus,
Qvam Tu acie ingenii & sedulitate probas.
Insuper egregia in libris ratione docendi
Uteris: utilibus dulcia mixta lego.
Mira rogare Tibi dulce est, responsa rogatis
Svavia Lectori reddere dulce magis.
Non vero soli es Tibi respondere paratus,
Cuivis qværenti dicta referre soles.
Qvis nobis igitur *Rectore* opus esse negavit,
Qvi sit responsi ad qvæq; rogata potens?
Inscius iste fuit veriq;, boniq; scholæq;,
Inscius, an distet sinciput à pedibus.
Indoctus fuit iste alios similes sibi qværens,
Ut mulo scaberet tergora mulus iners.
Iste fuit petulans, svetus blaterarq; per urbem,
Nec vitio duxit obstrepuisse bonis.

Marcidus iste fuit spernens meliora docentem;
Nam verè est melior, qvi meliora docet.
Iste fuit stolidus, metuens ne doctior ipso
Dicatur palmam præripuisse sibi.
Invidus iste fuit, pariter fuit iste superbus,
Et voluit miseros supplice voce loqvi.
Qvid multa? e Lyciis natus fuit iste colonis
Rusticus, atq; imo è gurgite turbat aqvas.
Noluit iste alios è puro fonte bibisse,
Pro puris voluit (vah) lutulenta dari.
Haut impune feret, sub aqva maledicere pergens,
In stagno æternum vivere dignus erit.
At Tibi fons liqvidus fluit hîc, qvi purier illo
Dura Medusæi qvem dedit ungula eqvi.
Inde bibunt cupidi doctrinæ nectar amœnum,
Et Docti cupiunt hinc relevare sitim.
Nec prohibes qvenqvam; das sponte, nec ureris atrâ
Invidiâ, qvæ ceu vipera serpit humi.
Te Tua, Te Virtus Vir Docte, Politule, Amande,
Humanis spretis ad meliora tulit.
Namq; Tibi libitum est in cœlum scandere, gaudes
Altius humanis exeruisse caput.
Macte Tua Virtute, Tibi præconia laudum
Non deerunt: notus, qva patet orbis, eris.

DIETERICUS Lützou.

Des
Physicalischen Zeit-vertreibers
Rede an den unbekanten Momum oder Tadler.

Hör Tadler/ meinestu es sey ein Fehl an mir?
Der Fehler sind viel mehr/ als einer nur bey dir/
Die treiben dich dazu/ daß du die Leute richtest/
Und selber nichtes thust/ als das du nur vernichtest;
Auswendig sieht man nichts an dir/ als Haß und Neyd/
Inwendig bistu gantz voll Gall/ und Bitterkeit/
Die auch/ wo ihm nicht wird durch Gottes Geist gewehret/
Dir alles Eingeweid' im Leibe gar verzehret:
Die Augen sehen falsch: das lose Maul das leugt/
So bald du solches regst/ so weiß man daß es treugt:
Um Schand' und Ubelthat wilstu dich nicht mehr grämen/
Die Stirn die durchgenagt/ wil sich hinfort nicht schämen:
Ja unter deiner Zung' ist lauter Spinnen-Gifft/
Das hat behäglichkeit/ wenn es den Menschen trifft:
Du beissest auch die Zähn' aus lauter Zorn zusammen/
Und knirschest grausamlich: Du würffest Feures Flam̃en/
Wo müglich auff mich zu: Ein wunder der Natur
Heißt man dich billiger/ weil ja nach deiner Schnur/
Mit der man misset dich/ dein Hertz ist Sieben Ellen
Noch länger als du selbst/ daraus man sicher qvellen
Den rechten Todes-Fluß/ der noch viel schlimmer stinckt/
Als der/ den Cerberus dort in der Höllen trinckt/
Wenn er nach Blut' hat durst. Nur das ist Hertzens gnug;
Drüm wundert mich/ das du dennoch nicht bist so klug/
Daß du O Mome/ kanst dein' eigne Fehler sehen.
Jedoch hoff ich/ es werd auch diß einmahl geschehen/
Wenn nur/ du Tadeler/ du Nacht- und Schlaffes Kind/
Traum oder Finsterniß bey dir sich nicht mehr findt/
Die dich zur Grobheit treibt/ und dich auff dir erhebet/
Da Neyd/ und Unverstand der Weißheit wiederstrebet/
Und brüstet sich hervor. Doch räch ich mich hie nicht;
Ohn Mißgunst geb' ich dir von der Natur bericht/
Und gönne dir/ daß du bedachtsam mögest lesen/
Wie GOtt durch seine Krafft hab' aller dinge wesen
Nach dem Gewicht' und Zahl/ nach Ordnung Maß und Ziel
Vollkömlich außgemacht. Thue du auch nicht zu viel/
Und bleibe nur in dem/ was dir ist anvertrauet/
Und was du hast gelernt: Denn wer auff frembdes schauet
Deß er nicht Meister ist/ der wird nicht viel gewinnen/
Nun gnug. Ich wünsche dir/ du mögest dich besinnen/
Damit dein grosses Hertz hab auff dich selber acht/
Und sage endlich noch der Hoffart gute Nacht:
Alsdenn wird niemand dich/ dich unbekanten kennen/
Wo nicht; so wird dich selbst dein Neyd und Mißgunst nennen.

SENNERTUS Hypomnem. Phys. Procem.

DUo solùm sunt omnis veritatis investigandæ principia, & sententiarum examinandarum, κριτήρια, λόγοσ καὶ πῦρα, ratio & experientia. Hæc qvi seqvitur, non facilè errat: qvi verò, his neglectis, ad externum illud argumentum, autoritatem nimirum, confugiunt, &, veluti mancipia qvædam, in unius verba jurant, & ex homine Deum qvasi qvendam, qvi fallere non possit, faciunt; facile in varios errores labuntur. Hinc (ut jam nihil de Medicina, nec aliis Philosophiæ partibus dicam, sed in Physica, cujus gratia hæc dixi, subsistam) inter Aristotelis (qvem hâc in parte aliqvot jam seculis pleriq; omnium ferè nationum Philosophi ita hanc Philosophiæ partem perfecisse, crediderunt, ut nullo amplius labore opus sit, qvàm qvi ejus scriptis impendatur) interpretes tot dissidia, & tot pugnæ & objectiones ultrò citroq; indissolubiles ortæ sunt, eæq; tot annorum seculis non terminatæ, sed indies in plures sectas abierunt, dum ex sectarum hypothesibus disputarunt, & hic hanc, hic aliam viam secutus est; hic Averrois, hic Thomæ, hic Scoti, hic alius; ut, cui crederes, non facilè inveniretur.

M. Gott.

M. Gottfried Voigts

Physicalischer Zeit-Vertreiber/

Das

Erste Hundert.

B

Das Erste Hundert.

Die I. Frage.

Was haben unsere erste Eltern/ Adam und Eva für eine Farbe gehabt? Sind sie schwartz gewesen/ wo kommen denn die weissen Leute her? sind sie aber weiß gewesen/ wo kom̃en denn die Mohren her?

Antwort.

Sie sind weder schwartz noch weiß gewesen/ sondern röhtlich. Ehe aber solches klärlich kan dargethan und erwiesen werden/ ist von nöthen zu melden/ an welchem Ort sie erschaffen. Denn man hat aus der Erfahrunge/ daß die Farbe am Menschen und unvernünfftigen Thieren nicht an allen Orten einerley sey/ sondern sich verändere nach der Beschaffenheit des Orts. Diejenigen/ so in den kalten Nord-Ländern wohnen/ sind weiß/ wo nicht alle/ doch meistentheils; Welche aber in den warmen Ländern gegen Mittag wohnen/ sind mehrentheils röhtlich/ und hernach werden sie schwärtzlich. Was nun den Ort unserer ersten Eltern betrifft/ an welchem sie geschaffen und gewohnet/ so lesen wir davon also im ersten Buch Mosis Cap. II. v. 8. **Und Gott der HErr pflantzte einen Garten in Eden/ gegen den Morgen/ und setzte den Menschen drein/ den Er gemacht hatte.** Hier wird gesagt/ daß GOtt den Menschen/ den er erschaffen/ in den Garten gesetzet; ob er ihn nun gleich nicht dariñen erschaffen/ so ist es doch gläublich/ daß er nicht weit davon erschaffen. Der Garte aber ist gelegen in Eden gegen dem Morgen/ und wie die Gelehrten dafür halten in dem Lande Sinear bey Babylon. Denn an demselben Orte sollen sich die vier Flüsse befinden/ Pison/ Gihon/ Hidekel und Phrat/ die in dem Garten gewesen/ und werden heute zu Tage genennet Ganges, Nilus, Tigris und Euphrates. Vid. Kirchmajer. Delic. Æstiv. de Paradis. Exerc. I. cap. 2. p. 27. 28. & seqq. Wann nun dem also/ wie ihm dann nicht anders/ daß Adam und Eva im Morgen-Lande/ und also an einem warmen Ort erschaffen/ so werden sie ja auch die Farbe an sich gehabt haben/ die denen Einwohnern desselben Orts gemein ist/ nehmlich die rohte. Hernach haben unsere erste Eltern/ ausser allem Zweiffel/ eine gute Natur und köstliches Temperament gehabt/ dieweil sie so lange gelebt. Zum langen Leben aber ist kein Temperament dienlicher/ als das Sangvineum, wenn nur die Sangvinei sich hüten für allzu grossen Trincken/ darzu sie pflegen geneigt zu seyn. Darumb ist zu vermuhten/ daß unsere erste Eltern/ wegen ihres langen Lebens/ auch sind Sangvinei gewesen/ und daher etwas röhtlich. Denn diese Farbe haben die Sangvinei, fürnehmlich/ wann sie an warmen Oertern leben. Letzlich bedeutet auch das Wort Adam in der Grund-Sprache etwas/ das da roht ist/ daher heist Adamà rohte Erde/ von welcher Adam erschaffen. Warumb hätte nun GOtt unsern Altvater/ Adam oder Roht genennet/ wenn er nicht so gewesen? Besiehe hievon meinen Tractat vom Schnee und des Sengverdii Exercit. Phys. I. Es möchte aber einer sagen und fragen:

II.

Woher kommt es denn/ daß die Mohren schwartz sind/ und nicht roht?

Darauff antworte ich/ daß die schwartze Farbe der Mohren nicht allezeit von Natur sey/ sondern offte von gewissen Salben herrühre. Denn wenn sie gebohren werden/ sind sie roht/ wie die Holländischen Schiffahrer bezeugen/ von den Gvinensern/ in Africa/ wo es viel schwartze Mohren giebt/ derer Kinder nicht den Eltern gleich schwartz sind/ sondern roht oder gelb/ als die Brasilier. Hernach beschmieren sie ihren Leib mit Talch/ Seiffen/ Palmen-öhl/ Schmaltz und andern dergleichen Dingen/ und legen sich an die Sonne / welche sie denn balde verbrennt und schwartz machet. Darauff denn gar leicht geschehen kan / daß wenn sie groß werden und zur Ehe schreiten / sie auch solche schwartze Kinder zeugen. Denn wie die Eltern / so sind auch gemeiniglich die Kinder / und was die Imagination oder Einbildung bey dem Dinge thun kan / ist leicht abzunehmen.

III.

Warumb sind aber die Hände der Mohren inwendig nicht schwartz/ wie der ander Leib?

Es kan theils darumb seyn / weil ihre Vorfahren / von welchen sie gezeuget/ nicht so schwartze Hände gehabt; theils weil die Haut in der Hand die schwärtze nicht so annimmt/ wie der ander Leib; theils weil die Sonne selbige nicht so sehr anbrennen kan; theils auch weil sie in der Arbeit die schwärtze von der Hand wieder abreiben.

IV.

Was solte aber die Mohren dazu bewogen haben/ daß sie ihre Leiber durch die schwartze Farbe so verunzieret?

Das kan man nicht eigendlich wissen. Vielleicht haben sie es gethan umb sonderlicher Zierde willen. Denn ob wol uns die schwartze Farbe an des Menschen Leibe garstig scheinet/ so kömmt sie doch so nicht den Mohren für. Welches keinen wundern darff/ dieweil die Schönheit und garstige Gestalt nur in unser opinion und Meinung bestehet. Denn sage mir einer/ warumb die weisse Farbe feiner stehe/ als die schwartze? Warlich er wird keine andere Ursache können fürbringen/ als weil es die Menschen ihnen also einbilden. Was aber die Einbildung bey der Menschen Schönheit thue/ ist aus der öfftern veränderung der Kleider zierrathen/ welche bald fein/ bald garstig und altfränckisch stehen/ nach dem es die Mode und Gewohnheit mit sich bringet. Und weil die meisten und vornehmsten Leute unter uns einen gefallen an schwartzen Kleidern haben/ was ists denn groß zu verwundern / daß die Mohren ihre Beliebung an der schwartzen Haut tragen? Ja sie thun noch viel andere Sachen / welche uns viel gärstiger fürkommen/ als dieses. Denn die in Guinea wohnhafftig halten es für eine grosse Zierde/ wenn sie lange Nägel haben / daher lassen sie sie auch so lang wachsen/ als ein Glied am Finger. Eben dieselben zerritzen und zerkratzen ihre Angesichter und Arme/ und streichen sie mit allerhand Farben an. Hugo Linschot. in seiner Reisebeschreibung cap. 41. saget/ daß sie die weissen Leute für Mißgebuhrten/ Gespenst und Teuffel achten; und in den gedancken stehen/ als sey die schwartze Farbe die edelste und beste unter allen. Darumb ist es keines weges zu verwundern / daß sie auch ihre Haut mit dergleichen Farbe anfärben und besudeln.

V.

Oben ward gesagt/ daß die jenigen/ so in kalten Ländern wohneten/ weisser wären / als die / welche an warmen Oertern sich auffhielten: was ist die Ursache dieses?

Die Ursache ist diese / weil an den warmen Oertern des Menschen Leib durch die Hitze mehr eröffnet wird / daher sich das Geblüht / welches von Natur roht / unter die Haut setzet und durch dieselbige scheinet. Hingegen aber wird an kalten Oertern unsere Haut mehr und mehr verschlossen und verhärtet / und daher dem Blute gewehret / das es sich nicht so ergiessen und an die eusserliche Gliedmassen kommen kan. Denn du must wissen / daß die Haut des Menschen an und für sich selbst weißlich sey: Wenn sie aber entweder braun / oder gelb/ oder roht scheinet / so rühret das her von der Materie / die darunter verborgen. Daher sind die Sangvinei roht / die Cholerici gelblicht / die Phlegmatici bleich / die Melancholici schwartz oder braun.

VI.

Woher wiltu beweisen/ daß die Haut des Menschen weißlich sey?

Erstlich siehet man es an ihr/ wenn sie abgezogen ist/ da scheinet sie weißlich. Hernach sehen wir es auch an den verbluteten Cörpern/ welche bleich / dieweil das Blut/ welches die Haut sonst röhtlich oder lebendig macht/ sich verlieret und kein anders wieder an dessen Stelle kommt. Wir sehen es auch an den truncken en und zornigen Leuten/ welche roht werden/ wenn sich das Geblüte erhitzet/ ob sie gleich sonst bleich aussehen.

VII.

Warumb haben die Männer das Knäufflein am H.lse und nicht die Weiber?

Die Weiber sagen/ Eva hätte im Paradieß das beste vom Apffel gegessen/ ihrem Mann aber Adam/ das übrige und schlimmeste gegeben/ nehmlich den Gröbs: Weil aber dieser so hart gewesen/ hätte ihn Adam nicht können hinunter schlucken/ sondern er wäre in der Kehle stecken blieben: Und daher müsten noch heut zu tage alle Männer den Gröbs am Halse tragen. Aber das ist lauter Weiber Geschwätze. Denn dieses Knäufflein am Halse ist von GOtt dem Menschen angeschaffen/ und wird noch heute zu tage von der Natur nebst andern Gliedmassen im Mutterleibe formiret bey allen Menschen/ so wol Manns- als Weibes-Personen. Man kans aber nicht bey allen sehen/ sondern bey denen am meisten/ die gar ein trockenes Temperament haben/ als die Männer. Weil aber die Weiber gar feuchter Natur sind/ so kan man dasselbe Knäufflein oder Adams-Apffel bey ihnen nicht mercken/ wiewohl sie es in der That auch haben.

IIX.

Ists wahr/ daß die Weiber eine Riebe mehr als die Männer haben?

So sagt man ins gemein/ GOtt hätte Adam eine Riebe genommen/ und Evam daraus gebauet/ und daher hätten die Männer weniger Rieben als die Weiber. Aber es ist nichts dran. Die Männer haben so wohl zwölff Rieben an jeglicher Seiten/ als die Weiber/ wie es Augenscheinlich die Erfahrung in der Anatomi oder zertheilung der Menschen/ bezeuget. Was aber dieselbe Riebe anlanget/ davon Eva erschaffen/ so sind davon unterschiedliche Meinungen unter den Gelehrten. Etliche sagen/ daß dadurch nicht eine rechte Riebe/ sondern nur das Fleisch an den Rieben verstanden werde/ und daraus wäre Eva gemacht. Aber der Text ist gantz und gar darwieder. Denn es stehet ausdrücklich/ Genes. 2. v. 22. **GOtt der HErr bauet ein Weib aus der (NB) Riebe/ die er von dem Menschen nahm/ und brachte sie zu ihm.** Hernach sprach Adam v. 23. **Das ist doch (NB) Bein von meinē Beinen und Fleisch von meinem Fleische.** Cajetanus legt es gantz impropriè aus und verstehet weder eine rechte Riebe/ noch warhafftiges Fleisch/ sondern er sagt/ daß die Gesellschafft und Verbündnis zwischen Mann und Weib dadurch angedeutet werde. Aber man soll in Auslegung der H. Schrifft nicht von dem eigendlichen verstande und Buchstaben abweichen/ es erfodere es denn die höchste Noth/ dergleichen hier nicht ist. Darumb thun die jenigen am besten/ die allhier bey dem blossen Buchstaben verbleiben/ und lehren/ daß Eva aus einer rechten Riebe geschaffen/ und zwar daß GOtt von jeder Seiten eine oder ein Gehenck genommen habe/ wie Kimchi libr. Radic. nicht uneben dafür hält. Ob aber dieselbe Riebe Adams sey nothwendig/ oder überley gewesen/ ist etwas schwerer zuergründen. Denn es möchte einer einwenden und sagen: Wenn die Riebe/ die dem Adam genommen/ nothwendig gewesen/ so ist ja Adam hernach unvollkommen worden / in dem ihm das gemangelt / was doch dem Menschen nöhtig. Ist sie aber nicht nothwendig / sondern übrig gewesen / so folget draus / daß Adam zuvor / ehe Eva erschaffen / ein monstrum gewesen / indem er ein Glied / nehmlich eine Riebe / zuviel gehabt. Aber dieser Einwurff kan damit gehoben werden / wenn man sagt daß diese Riebe sey nothwendig gewesen zur Erschöpffung Evæ / aber nicht zur Vollkommenheit des Menschlichen Cörpers. Vid. PERERIUS in Genesin. GERHARD. in Gen. HOTTINGER. in Hexaëm.

IX.

Ist aber ein Unterscheid zwischen den Männer- und Weiber-Rieben / auch andern Gebeinen / also daß man dieselbe erkennen kan?

Ja es ist ein unterscheid. Denn die Männer Rieben sind härter; der Weiber aber ihre etwas weicher. Hernach sind der Männer Beine mehrentheils grösser und länger / als der Weiber. Wiewohl die Natur hierin auch offte ändert.

X.

Warümb sind die Männer gemeiniglich grösser / als die Weiber?

SENGVERDIUS in Exercit. Phys. hält dafür / daß diß herkomme von der Hitze / welche bey den Männern grösser / und mit der Feuchtigkeit und Dürre besser vermischet / als bey den Weibern. Denn durch die Hitze werden die Speisen verdauet / die Nahrung und das Wachsen befördert / die Schweißlöcher eröffnet und erweitert / die erweiterten mit anderer zuvorbereiteten Materie angefüllet / welche hernach in die Substantz des Leibes verwandelt wird / daher denn des Cörpers zunehmen entstehet. Weil nun die Männer pflegen wärmer und daher auch stärcker zu seyn / als die Weiber / so wird das Werck der Vertauung und Zunehmung in ihnen besser vollbracht / als bey den Weibern. Jedoch muß die Hitze auch nicht gar zu groß und scharff seyn. Denn wenn dieses geschieht / so vertrocknet der Leib / und insonderheit das Gebein / also / daß es nicht weiter kan ausgetehnet werden. Und alsdenn höret ein Mensche auff in die länge zu wachsen. Daher sind die Cholerici insgemein kurtzer Statur. Es kan aber die Hitze für sich allein solches nicht ausrichten; sondern es werden auch zugleich erfodert die Qvalitates passivæ, wie sie von den Naturkündigern genennet werden / nehmlich die Feuchtigkeit und Dürre / welche wohl und genau von der Natur müssen bereitet und ausgearbeitet werden / also / daß die Feuchtigkeit gantz zehe wird. Denn wenn sie gar zu wässerig / so wird sie dissolvirt oder zerlöset / und viel ehe zerstrewet / als sie in die Substantz des Leibes kan verwandelt werden. Aber es möchte vieleicht einer einwenden und sagen: Wenn die Männer wegen der Hitze grösser werden / als die Weiber / so folget draus / daß sie auch eher wachsen und Mannbar werden. Welches wieder die Erfahrung ist / als welche bezeugt / daß die Weiber bald in die höhe wachsen / und noch eher als die Männer. Daher entstehet eine neue Frage:

XI.

Warümb wachsen die Weiber eher in die höhe / und werden auch ehe Mannbar / als die Männer?

Das geschiehet wegen der grössern Feuchtigkeit. Denn bey den Weibern finden sich in ihren zarten Jahren viel und mancherley Dünste / die gar leicht können vermehret und ausgetehnet werden. Bey den Mannsbildern ist hingegen desto grössere Hitze / deswegen sie auch langsamer / aber länger wachsen / dieweil die Hitze desto länger wäret und das zunehmen des Cörpers befordert. Eben dieses sehen wir auch an den Bäumen und Kräutern / welche wenn sie allzu feuchte und kalter Natur sind / als zum Exempel / die Kirsch-Bäum u. s. f.

wachsen sie bald / aber sie werden nicht so groß als die / so warmer und trockener Natur / als die Eichen / u. s. f. welche langsam und lange wachsen / und sehr groß werden.

XII.

Warumb weinen die Weiber so bald / und noch leichtlicher als die Männer?

Es bezeugets die Erfahrung / daß die Weiber mehr zum Thränen geneiget als die Männer. Deñ auch über dem geringsten Dinge / als wenn die Suppe überläufft / wenn ihnen die Schuhe / rohten Strümpffe oder Stroh-Hüte naß werden / u. s. f. pflegen sie offt bitterlich zu weinen. Daher das gemeine Sprichwort entstanden:

Neve puellarum lacrymis moveare, caveto:
Ut flerent oculos erudiêre suos,

Das ist:

An der Weiber zähren /
(An der Krahmer schweren)
Darff sich niemand kehren.

Was nun aber die Ursache dieses Dinges sey / fraget sich nicht unbillig. Es ist gewiß / daß solches nicht nur herrühre von der Weiber Bosheit / die zwar bisweilen mit unterläufft; sondern die Natur hat hieran auch schuld. Denn die Weiber haben viel Feuchtigkeiten bey sich / welche die glandulæ oder Schwämmichen inwendig an den Augen an sich ziehen. Wann nun diese Schwämmchen nur ein wenig gedruckt werden / welches gar leicht geschiehet / so lauffen ein hauffen Thränen heraus. Eben dieses begiebt sich auch bey den Kindern / welche gleicher gestalt bald können weinen / aus itzt angeführter Ursache.

XIII.

Warumb haben die Weiber keinen Bart?

Die Natur hat die Männer geschaffen zur Gravität und Ernsthafftigkeit / die Weiber aber zur Liebligkeit. Damit nun die Männer desto gravitätischer und ansehnlicher werden / hat ihnen die Natur Bärte vergönnet; denen Weibern aber dieselben versaget / dieweil sonst ihre Anmuht und Liebligkeit dadurch verhindert würde. Diß wuste wohl der kluge Diogenes, welcher / als er auff eine Zeit von einem gefraget ward / warumb er einen Bart trüge / hat er geantwortet: **Der Bart erinnert mich / daß ich ein Mann sey.** Desgleichen saget Hieronymus Rhetus, Weiland zu Basel Professor, welcher einen langen Bart hatte: **Der Bart lehret mich / daß ich keine Fraw / sondern ein Mann sey / und daß ich mich Männnlicher Tugenden mit standhafftigem Gemüthe befleissigen soll.** Und daher liessen ihnen auch die alten Herren keinen Bart scheren / ja sie hielten es für die allergröste Schande und Straffe. Denn wenn einer was grosses verbrechen / so wurd ihm der Bart abgeschoren / wie solches mit vielen Exempeln darthut Joachim Camerarius in Chronologia Nicephori. Als der König Alexander einsmals seinen Bart gantz abscheren lassen / ist er von seinen Unterthanen und Krieges Volcke verspottet und verlachet worden. Und König David fing einen blutigen Krieg an / als der König Hanon seinen Gesanten den Bart halb abscheren lassen / wie davon im 2. Buch Samuel. am 20. Capitt. zulesen ist.

XIV.

Warumb werden die Weiber so bald zornig?

Es kan den Weibern leichtlich was begegnen / so fahren sie alsobald auff / beissen ümb sich rümb / wie ein toller Hund / und werffen eins hier das ander dorthin / fragen nicht nach recht oder unrecht / achten weder Freund noch Feind / weder gute noch böse Wort / und lassen sich auch nicht bereden / also daß es scheinet / sie werden bisweilen gar von den Furien oder Höllischen Geistern getrieben. Darumb sagt der weise Haußlehrer Syrach gar recht im 25. Capitt. **Es ist kein Wehe so groß als Hertzeleid / es ist kein Kopff so listig/als der Schlangen Kopff / und ist kein Zorn so bitter/ als der Frawen Zorn. Jch wolte lieber bey Löwen und Drachen wohnen / dann bey einem bösen Weibe. Wenn sie böse wird / so verstellet sie ihre Geberden / und wird so scheußlich wie ein Sack.**

Was ist nun die Ursache des Dinges? möchte jemand fragen. Jch halte dafür / daß diß herrühre theils von ihrem Unverstand und angebohrner Schwachheit / da sie nicht allezeit bedencken können / ob ein Ding wehrt sey / daß man darüber zürne oder nicht / sondern werden alsobald darüber entzündet / gleich als die Kinder / von welchen der Poet sagt:

Gestit paribus colludere, & iram
Colligit, ac ponit temerè, & mutatur in horas.

Das ist:

Die Kinder spielen gern / und werden zornig bald /
Der Zorn wird aber nicht bey ihnen gar zu alt.

Theils geschiehet es auch darümb / dieweil die Weiber weich un̄ feuchte Fleisch und viel böse Geblüte haben / durch welche die im Zorn entzündete Galle sich bald ergeußt / und solches böses Blut zum Hertzen zuführet. Daher pflegen gemeiniglich die alten Mütterchen frömmer zu seyn / dieweil sich solch böses Geblüte bey ihnen verlohren.

XV.

Warumb haben die Kinder lieber die Mutter / als den Vater?

Wir sehen es täglich / daß eine grosse Liebe zwischen den Müttern und Kindern sey / als zwischen den Kindern und Vätern. Die Ursache dessen ist gar leicht zu erforschen / alldieweil die Kinder viel mehr von den Müttern / als Vätern empfangen. Denn wenn sie aus des Vaters und der Mutter Saamen erstlich erzeuget / so giebt die Mutter hernach noch darzu ihr eigenes / bestes und reinestes Geblüte / dadurch die Frucht erhalten / ernehret / vermehret und vollkommen gemacht wird. Ja sie trägt es so lang unter ihrem Hertzen / nicht ohne sonderbare Angst und Beschwerligkeit. Und muß es auch endlich mit grossen Schmertzen an das Tage-licht bringen. Daher kommt es dann / daß sie es auch sehr und mehr liebet / als der Vater / der gemeiniglich pflegt etwas schärffer zu seyn; hergegen aber die Mütter sehen aus all zu grosser Liebe den Kindern zu sehr durch die Finger / und lassen ihnen allen muhtwillen zu. Welches ob es wol nicht zu billigen / jedoch sehen wir daraus die hertz- und innigliche Liebe der Mütter gegen ihre Kinder / welche auch der Heil. Geist selbst beym Esa. cap. 49. gedencket / da er spricht: **Kan auch eine leibliche Mutter ihres Kindleins vergessen?** Das ist so viel geredt / als: Es kan keine leibliche Mutter ihres Kindleins vergessen. Jm übrigen können wir nicht leugnen / daß auch die Väter eine Liebe und natürliche Zuneigung zu den Kindern tragen / aber die läst sich etwas langsamer heraus. Denn wenn die Kinder erwachsen und sich wol anlassen / so haben die Väter ihre beste Lust und Frewde daran / und sehen wie sie dieselben versorgen mögen. Die Mütter aber haben vielmehr ihre Ergötzung mit ihnen / wann sie noch klein sind. Fast der gleichen befindet sich auch bey den Hühnern / welche ebenmäßig ihre Jungen hefftig lieben / warten / pflegen und beschützen; der Hahn aber bekümmert sich nicht viel drümb / ob er zwar auch das seine dabey gethan.

XVI.

Warumb sind etliche Weiber so herrisch / und wollen über den Mann gebieten?

Die Medici halten dafür / wenn deß Menschen Saame in der rechten Seiten des Uteri oder der Mutter liege / daß alsdenn ein Knäblein gezeuget werde; liege er aber an der lincken Seiten / so werde ein Mägdlein daraus formiret. Vid. Levinus Lemnius lib. I. de Occult. Nat Mirac. cap. 4. pag. 15. Nun aber geschiehet es bißweilen / nach Lactantii aussagung / lib. de Opif. daß auch an der lincken Seiten im Mutterleibe ein Männlein gezeuget wird; aber weil dieser Ort / die lincke Seite / den Mägdlein von der weisen Natur eingeräumet und zugeeignet ist / so kommts / daß gemeiniglich das Knäblein / so auff der lincken Seiten gelegen / etwas Weibliches an sich hat / entweder eine schönere Gestallt / als sonst die Männer haben / oder weissere Haut / oder subtilere Gliedmassen / oder eine kleine Stimme / oder ein glattes Kinn / ohne Bart / oder einen Weibischen Sinn. Hingegen wenn der Saame an die rechte Seite deß Uteri fällt / so geschiehets zwar auch bißweilen / daß ein Mägdlein daraus entstehet; Aber weil sie empfangen an dem Orte / da sonst die Männlein pflegen zu liegen / so bekommt sie auch gemeiniglich etwas Männliches / als zum Exempel / stärckere Glieder / sie wird länger und grösser / als sonst die Weiber / sie wird schwartzbraun / hat eine grobe und starcke Stimme und einen frischen Muth oder männliches Hertz. Daher kommt es dann / daß solche Leute hernach so herrisch werden / und wenn sie in den Ehestand treten / wollen sie nicht allein dem Mann gleich seyn / sondern auch noch über demselbigen gebieten / und nur allein Herr im Hause sein. Da setzt es denn unterweilen Maultaschen und blaue Augen / an beyden Seiten / in dem zwey Hähne auff einem Miste sich selten mit einander wohl vertragen können.

XVII.

Wie sollen es die Jungen Gesellen machen / wenn sie gerne wollen einen Bart haben?

Gleich wie die Jungfern immer gerne wollen groß seyn / damit sie Freyer bekommen / also wollen hingegen die Jungen Gesellen gerne einen Bart haben / damit sie den Jungfern desto besser gefallen mögen. Darümb lassen sie sich alle Wochen etliche mahl ümb das Maul rümb scheren / in Hoffnung / es werde durch solches Mittel der Bart endlich herfür kriechen. Welches zwar nicht gantz und gar zuverwerffen stehet / sonderlich / wenns im Frühlinge geschiehet: denn zu dieser Zeit nimmt die Hitze und Feuchtigkeit bey dem Menschen zu. Wenn nun das Maul offte angefeuchtet und beschoren wird / so werden die Schweißlöcher dadurch erweitert / daß die Häärlein können herfür krauchen / die Hitze wird auch erweckt / welche die Feuchtigkeit erreget und nach sich ziehet / daraus endlich das Haar entstehet. Denn die Haare sind hierinn dem Grase gleich / welches / ie öffter es abgemehet wird / ie dichter und dicker wächset es herfür. Also auch der Bart. Aber der berühmte Medicus, LEVINUS LEMNIUS de habitu Corporis lib. I. cap. 7. schreibt ein ander und besser Mittel den Jungen Leuten für / wenn sie gerne einen feinen und zierlichen Bart haben wollen. Nehmlich sie sollen nehmen Honig / ungesaltzene Butter / den Safft von einer rohten Zippol / eine weiße knötichte Wurtzel vom Rohr / item das Fett vom Tachs / Beeren und Löwen / Item die Wurtzel von weissen Lilien / rohten Rüben / Rettich / Stickwurtz / wilder Kresse / blauen Lilien oder Veilwurtz. Aus diesen sollen sie eine Salbe machen / und sich damit ümbs Maul rümb wohl und offte beschmieren / so kömmt endlich der

Herrurian herfür. Wenn er aber nun ausgekrochen / also daß sie ihn müssen abnehmen lassen / so dürffen sie ja kein heiß oder laulicht Wasser dazu gebrauchen / denn sonst wird der Bart bald grau und die Haut runtzlicht; sondern sie müssen sich mit kalten Wasser butzen lassen / und in dasselbe ein klein wenig Wein thun / so bekommen und behalten sie einen feinen und zierlichen Bart.

XVIII.

Wie kommt es / daß fast keiner unter den Menschen dem andern ähnlich siehet?

Gleich wie alles in der gantzen Natur seine Abwechselung und Veränderung hat; also ists auch beschaffen mit der menschlichen Gestallt / welche so mancherley / daß unter hundert / ja tausend Menschen nicht einer gefunden werden kan / der dem andern gantz ähnlich wäre. Ja unter Brüdern und Schwestern / die doch aus einer Mutterleibe in diese Welt kommen / wird man selten / selten / sag ich / eine gleiche Gestallt antreffen. Es schreibet zwar JUSTINUS lib. 1. und SABELL. lib. 1. En. 1. daß Semiramis des ersten Königes in Assyrien, NINI, seine Gemahlin / dem Gesichte nach / ihrem Sohn dem Jungen NINO so gleich und ähnlich gewesen / daß sie sich in seine Gestalt verkleidet / und unter seiner Person etliche Jahr bey den Assyrern das Regiment geführet. So sind auch die beyden Zwillinge SERVILII beym CICERONE 4. Academ. Quæst. einander so gleich gewesen / daß sie weder die Amme / noch ihre leibliche Mutter hat unterscheiden können. Eben dieses erzehlet VIVES von einen Rahts-Herrn zu Mechlin welcher 2 Zwilling gehabt / die nicht allein frembde Leute / sondern auch die Eltern selbst nicht von einander unterscheiden können / und haben offt Johann für Petern / und Petern für Johann angesehen. Ja PLINIUS erzehlet in seinem 7. Buch am 12. Capit. daß dem Könige in Syrien Antiocho ein gemeiner Mann mit Nahmen Artemon, so ähnlich gewesen / daß die Laodicea, seine Gemahlin / nachdem sie ihren Herrn den Antiochum mit Giffte hingerichtet / hernach durch diesen Artemon zum Regiment kommen. Eben daselbst meldet auch obgedachter Autor von dem Toranio, der dem Marco Antonio Triumviro zwey schöne Knaben / deren einer in Asia, der ander in Europa gebohren / für Zwillinge verkaufft / weil sie einander so gleich gewesen. Vom Keyser Augusto wird erzehlt in Saturnalib. daß als einsmahls ein Jüngling nach Rom kommen / der ihm gantz ähnlich gewesen / also daß sich jedermann darüber höchlich verwundert / so habe ihn Augustus zu sich fodern lassen und gefragt: Ob denn seine Mutter einmahl wäre zu Rom gewesen? der Jüngling hat alsobald gemercket / wo der Keyser hinaus wolte / und geantwortet: Nein / meine Mutter ist niemals zu Rom gewesen / aber mein Vater gar offte. Cajus Bibius zu Rom / gliche dem Pompejo so sehr / daß man sie fast im geringsten nicht unterscheiden konte / als nur an den Kleidern. Cassius Severus gliche dem Mirmillo, Lucius Plancus dem Rubo, Marcus Messala dem Merogeni so eigendlich / daß auch die jenigen / so täglich und stets mit ihnen ümbgiengen / nährlich sie von einander erkennen konten. Der vornehme Herr / Don Roderigo Giron, und der Graff von Urvenia glichen einander so sehr / daß auch ihre Diener / und die / so stets mit ihnen ümbgingen / sie nicht von einander erkennen oder unterscheiden konten / als nur an den Kleidern und Geberden des Leibes. FULGOSIUS bezeuget lib. 9. cap. 15. daß er einen Jüngling gekennet / der dem Hertzog zu Meyland / Francisco Sfortiæ so gleich gesehen / daß er deßwegen vom gantzen Hoff /

wäre der Hertzog genennet worden: Und der Hertzog selbst hätte ihn offt nicht ohne sonderbahre Ergötzung angesehen / und in ihme/als in einem Spiegel /sein Ebenbild/ Stimme und Geberden betrachtet. Es ist auch zu verwundern/wz HEINRICUS STEPHANUS in Apol. Herod. schreibet von Martino Gverræ und Arnoldo Tillio, welche einander so gleich gewesen / daß als Martinus in den Krieg gezogen / Tillius hingegen des Martini Weib betrogen/und etliche Jahr ehelich bey ihr gewohnet / wie solches weitläufftiger zu sehen im Arrest. THOLOSAN. cum annotat. Corasii JCti. Videatur etiam PETR. GREG. THOLOSAN. in Syntagm. Jur. lib. 86. Und als der vornehme Medico, GREGOR HORSTIUS zu Wittenberg studirt, hat er einen Studiosum Theologiæ gekennet/ der dem Philippo so ähnlich gewesen/ daß er deßwegen ins gemein Philippus ist genennet worden / wiewohl er ein Francke / und mit dem Melanchthone gar nicht verwand gewesen/ libr. de Amor. Ich kan auch sicherlich / schreibet ANTONIUS DE TORQVEMADA in seinem Hexaëmero, Colloqv. I. p. 16. von Zweyen dergleichen erzehlen / die ich selbsten gesehen / und wehrt ist/daß man sich drüber verwundere: und wird man noch von dem einen Zeugniß im Hause Bonaventi haben können. Denn es sind zwantzig Jahr / oder etwas drüber / daß selbiger Graff einen Laqveyen hatte/zu dem sich ein Kerl fand/ vorgebend/er wäre sein Bruder/und wäre in der Jugend mit dem Vater in die Frembde gezogen / und so von ihme kommen. Sie sahen einander so gleich / daß man sie im geringsten nicht unterscheiden konte/nur in dem/dz der newangekommene/etwas älter schiene als jener. Und wiewohl der Laqvey von ihm abgefordert wurde seiner Eltern Erbschafft mit einzunehmen/sagte er doch / er kennete ihn nicht / daß er auch sein Landsmann nicht einmahl wäre / und bekräfftiget solches mit einem Eyd. Jener aber beharrete auf seinem Vorgeben so steiff / und liebte und hertzte den andern immer / als seinen Bruder/daß endlich der Graff bewogen wurde / ihnen beyderseits aufzuerlegen / sich zu einem alten Weibe zuverfügen/ die man darvor hielt/dz sie ihre Mutter möchte seyn. Der Laqvey ging hin / und als er bey ihr war / könte sie nicht gnug bestätigen / daß er ihr Sohn wäre/ und sie ihn nicht begehrte zu betriegen. Die Alte/die Gewißheit zuerfahren/ sagte zu ihm: Seyd ihr mein Sohn / so müsset ihr ein Brandmahl an dem einen Fuß/und darzu an den und den Ort haben/ welches ihr in euerer Kindheit bekommen. Der Laqvey verwunderte sich hierüber und sagte: Ja es were wahr / daß er ein solch Mahl/ und darzu an eben dem Ort/wie sie gesagt/hätte / nichts desto weniger/ blieb er darauff / daß er weder sie/ noch jenen Kerl kennte / auch nicht wüste/wer sie weren / und daß er niemals an den Orten mehr gewesen wäre/welches sich auch wahrhaft erfande/auch endlich erwiesen wurde/ daß er gantz aus einem andern Lande/ auch wer seine Eltern gewesen waren.

Noch ein ander sehr denckwürdig Exempel hab ich selbst gesehen/ als ich noch ein Junge war/ unfern von der Stadt Segovia, da ich mich vier oder fünf Tage in eines schlechten/doch sehr guten Mannes / wie auch das Weib gleichfals fromm war/ ihrer beyder Behausung auffhielt. Die hatten zwo Töchter/ welche auch einander so gleich sahen/daß man keine vor der andern unterscheiden konte. Diese Mägdlein waren etwa von 13. oder 14. Jahren. Und als ich die Mutter fragte/welche die älteste unter ihnen were/wiese sie auf die eine/ und sagte/ daß sie eine halbe Stunde älter sey/als die andere. Dann Sie sie beyde auff einmahl getragen/ und daß zugleich mit ihnen noch ein Bruder gebohren worden were/ der sich damahls bey seinem Vetter in Segovia auffhielte. Als ich mich nun hierüber verwunderte/ sagte sie zu mir / der Knabe gleicht diesen Mägdlein auch so sehr/ daß wie er neulich hier gewesen/ uns auff das damahlige Osterfest zu besuchen/hat er mit dieser seiner Schwester die Kleider verwechselt/ und damit den Vater und mich betrogen/ welches einen gantzen Tag gewehret. Immittelst sie frey gelachet/ und sich so sehr erfrewet/daß wir sie nicht erkennen können / und eines vor das andere angesehen/ biß auf den Abend/ da gaben sie sich zu erkennen/ und mochten wir sie doch kaum voneinander unterscheiden/ oder es glaubē. Biß hieher Torqvemada.

Aber dergleichen Exempel wird man nicht viel mehr finden. Und ist auch noch die Frage/ob sie allezeit einander gantz und gar ähnlich gewesen/ also daß kein Unterscheid sich bey ihnen befunden? Es wird bißweilen viel geschrieben/ und immer ein Ding grösser gemacht/ als es ist. Denn wenn eins dem andern in etwas nur / oder in vielen Stücken gleich ist/ so heißt es alsobald/sie sind gantz und gar gleich/man kan sie nicht von einander unterscheiden. Was aber die Ursache dieses sey/wil ich anderweit berichten. Jetzo wollen wir nur von dem reden das gemein ist/und niemand in Zweiffel ziehen/ viel weniger leugnen kan. Warumb nehmlich so eine grosse Ungleichheit sey der Menschlichen Gesichter/daß fast selten eines dem andern ähnlich? Etliche sagen/ daß solches von den Sternen komme. Aber ich halte es nicht dafür. Denn ob zwar die Sterne auch das ihrige thun/ bey der Geburth eines Menschen; so sind sie doch nur Caussæ Universales/ die zu des Menschen generation nicht eben verordnet/und daher können sie auch nicht des Menschen Gestalt determiniren und abbilden. Darumb ists besser/daß man sagt/der Saame und das Geblühte/wie auch die Imagination oder Einbildung haben Schuld hieran. Denn ie reiner/ ie subtiler/der Saame und das Geblüht ist/ie schöner wird auch die Gebuhrt. Qualis enim causa,talis etiam effectus, wie die Philosophi reden. Und was die Imagination bey einem Kinde thun könne/ist allen Müttern bewust/ und wird auch hernach gesaget werden. Weil demnach der Saame und das Geblüht/ woraus ein Mensch entstehet/so mancherley ist; Weil auch die Mutter in den 9. Monaten / so lange sie schwanger gehet/ so viel und mancherley wunderliche Gestalten ihr offte einbildet/ und wohl kein Mensch gefunden werden kan/ der immer einerley Gedancken habe; Was ists den Wunder / daß auch die menschlichen Gesichter eine solche Varietät und mancherley Gestalt haben? Welches zwar weitläufftiger auszuführen wäre; Aber ich muß zu andern Materien schreiten/ und wil dieses unterdeß biß auff eine andere Gelegenheit verspahret haben.

XIX.

Macht das Hasen-Fleisch schön?

So saget man in gemeinen Sprüchwort / welches zwar zimlich alt. Denn der Poët MARTIAL hat schon zu seiner Zeit davon gewust / wenn er also mit der Gelliâ schertzet:

Si qvando leporem mittis mihi Gellia, dicis:
Formosus septem, Marce, diebus eris.
Si non derides, si verum, Lux mea, narras; (rem
Edisti nunqvam, Gellia, tu lepo-

Wenn du mir Gellia ein Häßlein pflegst zu senden /
Versprichst du Schönheit auch / auff sieben Tage mir:
Ist dieses wahr mein Licht; so dörfft ich viel verpfänden /
Daß Hasen-Fleisch sey nie gekostet noch von dir.

Es sind aber die Gelehrten hierüber nicht gleiches Sinnes: sintemahl die meisten das gerade Wiederspiel halten: Nehmlich daß das Hasenfleisch die schwartze Gallen mehre. Etliche wollen diesen Irthum des gemeinen Mannes damit aushelffen / daß sie behaupten / das Hasen Fleisch truckne aus / und sey gut für die übrigen zehen Feuchtigkeiten / davon die blasse Farbe entstehet. Aber die Verständigsten halten nichts drauff. TALENTONIUS de rebus variis & reconditis lib. 3. cap. 2. spricht / es rühre die Rede nur aus Schertz her: Weil das Lateinische Wörtlein Lepus ein Hase / und Lepos Zierligkeit / dem Klange nach übereinkommen.

XX.

Warumb haben die Alten den Hasen für ein Venerisches Gericht oder Speise der Liebhaber gehalten?

COELIUS RHODIGINUS lib. 26. c. 30: Antiqvar. Lect. muhtmasset / die Meinung sey daher entstanden / weil im Griechischen der Hase einen Namen führet von Sehen / (λάειν): weil nehmlich der Hase mit offenen Augen schläfft: desgleichen die Liebe / in selbiger Sprache ἔρως werde genant von ὁρᾷν, welches ebenmäßig Sehen heist. Wer siehet aber nicht / wie solche Muhtmassung gar schwach und unkräfftig? Solte der Haase ein beqvemes Essen für die Liebhabenden seyn / von wegen der unbeschlossenen Augen / die jener von Natur im schlaffen hat; diese aber haben sollen / wenn sie nicht durch Liebe ins Verderben wollen gerathen; so müssen sie aus gleichmäßiger Ursach auch Löwenfleisch essen / sintemahl auch der Löwen Augen im Schlaff offen bleiben: gestalt sam Saavedra darumb den Regenten den Schlaff dieser edlen Bestien zum nachdencklichen Sinnbilde der Wachsamkeit fürstellet.

Mir gefällt hierin am besten die Erklärung des TALENTONII de rebus variis & reconditis lib. 3. cap. 2. welcher aus dem *Plutarcho* und andern erweiset / das Hasenfleisch werde darumb für eine liebhabrische Speise gehalten / weil bey selbigen Thierlein grosse Krafft zu generiren: angesehen das Weiblein zu gleicher Zeit gebieret / die Jungen erneyret / und wieder stracks drauff empfänget / und gleich nachdem sie geworffen / das Männlein wieder zuläst: auch alle Monaten wirfft / wiewohl nicht alle Jungen zugleich / sondern etliche Tage nacheinander. Darumb kan es in kurtzer Zeit sich trefflich vermehren / wie denn die Insul Astypalea zu den Zeiten Antiochi Gonatæ von einem einigen paar Hasen also angefüllet worden / daß man in einem Jahr mehr dann sechstausend ihrer gefangen.

Und wer weiß / es mag wohl auch der Ursach halben der Buhler Gericht heissen / weil die Verliebten manchesmahl auff ein schlechtes Kohl-Blat mehr/ weder auff ein Rosen- oder Reben-Blat halten; Auch theils viel hasibilische Qvalitäten in ihren Complementen/Reden Brieffen/Liedern Kleidung und andern Sachen erzeigen. Doch stelle ich einem jeden seine Gedancken hierüber frey. Besiehe FRANCISCI Schau-Bühne in der andern Versamblung am 248. Blat.

XXI.

Warumb haben die Alten den Vatermördern einen Hahn/ Hund/ Schlangen und Affen beygesetzet/ wenn sie dieselben erträncken wollen?

FRANCISCUS in seiner Schau-Bühne/ in der ersten Versamblung p. 125. legt es also aus: Der Hund als ein unreines Thier/ so die ersten 9. Tage blind/ nachdem er geworffen worden; bedeutet/ daß ein solcher Mensch seine Eltern nie mit Ehren gekannt habe; oder auch/ daß er allen Schaam und Reinigkeit ausgezogen/gleichwie die Hunde ohne Schaam und Schew öffentlich mit einander zu thun haben. Der Hahn zeiget an/ den Frevel und Ubermuht eines solchen Unmenschen/ den er an seinen Eltern oder Kindern begangen. Von der Natter melden die altē Scribenten dz sie bey ihrer Gebuhrt sich durch den Bauch der Mutter frist/ und damit derselben den Tod verursacht CICERO pro Rosc. Amer. Weshalben allhie die Schlange auff das Unglück der Eltern zielet/ die eine so undanckbahre Geburt zur Welt getragen/zu ihrem eigenen Verderben. Mit dem Affen aber haben sie das wollen zuverstehen geben: Gleichwie der Affe in vielen Dingen an etlichen Lineamenten und Geberden dem Menschen gleich siehet/ dennoch aber kein rechter Mensch ist: also habe ein so abscheulicher Mörder kein mehrers von menschlicher Natur und Hertzen/ als die blosse Gestalt/ und sey im übrigen/ für einen Menschen geachtet zu werden/ gantz unwürdig.

XXII.

Warumb sind die kleinen Leute so zornig?

Klein und unnütze/ sagen die Teutschen im gemeinen Sprichwort/ weil die kleinen Leute sich bald können eiffern und entrüsten. Es geschieht aber darumb nach LEVINI LEMNII Meinung/ dieweil die Galle/ welche wegen ihrer warmen und trockenen Natur bald überlaufft/ sich in dem engen und kleinen Leibe nicht weit ergiessen kan/sondern alsobald ihren Verstand angreifft/und denselben/ als wie das Feuer die kleinen Hütten/ anzündet. Und eben ümb dieser Ursach willen/ sind auch die kleinen Leute mehrentheils von scharffen Verstande: Denn die Spiritus können sich nicht weit dissipiren oder zerstreuen/ sondern bleiben vereiniget beyeinander. Je mehr sie aber vereiniget sind/ je grössere Wirckungen verrichten sie. Vis enim unita, fortior est dispersa. Wir sehen es an dem Pulver/ wenn dasselbe zerstreuet hin und her lieget/ so hat es keinen effect, ob es gleich angezündet wird/ wenn man es aber allezusammen auff einem hauffen leget und dichte zusammen presset/ so stösset es mit Gewalt hersür/ und thut grossen Schaden. Also brennet ein glüend Eisen vielmehr/ als ein Bogen angezündetes Papier/ oder ein wenig Stroh: Denn in dem Eisen ist das Feuer vereiniget und beysammen. In dem angezündeten Stroh oder Papier aber/ ist es zerstreuet/ und weiter extendiret oder ausgedehnet.

XXIII.

Warumb können die truncкenen Leute nicht wohl sehen?

Zu dem sehen werden viel Dinge erfodert/ alß nehmlich Anima sensitiva eine Sinn-Seele/welche die Causa efficiens oder die Uhrheberin und wirckende Ursach des Sehens ist. Denn wenn die nicht da ist/ so kan auch ein Ding nicht sehen/ daher die verblichenen Cörper nicht sehen können / weil sie entseelet. Zum andern werden erfodert, die Spiritus, als die vornehmsten Instrumenta und Werckzeuge/ durch welche die Seele all ihr thun verrichtet im sehen / hören / fühlen / riechen / schmecken/ bewegen und andern Wirckungen. Wann diese nun nicht verhanden oder nicht recht beschaffen / oder in gutem Stande sind/ so kan auch die Seele ihre eusserliche Wirckungen nicht haben. Denn gleichwie ein Schmied nichts kan verrichten ohn Hammer und Amboß / ein Tischer nichts ohn Hobel und andern Werckzeuge: also kan auch unsere Seele nichts wircken und thun ohn ihre Instrument, dergleichen unter andern die Spiritus sind. Drittens gehöret zum sehen externum Organon/ oder das Auge/ohn welches einer eben so wenig sehen kan/als ohn die Ohren hören. Es muß aber das Auge weder innerlich noch eußerlich einen Mangel haben / sonst wird das Sehen verhindert. Viertens ist zum sehen nohtwendig objectum oder ein Ding das man siehet/ und dieses ist entweder Licht oder Farbe. Denn alles was wir sehen, muß entweder Lichte oder farbicht seyn. Wiewohl die Farbe auch nicht kan gesehen werden ohn das Licht. Letzlich gehöret auch dazu species sensilis; was aber dadurch verstanden werde /ist etwas schwer und subtil. Darumb wil ichs anietzo nicht berühren/zumahlen es auch zu erörterung unserer Frage nicht dienlich. Was nun anlanget die Truncken en so haben zwar dieselben ihre Seele/sie haben ihre Augen/ sie haben auch offters ein beqvemes Objectum für sich/welches sie wollen ansehen; aber dennoch treffen sie es nicht/und sehen es nur oben hin mit halben Augen an. Woran liegt nun die Ursache? An nichts anders/als an den Spiritibus, welche nicht recht qvalificiret und in das Auge durch die Nervos opticos gehen können. Denn wenn ein Mensch zu viel trinckt/ so steigen die vapores über sich/nehmen das Gehirn ein/ und perturbiren dasselbe. Wenn nun das Gehirn von den vaporibus oder groben Dünsten angefüllet/so werden die Spiritus animales, welche in dem Gehirn generirt, zugleich obtundirt und verhindert / daß sie nicht ihren freyen Gang zum Augen haben können. Und daher wird das Gesichte stumpff/und kan nicht sehen als sonst/ wenn das Gehirn unperturbirt ist.

XXIV.

Welche Leute sehen am schärffesten?

Die Sangvinei, oder die/ welche warmer und feuchter Natur sind. Denn bey denen finden sich viel und subtile Spiritus, welche verursachen/daß das Auge nicht allein in der nähe ein Ding klar und wohl erkennen kan/sondern auch in der ferne. Vid. Levin. Lemn. l. c. l. 4. c. 6. p. 371.

XXV.

Wie kommt es / daß etliche Leute in der nähe scharff sehen / von fern aber ein Ding nicht so genau erkennen können?

Die Biliosi, oder welche warmer und trockener Natur seynd/ können zwar in der nähe auch das allergeringste Ding observiren und sehen: Aber in der weite können sie auch nicht einmahl die grossen Thürme recht erkennen. Die Ursache dessen liegt meines Erachtens gleichfals an den Spiritibus, derer wenig sind/ wegen Mangel der Feuchtigkeit; Aber die/ so verhanden/ sind von der Wärme klar/helle/subtil und lauter elaborirt. Daher sehen sie die nahen Sachen genau / die entfernten aber nicht so wohl. Weil die wenigen Spiritus bald evanesciren oder verschwinden / und also die weit-abgelegene Dinge nicht erlangen können.

XXVI.

Warumb sind etlicher Augen so blöde/ also daß sie nicht allein in der ferne/ sondern auch in der nähe nichts recht erkennen können?

Das sind di Pituitosi oder die/welche kalter und feuchter Natur sind. Denn dieſehen zwar ein Ding / wenn es nahe iſt/ aber nicht gar zu wohl/ und wenn es ein wenig entfernet/ ſehen ſie gar nichts davon. Die Schuld liegt wieder an den Spiritibus, derer nicht viel/ und welche verhanden/ſind grob/ und nicht ſubtil elaborirt. Daher können ſie auch in der nähe ein Ding nicht wohl erkennen/ weil die Spiritus, wie geſagt/dicke und grob ſind; von ferne ſehen ſie aber gar nichts/weil der Spirituum nur wenig vorhanden.

XXVII.
Was iſt der Alp ?

Forestus hat in ſeiner Kindheit gemeinet/ daß er von einem ſchwartzen Hunde gedrückt wurde / daher nicht zu Athem kommen können/ wie er von ſich ſelber zeuget lib.20. Obser. Med. de Cerebr. morb. observ.51. Andere laſſen ſich bedüncken/ daß es ein Geſpenſt ſey / welches von den Füſſen hinan krieche / und den gantzen Leib einnehme/ ja die Leute ſich alſo verpflichtet halte/ daß ſie ümb keine Hülffe ſchreyen können/ob ſie gleich wolten/ Bernhard. Gordon de Paſſ cap. part.2.c.24. Viel halten dafür / daß die Maren rechte Menſchen/ welche verfluchet wären / und ſonſten keine Ruhe hätten / ſie würden denn omnium cubiculorum pellices, das iſt/ ſie ſchwebeten und kröchen in der Nacht in den Schlaffkammern herumb / und druckten die Leute. Ja ſie wollen von ſolchen Leuten euſſerliche Kenn-Zeichen vorbringen: Als daß ihre Augenbrahmen in gleicher Linie ſollen zuſammen gehen. Weiter ſollen dergleichen Leute von weiten / von viel Meilen herkommen/und in der Frembde die Unbekanten hudeln. So wollen ſie auch ſagen/wie ſie nicht ſelten etliche ertappet und aufgefangen haben/ ehe und bevor die Patienten davon übereilet worden. Nehmlich man ſpricht/ daß wenn gleich alle Fenſter und Löcher zugemacht wären / ſie dennoch wohl durch ein gebohrtes Löchlein kriechen können: als dazu ſie auch ſonderliche Luſt hätten/ und dieſelbe ſuchten. Ferner ſollen ſie dadurch an der Wand mercklich hinſchleichen/daß manns wohl hören könne. Nehme man ſich alsdenn in acht und ſtünde geſchwinde auff/und ſtopffte das Loch zu/ ſo müſte es bleiben/ und könte nicht wieder von dannen kommen/ wenn auch gleich Thür und Thor auffgethan würden. Und hiezu wil man Beyſpiele geben / daß man dergleichen Maren bekommen/ und etliche Tage bey ſich in rechter Menſchen Geſtalt behalten habe: die auch nicht wären wieder weggelaſſen worden / wenn ſie nicht theils zugeſaget hätten/daß ſie hinfort wegbleiben/ und den Ort nicht mehr verunruhigen wollen; theils ſich auch erbärmlich beklaget hätten/ wie ſie zu Hauſe ihre Kinderchen hätten/ die ſonſten ümbkommen müſten / ſo ſie nicht wieder weggelaſſen würden etc. drauff habe man denn des Nachts ſolchen Alpleuten ihren Abzug gelaſſen / und den Pflock aus ſelbigen Loche weggezogen: So wären ſie auch hernach nie wiedergekommen. Ja was mehr iſt/man wil Hiſtorien haben/daß mitten in der Nacht/Hirten im Felde ſollen geweſẽ ſeyn/die nicht weit vom Waſſer ihrer Heerde gewartet haben; Solche ſollen einen dergleichen Alp geſehen haben / der ſich in einen Kahn begeben/ ſelbigen vom Uffer abgelöſet/und ſich mit ſeiner Schwinge / ſo er mitgebracht/ übers Waſſer gerudert habe; da er denn heraus geſtiegen / den Kahn wieder feſt gemacht/und weiter zu Fuſſe/ ich weiß nicht in was für ein Hauß/ hingegangen ſey/ ümb einen Menſchen daſelbſt zu drücken: Umb eine Weile ſoll das Ding wiederkommen ſeyn/ ſeinen Kahn genommen/ und ſich wieder herüber gefahren haben. Solches ſollen die Hirten etliche Nächte nacheinander geſehen haben/ und auch geſchehen laſſen / biß ſie ſich einmahl beredet/ümb ſelbigen Kahn heimlich wieder herüber zu holen/ mit einen andern Schifflein/ und darnach acht zu geben/ wie ſich der

Alp alsdenn gebehrden oder herüber kommen würde. Ey! da soll sich drauff ein kläglich Winseln erhoben haben/etliche thun hinzu eine Bedräwung: daß die Hirten also nohtwendig den entführten Kahn wieder hinüber schaffen müssen / haben sie Friede haben wollen. PRÆTOR. part. I. seiner neuen Weltbeschreibung p. 26 27.

Aber diß alles ist nur lauter Fabel-Werck und eitel Phantasterey. Denn der Alp ist weder ein schwartzer Hund/noch ein Gespenst / viel weniger ein verfluchter Mensch/ sondern ein natürlicher affectus. Und soll nach erachten der Physicorum davon herrühren / wenn einer auffm Rücken lieget/ daß alsdenn der Rückgrad und was drunter ist/ das Hertz am nächsten fasse und drücke : Aus welcher Anhaltung die Bewegung in etwas verhindert würde. Wo nun aber die Bewegung gehemmet wird/da samlen sich ümb solches Hertze viel Dünste und grobe Qvalme / welche hernach ins Gehirn steigen/ und allerhand abentheuerliche Schreck-Bilder zeigen/ gleichsam als wenn ein Gespenst da wäre/ welches auff der Brust lege. Ja wenn das Hertz also gepresset wird / so wird auch die Lungen zugleich mit gedrucket / und der Stimme der Paß versetzet : Also/ daß welche mit diesem affect beladen seynd/ und ander Leute Hülffe mit Schreyen begehren wollen/ doch die Lungen nicht bewegen/noch eine Stimme von sich geben können. Vid. MARTINI in disp. LEMN. de Mir. nat. l. 2. c. 3. & 5.

Oder wie andere sagen / so sollen die Spiritus animales, wenn ein Mensch auffm Rücken liege / nicht können herunter kommen / und die Lungen und thoracem bewegen: dieweil das cerebrum, in welchen dieselben Spiritus generirt würden / das Cerebellum drückte / und also den Gang durch die spinalem medullam denen Spiritibus verstopffte. Daß es aber ihnen bißweilen rauch vorkähme / wäre lauter Phantasi / und könte auch wol der Teuffel sich bißweilen mit einmischen. Wie er auch bey den Irrwischen/ fliegenden Drachen/und andern natürlichen Dingen thue. Und daher pflegen die Medici gewisse Artzney zu verordnen/ wieder diesen affect/ und denselben nicht unglücklich zu curiren.

Darumb bleibt es dabey/ daß es lauter Narren bossen und aberglaubische Dinge sind / wenn die Leute ihre ausgezogene Schue vorm Bette umbkehren/also daß die Hacken das Span-Bette am nächsten bey sich haben/ und gedencken also/ der Alp soll sie nicht drücken. Item / wenn sie vorgeben/ die Mare stecke ihre Zunge den Leuten ins Maul / wenn sie sich über die jenigen ausbreite/ und sie also einnehme: daher es denn auch komme/ daß die Leute Sprachloß werden/und sich ihres Schreyens nicht bedienen können. Solchen Unheil nun vorzukommen / wollen sie für rahtsam achten/ wenn man sich im Bette verkehret erzeige; Und erstlich allda die Füsse hinlege/wo vorher der Kopff gewesen / zum andern / daß man darbey nicht auffm Rücken/ sondern auffm Bauche liege / damit die heranschleichende Mare/wenn sie den Kopff suche / die postprædicamenta finde / und allda ihre Zunge hinein schiebe : so soll sie sich beschimpffet hernach nicht wiederfinden. Ein ander hat durch dieses Mittel die Mare von sich bringen wollen ; Nehmlich er hat eine Hechel genommen/ und dieselbe auff seinen Bauch geleget / damit es solche scharffe Spitzen in sich stossen möchte/ wenn es über ihn kähme: Aber der Alp war klüger gewesen/ und hatte die Hechel ümbgewendet/ und solche seinem Subjecto in den Bauch gedrucket/ (wenn es nur wahr ist / denn wer hat es gesehen? Ein Zettelchen solte sich wol nicht uneben dazu schicken.) Aber das beste Mittel ist/ wenn man der Medicorum Raht gebrauchet/und sich nicht auff den Rücken leget.

XXIIX.

Veraltet die Welt?

Es halten nicht nur die gemeinen Leute/ sondern auch viel unter den Gelehrten dafür/ daß die Welt immer von Tage zu Tage mehr und mehr abnehme. Also sagen die Astronomi, daß der Himmel innerhalb 1791. Jahren dermassen beweget und herein gesuncken/ daß die Sonne uns neun tausend/ neun hundert und sechs und siebenzig/ oder wie BODINUS lib. ult. Theatr. ex Copernico, Rainoldo, Stadio dafür hält/ sechs und zwantzig tausend und sechs hundert Meilen näher sey/ als zu des Ptolomæi und Hipparchi Zeiten/ der gelebet A.M. 4100. ante Christum 130. MOLINÆUS schreibet von dem Polar Stern/ der da ist in dem Schwantze Cynosuræ oder des kleinen Bärs/ daß derselbe zu des Hipparchi Zeiten 12. Grad vom Polo Mundi gewesen/ nun aber kaum 4; wenn er aber den Polum gar würde erreichen (welches innerhalb 560. Jahren könte geschehen) so würde der Welt Ende verhanden seyn. Ferner nähmen auch die Elementa ab/ das Erdreich würde unfruchtbar/ welches vor Alters Frucht getragen/ die Sonn- und Monden-Finsternisse wären häuffiger und schrecklicher/ als vordessen/ man finde heute zu Tage neue Kranckheiten/ davon die Alten nichts gewust/ die Kräuter verlieren ihre Krafft/ und die Menschen wären ietzo nicht so groß/ so gesund/ so schön/ so alt/ als bey vorigen Zeiten.

Aber wenn dieses wahr wäre/ so folgete daraus/ daß der Untergang dieser Welt nicht übernatürlich/ sondern natürlich sey/ und daher sey es nicht allein den Engeln bekant/ sondern die Menschen könten auch auf solche Weise ausrechnen/ wenn der Jüngste Tag kommen würde/ welches doch ausdrücklich wieder die Heil. Schrifft.

Was aber anlanget den Beweiß und die Argumenta/ damit sie solches behaupten wollen/ so sind dieselben gar schwach/ und theils gantz und gar falsch. Denn (1) das hereinsincken des Himmels betreffende/ so haben die Naturkündiger schon längst davon gelehret/ daß es nur ein Gedichte sey unverständiger Leute. Denn der Himmel ist ein Corpus simplex, ein solcher Cörper/ der von keinen andern Cörpern zusammen gesetzt ist. Und weil daher kein Contrarium oder wiederwertiges Ding sich im Himmel befindet/ so kan auch derselbe von sich selbst nicht verderben oder herein sincken/ es geschehe denn durch des Allmächtigen GOttes Hand und Allmacht. Zwar man wil solches behaupten mit dem argument/ daß die Sonne uns ietzo näher sey als den Alten. Aber

(2) das ist eine petitio principii und muß noch erst bewiesen werden. Und ob es gleich etlicher massen bescheiniget wird/ so hat es doch keinen Grund. Denn die Herannahung der Sonnen bestehet entweder auff falschen Gründen/ oder ist ungewiß und wandelbar. PTOLOMÆUS der vornehme Mathematicus hält dafür/ daß zu seiner Zeit im Jahr Christi 140. die Sonne von der Erden 1210 Semidiameter sey entfernet gewesen. ALBATEGNIUS meinete/ daß sie zu seiner Zeit im Jahr Christi acht hundert und achtzig 1146 Semidiameter sey von der Erden Kugel gewesen; COPERNICUS setzt 1179. Semidiameter Anno Christi 1520. TYCHO BRACHE 1182. Semidiameter Anno Christi 1600. LANSBERGIUS aber/ KEPLERUS und andere sagen/ daß ietzo der Sonnen Cörper 3000. Semidiam. von der Erden abgelegen sey. Woraus denn folgete/ daß die Sonne mit dem Himmel vielmehr besser hinauff rückte/ als daß sie solten weiter herunter sincken. Welches aber beydes falsch. Vid. JONSTON, de Constant. Nat. p. 19.

3. Wird der Polar Stern nimmermehr an den Polum gantz und gar gelangen/ so lange die Welt stehen wird. Zwar etwas näher dürffte er wohl dazu rücken/ aber in das punctum Poli kan er nicht kommen.

4. Ist es wieder die tägliche Erfahrung/ daß die Elementa solten abnehmen. Wer es nicht gläubet/der gehe an dz Feuer/ und erwarte / ob es ihn nicht warm gnug machen wird; oder springe ins Wasser/was gilts er wird bekennen müssen / daß es kalt gnug sey. Und eben diese Beschaffenheit hat es mit der Lufft und Erden. An der Erden zwar möchte jemand zweiffeln / und sagen / daß sie ietzo nicht so fruchtbar als sonsten. Aber daran ist theils der Menschen Boßheit und Faulheit Schuld / welche GOttes Seegen verhindern ; theils auch die gemeine Sindfluht / welche alles überschwämmet/ und mit saltziger Materie überschüttet hat. Und ob gleich bißweilen etliche Oerter unfruchtbar werden / die vorhin Frucht getragen : so werden doch auch hingegen viel wieder fruchtbar / die vordessen keine Frucht getragen.

5. Ist es falsch / daß ietzo mehr Finsternisse seynd/ als vor Alters. Denn die Alten haben sie nicht so fleißig observirt und auffgezeichnet / als wie heute zu Tage geschiehet / ob ihrer wohl eben so viel bey ihnen gewesen / als bey uns. Massen die Sonne/der Mond und die Erde noch eben die Substantz und Natur haben / als vor Alters; sie haben auch eben die Accidentia und Eigenschafften/ eben die distantz und Entfernung; so ist auch Licht und Finsterniß heut zu Tage nicht anders beschaffen/ als vorhin. Wer aber sagt/ daß die Finsternisse ietzo grösser seyn/ der dencke nur an die Sonnen-Finsterniß Anno 1133. davon CAMDENUS in Chron. Reg. Mannorum meldet / daß sie den Tag in die Nacht verkehret habe. Er betrachte nur die Finsterniß Anno 1140. welche so groß und schrecklich gewesen daß die Leute vermeinet/ das Ende der Welt würde verhanden seyn/ wie MALMESBURGENSIS lib. 2. Hist. Novell. erzehlet. Ja er erwege was Anno 1415. am 7. Junij müsse vor eine Finsterniß gewesen seyn/ da die Vogel aus der Lufft auf die Erden gefallen JONSTON. l. c. p. 37.

6. Ist es noch nicht bewiesen/ daß ietzo neue und denen Alten unbekante Kranckheiten grassiren. Neue Nahmen mögen wohl auffkommen seyn / aber nicht neue Kranckheiten. Also gestehe ich gerne / daß die Alten nichts vom Scorbuto gewust/ dem Nahmen nach; aber die Sache selbst ist ihnen nicht unverborgen gewesen. Denn HIPPOCRATES, teste LANGIO Ep. 14. l. 2. beschreibet den Scorbutum unter dem Nahmen ILEI seu VOLVULI HÆMATITIS, in lib. de Intern. affect. item unter den MALIGNIS RENIBUS, lib. 2. Porrhetic. Und wer weiß denn/ ob die Alten alle Kranckheiten haben beschrieben? ob sie sie alle haben erforschen können? doch gesetzt / daß dem also sey/ so considerire man auch / ob nicht neue Ursachen entstanden aus der Schwelgerey/ und andern Lastern / daraus denn auch leichtlich neue Kranckheiten entspringen können.

7. Verlieren zwar etliche Kräuter bißweilen ihre Kräffte / aber die Welt veraltet deßwegen nicht. Denn da sind unterschiedliche Ursachen / welche ihnen die Kräffte benehmen/ als 1. die Zeit / wenn sie nicht zu rechter Zeit ausgegraben oder gepflantzet werden. 2. das Gewitter/welches bald zu heiß/ bald zu kalt. 3. der Ort/ der nicht Safft gnug hat/ und was dergleichen mehr. Verständige Aertzte dürffen hierüber nicht klagen.

8. Hat das Alter der Menschen nicht abgenommen/ denn Moses hat schon zu seiner Zeit gesagt: Unser Leben wehret 70. Jahr. Vom Barzilai stehet / daß er sehr alt gewesen/ da er doch nur ein 80. Jähriger gewesen. David war Lebens satt/ und doch nur 70. Jahr alt/ 2. Sam. 19. 32. Unter allen Römischen/ Griechischen / Frantzösischen und Teutschen Monarchen sollen ihrer nur 4. das 80 Jahr erreichet: Unter den Päbsten 5. nehmlich Johannes XXIII. Gregorius XII & XIII. Paulus III. & IV. Daß aber die Menschen vor der Sündfluht etliche hundert Jahr nacheinander

gelebet/ ist ümb sonderlicher Ursachen halber geschehen/die ich anderswo erzehlen wil. Uber diß weiß man aus den Geschichten/ daß fast zu allen Zeiten etliche gelebet/welche das gemeine Alter überschritten. Epimenides aus Creta hat gelebet 150. Jahr: Gorgias Siculus Rhetor 108. Hippocrates 104. Terentia des vornehmen Redeners und Bürgemeisters zu Rom Ciceronis Ehe-Gemahl 103. Clodia des Ofilii Tochter 115/ ob sie wohl in der Jugend 15. Kinder gebohren Johannes de Temporib. des Keysers Caroli M. Wasserträger 360. VERSTIGANUS schreibet / daß zu Sego in Spanien ein Weib 160. Jahr erlebet. FRANCISCUS ALVAREZ hat den Ertz-Bischoff in Mohren-Land gesehen/der 150. Jahr alt gewest. BUCHANIANUS sagt/daß einer mit Nahmen Laurentius Orcadensis 140. Jahr alt/und doch im härtesten Winter auf dem Wasser herumb gefahren und gefischet. SOLINUS meldet / daß die Æthiopier oder Mohren/ Macroti genant/so jenseit der Insel Meroë wohnen / gemeiniglich 150. ja 200. Jahr leben. GAUDENTIUS MERULA schreibt/daß er Autores funden / die da melden/ daß in gedachter Insul Meroë die Leute sehr alt werden/ und an keiner Kranckheit oder Seuche/ sondern bloß vom Alter sterben. CORNELIUS TACITUS sagt / daß in Illyrien ein Mann Pandanius genant/500 Jahr lang gelebet habe. XENOPHON berichtet / daß ein König der Maritimer 600 und seiner Söhne einer 800. Jahr lang gelebet habe: Aber PLINIUS spottet des allen/ als Mährlein und Lügen/und sagt / daß die Alter und Jahre/ also zuverstehen seyn / wie man sie vor Alters gerechnet / da man den Frühling vor ein gantzes Jahr/desgleichen den Winter vor ein Jahr gerechnet / oder eine iegliche Jahres Zeit vor ein gantzes Jahr gehalten habe. VALASCUS von TARANTO in seinem Philone, erzehlet von einer Aptissin in einem Closter Monviedra genant / welche da schon zu zu seiner Zeit das hunderte Jahr erreichet hatte. Als sie nun sehr alt worden / und die Natur / wie sonst gewöhnlich / immer abnehmen solte / erholete sie sich dargegen so starck und kräfftig / daß die Monatliche Blumen / die sie vor so vielen langen Jahren nicht gehabt/ihr wieder kahmen / und bey ihr sich so richtig wieder einstelleten / als in ihrer Jugend. Und damit wuchsen ihr auch alle ihre Zähne wieder in dem Munde/welche zuvor bereits ausgefallen waren. Es wuchsen ihr auch wieder schwartze Haar auff dem Haupt/ und die greisen fielen ihr dagegen aus / die Runtzeln im Angesicht verlohren sich/und wurd endlich wieder so jung und frisch / als sie im dreyssigsten Jahre gewesen / daß darüber viel Leute dahin reiseten / sie zu sehen und als ein Wunderwerck anzuschauen. Dergleichen erzehlet ANTONIUS DE TORQVEMADA in seinem ersten Gespräch p.105 da er spricht: Wie ich Anno 1530. oder 31. zu Rom gewesen/ war das gemeine Geschrey durch gantz Italien / daß zu Taranto ein alter Mann sey / der sich in seinem hunderten Jahr auff eben die weise gantz wieder verjunget habe. Die Haut schob sich ab / wie an einer Schlangen und wuchs ihm neue dagegen / und ward von Gestalt so jung und frisch / daß die jenige so zugegen / ihn nicht mehr erkennen konten. Als er aber 50. Jahr in solchen Wesen bestanden / begunte er so sehr wieder zu veralten und einzuschrumpffen / wie eine Wurtzel oder Rinde eines Baums. PETRUS MEXIA ap. Anton. l.c. p.109. schreibt/ daß zu Zeiten

Keysers Conradi im Jahr 1540. oder drüber ein Mann gestorben/ welcher noch dem Keyser Carolo Magno im Kriege gedient. Wenn man nun die Zeit von einer zur andern gerechnet/ hat sichs befunden/ daß er 340. Jahr gelebet. Vid. Fascic. Tempor. FERDINANDUS LOPEZ von Castagneda, des Königs in Portugal Historien Schreiber/ gedencket im achten Buch seiner Chronicken/ daß wie Nunius von Acunia Anno 1536. Vice Ré und Gubernator in Indien gewesen/ ein Mann/ als ein Wunder zu ihm bracht worden sey/ dieweil es mit gewissen und starcken Zeugnissen bekräfftiget war/ daß er bereits 340. Jahr gelebet hätte/ und sich noch erinnerte/ daß die Stad/ darinne er wohnete/ noch ohne Volck sey gewesen/ da doch solche Stad eine der vornehmsten und mächtigsten Städte in gantz Indien gewesen. Derselbe hatte sich zum vierten mahl schon also verjunget/ und die schwartze und graue Haar also verwechselt/ auch neue Zähne bekommen. Zu demmahl wie ihn der Vice Rè gesehen/ hatte er schwartz Haar und einen Bart/ und zwar nicht viel. Und weil eben ein Medicus zur stäte/ befahl er/ daß er dem Mann den Puls fühlen solte/ welcher sich so frisch und starck befunden/ als an einen jungen Menschen. Dieser Mann war in seiner Jugend ein Heyde gewesen/ und im Alter zum Mohren worden/ und war bürtig aus dem Königreich Bengula, und schwur/ daß er auff einmahl zuweiln an die siebenhundert Weiber gehabt/ deren ihme etliche unter der Hand gestorben wären/ etliche aber des Landes Gebrauch nach von sich gestossen hätte. Der König in Portugal bekam Kundschafft von diesem Manne/ und alle Jahr Zeitung von seinen Krieges Schiffen daselbst/ daß er noch lebete/ und sagt man noch ietzo daß er lebe/ und 370. Jahr alt sey. Eben selbiger Chronographus sagt auch/ daß zu dieses Nunii von Acunia Regierungs Zeiten in der Stad Bengala ein ander Morianischer Mann/ Nahmens Segepir, aus der Landschafft Segia bürtig/ gefunden worden sey/ welcher dero Zeit 300. Jahr alt gewesen/ als er gesagt. Alle die ihn kenneten/ bekräfftigten solches mit vielen Anzeigungen und Umbständen. Dieser Mohr wurde von den andern vor einen heiligen Mann gehalten/ wegen seines strengen und mäßigen Lebens. Die Portugeser haben grosse Gemeinschafft mit ihme gehalten. Und ob zwar die Portugesischen Chronicken vor sehr warhafft gehalten werden/ und daß nichts darinne sey/ so da nicht aus und mit gewissen Grunde hinein gesetzt worden; so könte ich es doch nicht gläuben/ wenn nicht Portugal und Castilien noch derer Leute voll wäre/ welche diese Männer selbst gesehen/ und auch wissen/ daß es damit eine solche gewisse warhaffte Beschaffenheit habe. Vid. ANTON. de TORQVEMAD. Colloqv. 1. p. 108. seqq. Es möchte zwar iemand zweiffeln an der Warheit dieser Erzehlungen; aber gewiß ist es/

daß es der Natur nicht unmüglich / eines Menschen Leben über hundert Jahr zu extendiren. Denn / daß ich aller andern Exempel geschweige / so ist dieses unläugbar und iedermänniglich in Holstein bekant/ daß vorm Jahre ein Fischer bey Glückstat gestorben/ der hundert und zwantzig Jahr alt gewesen / und neun und neuntzig Kind- und Kindes Kinder etc. hinter sich gelassen/ die ihm guten theils das Geleite zu seinem Ruhebettlein gegeben/ wie davon eine absonderliche Leich-Predigt im Druck ausgangen. Daraus denn zu sehen/ daß das menschliche Alter/ und also auch die Natur noch nicht abgenommen.

9. Und ob schon die Leute Heute zu Tage nicht so groß werden / als vor Alters die Riesen ; so ist doch daran nichts gelegen. Denn die Riesen sind Monstra, und werden nur zufälliger Weise von der Natur generirt. Darumb scheinet es vielmehr / daß die Natur ietzo zunehme / dieweil sie bessere und beständigere Wirckungen hat als vorhin. Vid. JONSTON. l. c. Item SENNERT. de Gigant.

10. An der Stärcke mangelts auch den Menschen / GOtt Lob / noch nicht. Wie davon bezeuget C. Marius beym TREBELLIO POLLIO, Maximinus beym CAPITOLINO, Aurelianus beym VOPISCO, Scanderbeg beym BARLETO, Galiotus Bardesinus nobilis Catanensis beym FAZELLO, Tamerlaneus, Ziska &c. GEORGIO LE FEUR schreibet/ daß im Jahr 1529. zu Meissen ein Præpositus oder ein Dom-Probst gelebet/ Nahmens Nicolaus Klunherus, der ohne einige Hülffe eine Tonne Bier aus dem Keller getragen. Vid. Jonston. pag. 55.

XXIX.
Findet man auch Schiffe unter der Erden?

Ja. Denn Anno Christi 1642. ist im Schweitzerlande im Bernischen Gebiete ein Schiff in der Ertzgruben unter der Erden hundert Klafftern tieff gefunden worden/ von Holtz/ mit einem eisernen Ancker und Seegel von Leinen Tuche / doch alles gleichsam verschlissen. Mann hat noch 40. Menschen Gebeine darinnen gefunden. EUSEB. de NIEREMBERG. l. 5. c. 2. H. N. vermeldet/ daß unfern bey dem Schiffhafen Lima, in der Insel Peru, in einer Gold-Gruben/ als die Arbeiter die Ader verfolget/ ein altes Schiff gefunden worden/ welches sehr alte Zeichen und Buchstaben gehabt.

XXX.
Wie ist denn das Schiff unter die Erden kommen?

Ausser allen Zweiffel wird es wohl durch die Sündfluth dahin gerathen seyn. Denn Lutherus und Gonsalus und andere Gelehrte halten dafür/ daß das Wasser und die Erde in der Sündfluht ihre Stellen ziemlich verwechselt haben. Welches unter andern daher erhellet/ dieweil man in der Erden so viel Sachen findet / die sonst nur im Wasser sind. Ich wil anietzo nur herbey setzen/ was VARENIUS l. 1. Geogr. Gen. p. 69. gedencket von einem Brunnen/ den man zu Amsterdam mit graben zu wege bringen wollen/ und doch kein Wasser antreffen können/ und ob sie gleich noch so tieff gegraben haben/ nehmlich auff die 232. Fuß hinunter / da sie verzweiffelnd auffgehöret/ und müde darüber worden seynd. Hingegen hatten sie anfangs auff 7. Fuß tieff Garten Erdreich angetroffen: durch andere 9. Fuß/ Torff oder Brenn-Erden: durch andere 9. Fuß lauter Tohn: durch andere 8. Fuß Sand: durch andere 4. Fuß Erde: durch andere 10. Fuß Tohn: durch noch andere 4. Fuß tieffer abermahl Erde: durch andere 10. Fuß eine besondere Erde/ darauff der Amsterdamischen Häuser pflegen gegründet zu werden. Weiter durch 2. Fuß Tohn: durch 4. Fuß/ weiß grob Sand: durch 5. trockene Erde: durch einen Fuß trübe Erde: durch 14. Fuß lauter Sand:

durch 3. Fuß sandichter Tohn: durch 5. Fuß tohnichter Sand: durch 4. Fuß Sand mit Meermuscheln vermenget. Durch 102. Fuß tohnicht Erdreich: und durch die letzten 31. Fuß lauter grob Sand. Diese vielfältigen Schichte nun/ und insonderheit die Muscheln bezeugen/ daß die ungestüme Fluhten bald hieher/ bald daher eine Last über die andere getrieben / und also versetzet haben PRÆTOR. c.2. von Bergmännerchen p. 58. 59. Don. JOSEPH GONZALEZ de SALAS. dissert. de duplici terra viventium, MICRÆL. de Præadam. abom. fœd. p. 69. 70.

XXXI.

Findet mann auch Wälder unterm Wasser?

Ja. Denn die gantze See gegen Morgen / wie auch das Mittel Meer soll unten voller grünen Bäume und Wälder seyn. Vid. URSIN. Acerr. Phil. p. 29. 30. PLIN. l. 13. c. 25. Und soll vor der Sündfluht daselbst kein Meer / sondern Land gewesen seyn. Lutherus wil dafür halten / daß vieleicht ein ziemlich Stücke vom Paradieß damahl möge allda gewesen seyn/ wo itzund das mare mediterraneum und Sinus Persicus ist. MICRÆL. d. l. pag. 71.

XXXII.

Kan man auch in der Erden fischen?

Ja/ mann kan nicht nur mit Netzen und Hamen / sondern auch mit Aexten fischen ausgehen: denn es werden nicht allein im Wasser / sondern auch in der Erden Fische gefunden. In Paphlagonia werden sie aus tieffen Gruben hervor gebracht / und zwar an solchen Orten/ da kein Wasser hinkommet. PLIN. l. 3. c. 7. THEOPHRAST. lib. de Piscib. ARISTOT. de resp. ATHENÆUS l. 4. c. 1. erzehlet / daß in derselbigen Fläche / welche zwischen das Pyrenäische Gebürge und dem Fluß Narbon lieget/ sehr häuffig die Fische aus der Erden gegraben werden / so gar wohl schmecken sollen. Vide DELICIAS meas PHYSICAS.

XXXIII.

An welchem Orte schüttelt man die Krebse von den Bäumen?

LERIUS c. 15. in fin. beym PANCIROL. p. 55. gedencket/ daß die Krebse in America Troppen weise auffm Lande gehen/ und hernach auff die Bäume kriechen sollen/ wenn ihnen nachgestellet wird. Da sie ihre Feinde greulich herunter in die Fäuste kneippen/ daß mann sie kaum habhafft werden kan. Sie sollen viel magerer seyn/ als die See-Krebse/ und keinen sonderlichen Geschmack haben/ weil sie nach Wacholder riechen.

XXXIV.

Warumb sind die Brunnen im Sommer kälter/ als im Winter?

Es ist gewiß/ daß unsere Sinnen offt ein Ding anders empfinden/ als es an sich selbst ist. Also scheinet die Sonne unsern Augen gar klein zu seyn/ da sie doch nach der Astronomorum Ausrechnung 166 mahl grösser ist/ als der Erdboden. Welche am Fiber kranck liegen / denen schmecket kein Geträncke/ wie gut es auch immer sey. Die die gelbe Sucht haben / denen kömpt alles gelbe für. Ob sich dieses nun auch hier zutrage/ und ob es uns nur fürkömpt / daß im Sommer die Brunnen kälter / als im Winter/ oder aber ob es sich in der Wahrheit also verhalte/ frage sich nicht unbillig. Ich halte dafür/ daß die Ursache/ theils an unserer Haut/ theils auch am Wasser selbst liege. Denn im Sommer werden die Schweißlöcher unsers Leibes durch die ümbstehende Hitze eröffnet; wenn sie aber eröffnet/ so kan die Kälte desto leichter hindurch dringen/ und wird daher auch desto mehr von uns empfunden. Aber das Wasser selbst hat auch Schuld hieran. Nicht zwar als wenn die Kälte sich selbst im Sommer intendirte oder grösser machte/ welches schon längst der vornehme Professor in Wittenberg JOH. SPERLING. Instit. Phys. p. 689. dargethan/ daß es falsch sey und ich habe es auch bewiesen in meinem Tract. vom Schnee; Sondern es kompt von der natürlichen Feindschafft des Wassers und des Feuers her. Denn im Sommer ist die gantze Unter-Lufft voll feuriger Cörperlein/ die man Atomos nennet/ und von denen alle Hitze herkompt; weil sie nun dem Wasser als dem kalten Element zu wieder/ und dasselbe auch/ wie andere Dinge/ mit ihrer Hitze erwärmen wollen; So wiederstrebet das Wasser und vereiniget sich desto mehr/ daher wird es auch kälter/ non à frigoris intensione, sed ab atomorum conjunctione: Vis autem unita, fortior dispersa. SENGVERDIUS aber Exercit. 12. p. 226. führet eine andere Ursache an/ die nicht gantz zuverwerffen stehet/ wenn er spricht: **Ich halte dafür/ daß die Ursache solcher Wärme** (die sich bey den Brunnen zu Winters Zeit befindet) **herkomme von denen schweffelichten und faulen Dünsten. Deñ diese steigen im Sommer aus der Erden heraus/ wenn sie von der grossen Hitze eröffnet wird/ und also können sie nicht so mit dem Wasser vermischet und vereiniget werden: Aber weil im Winter die Erde von oben zu durch die Kälte gehärtet und verschlossen wird/ so können dieselben Dünste nicht heraus kommen/ daher werden sie desto mehr unter der Erde beweget/ hin und wieder getrieben/ und mit dem Wasser vermischet. Eben umb dieser Ursachen ist auch die Erde wärmer/ wenn sie mit Schnee bedeckt/ dieweil der Schnee nicht zulässet/ daß die Spiritus herauskommen. Daher verbergen sich die Mäuse/ und andere schädliche Tiehre unter dem Schnee/ und vertheidigen sich also wieder die Kälte.**

XXXV.

Warumb ist es im Sommer warm?

Die gemeinen PHILOSOPHI bringen dreyerley Ursachen herfür 1. die Bewegung/ 2. das Licht. 3. die Stralen der Sonnen. Aber vergebens. Denn was geht die Bewegung der Sonnen unsere Luft an? Es ist ja kein contactus oder anrühren hier/ welches doch nohtwendig erfodert wird. Und wenn die Bewegung warm machet/ so würde ja die Sonne selbst heiß/ nicht aber ein ander Ding/ zumahl wenn es so weit von der Sonnen entfernet ist. Solte aber das Licht die Wärme erwecken/ so sage mir doch einer/ warumb die Lufft im Winter/ da es offtmals heller ist/ als im Sommer/ nicht auch so sehr heiß? Warumb die hellesten Nächte im Winter die aller kältesten sind? Warumb der Mond nicht auch warm mache? Warumb der Ofen nicht warm wird/ ob schon ein brennend Liecht hinein gesetzt wird? Aber du sprichst/ es ist ein Unterscheid zwischen der Sonnen Liecht und andern Liechten? Lieber/ beweise mir doch den Unterscheid: Sage doch/ was es für ein Unterscheid sey/ an essentialis, an accidentalis? warlich du wirst dich hieraus nicht können wickeln. So thun es auch die Strahlen der Sonnen an und für sich selbst nicht. Denn sie sind ja alle Sommer einerley und gleich/ und machen doch nicht alle Sommer einerley und gleiche Hitze. Ja in den Nord-Ländern sind die Sonnen Strahlen gar schwach/ und ist doch offte im Sommer daselbst eine grosse Hitze. Derohalben ists am sichersten/ daß man sage/ die Sonne/ Mars, Sirius und andere warme Gestirne erwecken in der untern Lufft eine solche Hitze/ nicht durch sich selbst/ sondern vermittelst der atomorum ignearum, oder feuerichen Cörperlein/ welche sie aus der Erden heraus ziehen. Je mehr nun derselben seyn/ ie grösser die Hitze/ je weniger/ je kleiner auch die Wärme ist. Anno 1573. ist eine solche Hitze gewesen/ daß der Böhmer Wald gantzer 18. Wochen gebrant/ die Donau ist so ausgetrocknet/ daß man an vielen Orten hat hinüber schimmen können: wiewohl es der Saat/ (welches zuverwundern) nicht geschadet. Anno 1225. hat im December ein Pfirschenbaum geblühet. Anno 1186. haben die Raben im December und Januario Junge geheckt. Anno 1153. sind Wälder für grosser Hitze angezündet/ die fette Erde ist entbrand/ und hat mit keinen Regen können gedämpffet werden. JONSTON. Admirand. Cœl. c. 5. art. 5. p. 24. Nun sage mir einer/ ob dieses ohn Feuer abgegangen? ob nicht dazumahl die Lufft mit sehr vielen feurigen Dünsten ist angefüllet gewesen? wo wären denn sonst die Wälder angebrant? Ich schliesse also: Wo die Eigenschafft des Feuers/ die Wärme ist/ da ist auch selbst das Feuer: in der Lufft ist zu Sommers Zeit die Eigenschafft des Feuers/ die Wärme; Ergò so muß auch das Feuer selbst dar seyn. Vid. SPERLING Inst. Phys. l. 5, q. 2. p. 707. 708. &c.

XXXVI.

Warumb wackeln die Spinnewebe/ beym warmen Ofen?

Das thun nicht allein die Spinnewebe/ sondern auch das Papier/ wenn es in gestallt einer Schlangen geschnitten und auff ein Höltzchen gesteckt wird/ item die Wolle und andere Dinge mehr. Fragt man die Weiber woher das komme/ so sagen sie/ es sey die Hitze. Aber kluge und verständige Leute wissen es besser. Denn die Hitze ist ein accidens oder ein solches Ding/ das nicht seyn kan/ wo es nicht in einem andern ist. Nun ist aber die Hitze im Feuer und kan nicht seyn ohne das Feuer. Darumb wo Hitze ist/ da ist auch Feuer. Weil demnach die Stube von dem warmen Ofen erhitzet wird/ so muß nohtwendig das Feuer aus dem Ofen heraus und in die Stube dringen. Aber sprichstu/ ich sehe ja kein Feuer/ die Stube würde ja sonst anfangen zu brennen? Antwort: Es ist auch nicht von nöthen/ daß du das Feuer allezeit siehest: wenn es conjunctus oder in zimlicher quantität bey einander ist/ so kan mans wohl sehen; Aber wenn es dispersus hin und her zerstreuet und in minima oder atomos resolvirt ist/ so kan zwar die Haut/ aber unser Gesichte dasselbe nicht empfinden. Und solche atomi igneæ oder subtile feurige Cörperlein sind es/ die die Spinnwebe wackelnd machen/ wenn sie aus dem Ofen kommen und an dieselben stossen.

XXXVII.

Warumb ist es in der Stube oben heisser/ als unten?

Woher die Hitze komme/ ist schon zuvor gemeldet. Warumb sie aber mehr in die Höhe steige und das obere theil der Stuben mehr erwärme als das untere/ kömpt daher/ dieweil die feurigen Atomi von Natur leichte sind/ und immer in die Höhe steigen/ dergleichen auch die Lufft und andere Dinge thun. Weil demnach mehr atomi igneæ oben in der Stube sind/ als unten am Boden/ so kan es ja nicht anders seyn/ es muß auch oben mehr Hitze seyn/ als unten: massen die Hitze/ wie gesagt/ von dem zerstreueten und durchgedrungenen Feuer herkömt.

XXXIIX.

Warumb schwitzen die Aepffel/ Kannen/ blosse Degen/ etc. wenn sie zu Winters Zeit in die warme Stube gebracht werden?

Erstlich so ist zu mercken/ daß zu Winters Zeit die Lufft mit lauter wässerichten Atomis oder kalten Dünsten erfüllet ist/ daher die Kälte entstehet. (2) Zum andern muß man wissen/ daß in den Aepffeln/ Birn/ Kannen/ blossen Degen etc. unzehlich viel pori oder kleine Löcher seyn/ wie dergleichen auch in des Menschen und ander

Thiere Häuten gefunden werden. Und ob man sie zwar in den Kannen/und Eisen oder Stahle nicht sehen kan/ so schliesst doch unsere Vernunfft/ daß solche da seyn müssen. Denn das Eisen/ der Stahl/ das Zinn wird ja warm und zerschmeltzt. Wie könte aber dis geschehen/ wenn die pori nicht da wären/in welche das Feuer sich legte und darinn seine Wirckung hätte. Es wäre dann/ daß man Penetrationem dimensionum zulassen wolte/ welches aber die Naturkündiger für ein ungeräumbt/ ja unmöglich Ding achten. Weil demnach die Kannen/Aepffel etc. zu Winters Zeit in dem kalten stehen müssen/ so müssen sie auch die Kälte/ oder die wässerichten Atomos, in welchen die Kälte ist/ an sich ziehen und gleichsam eintrincken. Kommen sie aber in warme Stuben/ so schwitzen sie dieselben eingetrunckenen vapores wieder aus/ dieweil die Wärme oder vielmehr die feurigen Atomi ümb die Kanne oder ümb den Degen etc. herumb stehen/ und wieder die in den poris verborgene kalte Feuchtigkeiten streiten/ daher diese denn sich wieder ihren Feind/nehmlich die Hitze wehren und vertheidigen wollen/ und kriechen also heraus/ oder werden vielmehr heraus getrieben.

XXXIX.

Warumb kan man die Thüren nicht wohl zumachen/ wenn es regnet?

Der gemeine Hauffe sagt/die Thüren qvellen/ wenn sie nicht zu gehen. Wie qvellen sie aber/ frage ich nicht unbillig? warumb gehen sie nicht zu? Hîc hæret aqva, hîc Rhodus, hîc salta, da exercire dich/und zubrich dir den Kopff/ wenn du die Physica oder die Wissenschafft der natürlichen Dinge nicht wohl erlernet hast. Es ist aber gar leicht die Ursache dessen zu geben/ dem/ der die Wissenschafft solcher Sachen hat. Denn die Atomi aqvæ oder wässerichten Dünste/ mit welchen die unter-Lufft erfüllet ist zur Regens oder Tawzeit/ diese schleichen in die poros der Breter hinein/ und machen also die Thüren ein wenig ungangbar.

X L.

Warumb kriegen die Fässer Ritzen oder Spalten/ wenn sie etwas lange in der Lufft stehen?

Diß wissen alle Hauswirthe;aber die Ursache ist ihnen meistentheils verborgen. Sie ist aber leicht zuerforschen aus vorigen. Denn die Fässer haben viel Feuchtigkeiten in sich/ dieweil immer feuchte Sachen darinnen enthalten werden. Wenn sie nun an die trockene Lufft im Sommer gesetzt werden/ so werden die atomi aqvæ oder die wässerichten Dünste von den corpusculis igneis ausgezogen/und daher kriegen sie kleine Ritze; setzt man sie aber ins Wasser/ so schleichen die wässerichten atomi in die poros hinein/ und erfüllen dieselben/ also/ daß das Gefäß hernach nicht wieder ausrinnet.

XLI.

Warumb schlägt die Wand so aus/ wenn im Winter die Kälte nachlässet?

Die Kälte schlägt aus/sagen die gemeinen Leute. Aber die Gelehrten schreiben solches vielmehr dem Wasser zu/in welchem die Kälte ist. Denn wenn es im Winter sehr kalt/ so ist die Lufft mit vielen kalten Dünsten angefüllet/ welche sich alle wege/ auch in die Steine insinuiren. Geschicht es nun/daß die Kälte etwas nachläßt/ und die kalten Atomi von den warmen getrieben werden/so kommen auch die Feuchtigkeiten/ so in den poris der Wände verborgen gewesen/ herfür/ und versamlen sich Tropffen weise/ ihrem Feinde der eußerlichen herein dringenden Wärme zu wiederstehen.

XLII.

Wie kömmet denn der Staub auff die Bücher und Kleider/ wenn sie gleich feste verwahret und verschlossen sind?

Durch die Atomos terreas geschicht es. Denn die sind immer in der Lufft zerstreuet/ daher wir sie nicht sehen können/ als nur wenn sie sich zusammen an einem Ort versamlet haben. Weil nun der Kaste nicht so wohl verwahret werden kan/ daß die Lufft nicht möge hinein dringen/ und wenn er gleich auffs festeste zugeschlossen wird/ so ist die Lufft doch schon darinnen/ und zugleich die atomi terreæ, welche sich hernach setzen/ wegen der natürlichen Schwere/ die sie haben. Und daher kömpt der Staub. Denn dieser ist nichts anders/ als ein hauffen versamleter irrdischer Cörperlein/ welche auch hernach leicht können verblasen und wieder zerstreuet/ aber nicht annihiliret werden.

XLIII.

Wie kömmt es/ daß unten im Wasser Koht ist/ wenn es lange gestanden hat?

Alles Wasser/ das man nur haben mag/ ist unrein/ und mit vielen andern Cörpern vermischet. Bißweilen ist Saltz darin/ als wie im Meer-Wasser/ bißweilen Schweffel/ als wie in weissen/ grünen/ rohten/ gelben/ schwartzen und anderen farbichten Wassern; bißweilen Gold/ als wie im Fluß Tagus und Pactolus; bißweilē Eisen/ bißweilen Stahl/ bißweilen andere Materie/ am allermeisten aber Erde. Wann mann nun solches Wasser in ein Gefäß setzt/ und etliche Tage drinnen stehen läßet/ so sincken die irrdischen Cörperlein/ die man zuvor hin und her zerstreuet nicht hat sehen können/ und setzen sich zu Grunde/ dieweil sie von Natur schwerer seyn/ als das Wasser. Und also wird endlich ein Koht draus.

XLIV.

So höre ich wohl/ man hat allerley Wasser/ rohtes/ grünes/ gelbes und dergleichen?

Ja freylich. Denn in Hungarn bey der Stadt Bisfritz qviller grün Wasser aus der Erden herfür. In Armenien ist eine See/ dessen Wasser blau ist/ wie auch der Fluß Blava in Palæstina. Bey Joppen wird ein blutrohter Brunn gefunden/ wie auch in Aethiopia, welcher zugleich unsinnig macht. Zu Volaterra ist das Wasser so schwartz und dicke/ daß man fast damit schreiben kan. Zu Herapolis fleust ein Wasser/ darinnen sie Purpur färben. Bartholom. de aqvis admirand. Der Fluß Crathus, wie auch Sibaris, ist goldfarbig/ wie Ovidius bezeuget/ in dem Verse

Electro similes faciunt auroq; capillos

XLV.

Warumb legten die alten Römer allezeit zu 10. Männern eine Frau/ wenn Sie derselben verblichenen Cörper verbrennen wolten?

Gleichwie wir unsere Toden begraben/ also verbranten dieselben die alten Römer. Zur Pest-zeit aber/ da viel Leichen miteinander musten verbrennet werden/ hielt man den Gebrauch/ daß zu zehen Männern iedesmahl ein weiblicher Cörper geleget wurde/ und also die Leichnam miteinander desto ehe verbrenneten. Welches Ursach diß sol gewesen seyn; weil die Weiber von natur hitziger/ und also leichter brennen; Oder wie andere davon urtheilen/ ihr Fleisch etwas feister und öhlichter ist die Flamme zu ernehren. Aber ich halte dafür/ daß wohl die Männer so bald dürfften brennen/ als die Weiber/ wenn sie nur fein fett und qvatzschlich seyn. Dieses aber will ich nicht leugnen daß die Weiber zuweilen hitziger seyn als die Männer/ daher mann auch mit ihnē ümbgehen muß/ wie mit dem Feuer selbsten. Also daß jener Kirchen-Lehrer (Hieronymus) nicht unrecht ermahnet: Mann solle von lustigen Weibsbildern sein Fleisch entziehen/wie von einem Hauffen glüender Kohlen.

XLVI.

Warumb giebt das dürre Holtz einen Klang von sich/ und nicht auch das grüne?

Wenn man an das dürre Holtz schlägt/ so klinget es/ das grüne aber nicht/wie es die Erfahrung bezeuget. Die Ursache dessen/ist die Lufft/ als welche eine Mutter gleichsam ist alles Tohns/ alles Schalls/ ohne die nichts klingen oder lauten kan. Wie man siehet an den Glocken und Schellen/ wenn sie gebunden/und mit Tüchern ümbwickelt werden/also daß die Lufft durch dieselben keinen freyen Gang hat/ so klingen sie auch nicht; Hengen sie aber in freyer Lufft und werden geschlagen/ so machen sie einen lauten Tohn. Eben diese Beschaffenheit hat es auch mit dem Holtze/ je mehr Lufft darinn/ je heller ist auch der Klang/ je weniger Lufft/ je dunckeler auch der Tohn. Darumb kan das grüne Holtz nicht klingen/ weil viel Wasser drinnen; wenn aber solches von der Hitze ausgezogen/ so tritt die Lufft hinein/ als welche nicht zulässet/ daß ein leerer Raum an irgend einem Orte bleibe. Wenn nun die Lufft hinein getreten/und das Holtz geschlagen wird/ so entstehet daher ein heller und lauter Klang.

XLVII.

Wo kommet das Echo oder der Wiederschall her?

Wann ein Theil der Lufft mit dem empfangenen Schall zu dem andern laufft/ und dieser wieder an seinen Nachbarn stösset/ biß das letzte Theil solcher beschalleten Lufft einen Gegenstand von irgend einem Cörper antrifft/ und wiederumb zu rücke prallet. Der Gegenwurff aber kan vielerley Art seyn; nehmlich irgend ein hoher Berg oder Felß; oder auch wohl einige Hölung im Walde/ wie der Verß des Römischen Poeten Virgilii bezeuget:

Formosam resonare doces Amaryllida sylvas

Du lehrst die grünen Wälder singen
Und Amaryllis wiederklingen.

Denn die Bäume/ Zweig und Blätter geben der Stimmen und der herausschießenden Lufft keinen freyen Paß/ sondern viel Hinderniß/ daß endlich der Schall/wiewohl etwas düsterlicher und verworrener/ sich widerumb retirirt. So hat man aus der Erfahrung/ daß auch die Fläche des Gewässers einen Nachklang könne machen: Wie man an den Ziehebrunnen siehet/ welche viel heller und vernehmlicher nachschallen/wenn sie voll/ als ohne Wasser sind. Desgleichen wird ein unbedeckter Brunn deutlicher nachthönen/ weder der/ da der Deckel drauff liegt. Ebener massen sind auch andere Gewässer/ als Flüsse/ Seen/ ja das Meer selbst/wenn es ruhig und einem Spiegel glatten Rücken hat/ des Wiederklanges fähig: bevorab da gegenüber Häuser/Berge oder Bäume stehen: wiewohl es auch ohne diesen Beystand seyn kan. Und das ist unter andern/eine Ursach mit/ warumb man sowohl den natürlichē/als den Canon-Donner bey einem Meer-treffen/ auf der See/ ungleich weiter/ weder auff dem Lande hört. Aber ich muß noch ein oder ander Exempel anführen/ damit ich dieses bekräfftige. Erasmus Francisci gedencket in der vierten Versamblung seiner lustigen Schau-Bühne p. 562. des fürtrefflichen Echo zu Syracusa in Sicilien/da gegen einem Hafen der Gegenschall ein gantzes Lied/ recht ordent- und unterschiedlich wieder nachklingt: iedoch dergestalt/ daß/ wann man die Trompeten bläset/ die kurtzere Clausuln erst über eine gute weile/ die längere in geringere/ die längsten aber zur Stunden wiederholet werden/ von einer Schallnymphen/welche jenseit der Stad an der andern Seiten des Meers ihre Herberge hat. CARDANUS lib.18. de subtil. erzehlet von einem seiner guten Freunde/ welcher einsmahls reisete neben einem Fluß/ und wuste die Furt nicht: Fing derhalben an zu schreyen: Oh! das verborgene Echo antwortete ihm Oh! da vermeinete er es wäre ein Mensch irgend vorhanden/ der ihn also beantwortete: fragte demnach auff Italiänisch: Onde de vo passa? passa schallet das Echo wieder. Jener fragt weiter qvi? dieses antwortet wiederumb qvi. In dem ersieht er aber/ daß des Orts der Fluß einen tieffen Strudel habe: erschrickt darob/ fragt gleichwol noch eins de vo passa qvi? der Schall antwortet: passa qvi. Also könte er aus den Beantwortungen nicht klüger werden/ als er vorhin gewest. Endlich macht er ihm die Gedancken/ es sey ein böser Geist/ der ihn zuverleiten trachte; kehret derhalben wieder umb und zeiget es dem Cardano an: der ihn drüber ausgelacht/ und bald gemercket/ daß es ein Spiel der Natur und des Gegenschalls. ATHANAS. KIRCHER. der vornehme Jesuit berichtet in seiner Musurgia aus der Abyssinischen Historia des Joh. Paës, daß in den Bergen Gojamæ ein Felß gefunden worden/ der von Natur also ausgehölet/ daß er einem/ welcher von fernen ihn anschauet/ wie ein Spiegel vorkommet: gleich gegen diesem über finde man einen andern Felsen/ aus dessen Spitzen nichts so heimlich könne geredet werden/ daß man nicht hören solte. Dafern aber ihrer etliche daselbsten schreyen/ werde der Schall so starck/ gleich thäte ein grosses Krieges-Heer ein Feld-Geschrey. Welche Gelegenheit des Orts die Heidnische Götzen-Pfaffen zum Vortheil ihres Betrugs genommen: in dem sie die Leute auff die Spitze des Berges gestellet/ und dergestalt mit ihnen durch den Mund des Echo von künfftigen Dingen geredet.

XLIIX.

Was ist des Dionysii Ohr gewesen?

Der Tyrann Dionysius zu Syracusen in Sicilien hat ein sehr künstlich Gebäwd auff führenlassen/ welches von etlichen des Dionysii Kercker/ von andern des Dionysii Ohr genennet wird/ darumb/ weil die Gefangene/ so darinnen versperret/ kaum Athem holen können/ daß es der Kerckermeister nicht solte haben gehört. Es ist aber ausser der Stadmauren wie ein natürliches Ohr künstlich zugerichtet/ und in lauter Stein gehauen: steigt in einer Schnecken-Runde allgemach gekrümmet über sich/ biß an des Kercker-Hüters Gemach/ dannenhero dieser/ vorerwehnter massen/ die allerleiste Stimme der Gefangenen vernehmen kan. Wird itziger Zeit la grotta della fovella genannt. Die wunderbarliche Beschaffenheit des darinnen verborgenen verrätherischen Echo übertrifft fast alle Glaubligkeit: denn es wiederholet die Stimme nicht wie andere/ sondern gibt gar einen falschen ungetreuen Dolmetscher/ macht aus einer gelinden Stimm ein grosses lautes Geschrey/ aus dem reuspern einen Donner-Knall/ aus dem Mantelschlag einen Büchsenschuß. Und damit es ja deutlich und klar nachgeklafft werde/ wiederholet es die Stimme etliche mahl nacheinander. Singen ihrer zween einen Canonem/ so giebt es ein Qvatuor. Also gar/ daß man es billig nehmen kan zu einem Sinnbilde und Gleichnis der Ohrenbläser/ Verleumbder und Großsprecher/ die ein Ding auffzumutzen/ und aus der Mücken einen Elephanten zu machen pflegen. ERASMUS FRANCISCI in der Schau-Bühne p. 565. Nechst diesem hat man auch noch andere künstliche Echo, so nicht minder zu verwundern seyn. Es schreiben etliche/ bey dem Grabe Metelli sey ein so statliches Echo gewest/ welches diesen Virgilianischen Vers

Arma virumq; cano, Trojæ qvi primus ab oris,

der in 15. Syllaben besteht/ gantzer 8. mahlen hintereinander / gewiederholet. Unfern von der Stad Meiland liegt der berühmte Lusthoff Simonetta, darinnen der Gubernator zu Meyland Ferdinand Gonzaga vormahlen ein kunstreiches Echo verfertigen lassen / daß nicht nur 20. sondern wohl 30. mahl antwortete / nach dem einer starck ruffet. Es ist 2. Stöcke hoch / welche mit einer Gallery unterschieden : der unterste fusset auff schönen Seulen : in dem obersten hats ein offnes Fenster / daraus man den Wiederschall reitzet. Von dieses Echo Beschaffenheit haben beydes Kircherus als Schottus ausführlich geschrieben : Jener giebt die Ursache des wunderlichen Wiederhalls darauff: weil zween Gemächer parallelischer weise gegen einander überstehen/ und eine rechte proportionirte weite oder Abgelegenheit unter sich haben. Dazu denn gleichfalls die ebene der Wände und Gleichheit sehr beförderlich/ und den Schall leicht zurücke schlagen läst. Imgleichen findet man zu Pavia ein Gebäu / das zwo Pforten hat/ eine gegen Mittag/ die andere gegen Mitternacht/ öffnet man sie alle beyde zugleich/ so antwortet das Echo eilffmahl: schleußt einer das Mittägige zu / schallets achtmahl/ und wann sie beyde versperret sechsmahl. Wann man dabey blasen läßt/ giebt es sonderbahre Ergötzligkeit/ weil aus diesen 3. Stimmen ut, mi, sol, von dem Resonantz eine artliche fuga gemacht wird. Zu Cardani Zeiten ist das Gebäu noch was anders beschaffen gewest/ und hat bey die 30. mahl/ so naturlich geantwortet/ daß es/ sonderlich zu letzt / nicht anders gethan/ als ein Mensch / der in letzten Zügen liegt/ und der sonst spitzfündige Mann selbst dahero geargwohnet/ es käme nicht aus der Kunst oder Natur/ sondern müste ein Gauckelspiel des Teuffels seyn. Weswegen ihn aber Kircherus und andere/ die der Sachen besser nachgedacht / billig verlachen/ und gnugsamen ursachlichen Bericht dieses Kunst-Echo erstatten. Vid. ERASM. FRANCISC. p. 566.

XLIX.

Was ist die Ursache / daß etliche in einer Nacht graw worden?

JOHANNES RIOLANUS lib. de Canit. erzehlet von einem Jungen Edelmann an des Keysers Maximiliani Hoff/ der wegen eines begangenen Ehebruchs zum Tode verdammet worden. Als ihm nun solches angekündiget/ ist er heftig erschrocken/ und in einer Nacht gantz grau worden / da er zuvor schwartz als wie ein Rabe gewesen/ hat auch deßwegen Gnade bey dem Keyser erlanget / welcher gar gnädig geurtheilet/ daß die ungewöhnliche Furcht ihm Straffe gnug gewesen sey. Also erzehlet auch Scaliger eine Historia/ die sich zu seiner Zeit unter Francisco Gonzaga / Fürsten zu Mantua zugetragen. Dieser als er seinen Schwager wegen einiger Conjuration oder Zusammenverschwerung in Verdacht hielte/ hat er ihn lassen in den Thurm über der keyserlichen Pforte bringen/ daß er daselbst solte gepeiniget werden. Aber es ist kaum die Nacht vorbey gegangen/ siehe/ da ist er gantz grau worden. Worüber der Fürst erschrocken/ und ihn loß gelassen. Was nun die Ursache dieses wunderlichen effects/ bekümmern sich nicht unbillig ihrer viel. Es ist aber leicht zuerforschen / wenn man nur weiß/ was die materia der Haare sey: denn wenn diese sich verändert / verändern sich auch die Haare. Die materie aber der Haare sind nicht nur die groben Dünste/ oder excrementa, wie etliche dafür halten; sondern es ist recht Blut / daraus die Haare generirt werden. Bekomt nun das Blut ein vitium oder Mangel/ so verändern sich auch die Haare. Daher werden die alten Leute grau/ dieweil das Geblüte bey ihnen vitios oder verderbet ist. Daher sind auch obgemeldte Gefangene in einer Nacht grau worden/ dieweil durch die schreckliche und geschwinde Furcht das Geblüte einen grossen Anstoß bekommen.

L.

Was ist zu halten von den Kindern/ die einen Bart mit auff die Welt bringen?

ANTONIUS DE TORQVEMADA ein Spanier/ im ersten Gespräch pag. 35. erzehlet/ wie er in einer Stat in Italiē/ Prato genant/ etwa dritte halbe Meile von Florentz/ gesehen habe/ daß ein Kind gebohren worden/ dem das gantze Angesichte/ mit einem grossen dicken Bart/ einer Spannen lang/ weiß und breit/ wie Flachs bewachsen gewesen. Und als es 2. Monat alt worden/ ist ihme der Bart rein ausgefallen/ wie einem sonst nach einer harten Kranckheit das Haar auszufallen pflegt. Hier möchte sich nun wohl einer verwundern/ und gedencken/ wie denn dieses zuginge und müglich seyn könte. Aber es ist zu wissen/ daß die Natur bißweilen in ihren Wercken zu irren pflegt/ also daß sie nicht alles nach ihrer intention verrichten kan. Daher werden offt monstra oder ungeheure Mißgebuhrten zur Welt bracht. Weil nehmlich entweder der Saame/ oder das Geblüte/ oder die Phantasie oder andere Zufälle die Natur in ihren Wirckungen verhindert haben. Dieses hat sich auch bey obgedachten Knaben zugetragen/ bey dessen Formierung die Natur vielleicht zu viel Geblüte gehabt/ welches zum Haaren dienlich gewesen; oder es kan auch wohl die Phantasia/ derer Kräffte fast unaussprechlich sind/ diesen grossen Bart dem Kinde angesetzet haben. Weil aber die Materia nicht ist gut gewesen/ oder die Wärme nicht sufficient, so ist er hernach wieder ausgefallen. Sonst hat man noch anderer Exempel vielmehr/ die rauch mit Haaren gebohren. DAMASCENUS gedenckt an einem Ort/ von einem schwangern Weibe/ welche das Bild Johannis des Täuffers/ der rauch mit Camels-Haaren bekleidet abgemahlet wird/ habe angesehen und hernach ein gantz rauches Kind zur Welt gebracht. Obgemeldter TORQVEMADA l. c. p. 35. bekennet/ daß er ein junges Mägdlein gesehen/ welches über dem Leib mit so dicken/ langen und strammen Haar überzogen/ gebohren worden/ daß es geschienen/ wie es mit einer Wolle oder straubichten Thieres Haut überzogen wäre/ und solches hat es immer müssen abschneiden oder kurtz halten/ damit es sich recht kleyden könte/ und sich nicht rauffen möchte. Dieß alles rühret von der Einbildung oder Phantasie her.

LI.

Können auch alte Weiber wieder Jung werden?

Kurtz zuvor haben wir aus dem Valasco erzehlet/ von einer Aeptissin in einem Kloster Monviedra genant/ welche/ da sie 100. Jahr erreicht/ sich wieder verjunget/ daß die Monatliche Blumen/ die sie vor so vielen langen Jahren nicht gehabt/ ihr wiederkahmen/ und bey ihr sich so richtig wieder einstelleten/ als in der Jugend. Und damit wuchsen ihr auch alle ihre Zähne wieder in dem Munde/ welche zuvor bereits ausgefallen waren. Es wuchsen ihr auch wieder schwartze Haar auff dem Haupt/ und die Greisen fielen ihr dagegen aus/ die Runtzeln im Angesicht verlohren sich an ihr/ und wurd endlich wieder so jung und frisch/ als sie im 30sten Jahr gewesen/ daß darüber viel Leute dahin reißeten/ sie zu sehen/ und als ein Wunder-Werck anzuschauen. Aber wer weiß/ obs war ist/ und wenn es gleich war ist/ so ist es doch nur vor Alters zu Olims Zeiten geschehen. Heut zu Tage lassens die alten Weiber wohl bleiben/ daß sie wieder jung werden. Ja ich halte dafür/ daß sich etliche wohl noch älter oder garstiger machten/ wenn sie nur könten/ damit sie den Mann ein wenig vexiren möchten. Denn solcher Murmelthiere giebts viel/

die / wenn sie den Mann beym Kopffe / ich weiß nicht was / mit ihm anfangen dürfften / wenn der Mann nicht seine autorität in acht nehme. Doch thäten es etliche auch wohl / und machten sich wieder jung ; sonderlich die gerne wieder Männer haben wollen / aber ich wils ihnen nicht sagen / wie sie es machen sollen / sie möchten sonst einen ehrlichen Kerl dahinter führen / und ihme eine alte Kuh vor ein jung Kalb verkauffen. Jedoch wenn ein guter Kerl ist / der ein Alt Mütterchen weiß / die wacker Speck in der Tasche hat / fürchtet sich aber für den Runtzeln / grauen Haaren und Löchern in Backen / der lerne Lateinisch und lese hernach mein Buch / das ich nach diesen raus geben werde / so wird er Sachen gnung darinne von dieser Materia finden. Anietzo wollen wir zu andern Sachen schretten.

LII.

Können auch die Weiber zu Männern werden?

Ich wil nichts sagen von den Weib- oder Männlichen Tugenden und Geberden / die offt untereinander verwechselt werden / in dem der Mann dem Weibe theils den Zügel zu lang läst und Knecht wird / theils auch weibliche Geberden / reden / Kleider und dergleichen an sich nimmet : So pflegt auch das Weib offt Herr und Mañ zu spielen / oder hat Manns - Sitten und Reden an sich. Aber davon ist kein Streit ; sondern es fragt sich / ob auch die Weiber zu Männern werden / an ihren Gliedmassen / also daß sie ihr Geschlecht verändern? Ihrer viel bejahen das und bekräfftigen es mit unterschiedlichen Exempeln. Also lesen wir in libris annalium, daß wie P. Licinius Crassus und C. Cassius Longinus Bürgermeister zu Rom gewesen / ein Kind des Cassini aus einem Mägdlein zum Knaben worden sey / welchen man auff Geheiß der Augurum oder Wahrsager auff eine Wüste Insul geschicket habe. Licinius Mucianus meldet vor gewiß / daß er in Argos einen Mann gesehen / Arescontus genant / welcher zuvor ein Weib gewesen / und Arescusa geheissen / und daß / nachdem er sein Geschlecht aus dem weiblichen in das Männliche verwechselt / ihme der Bart gewachsen sey / sich auch hernach an ein Weib verheyrahtet habe. Auch hätte er einen dergleichen jungen Mann in der Stadt Smyrnen gesehen. Und weiter sagt Er / hätte er in Africa Lucium Cosicium einen Bürger aus Triditanien gesehen / welcher an dem Tage seiner Hochzeit aus einem Weibe sich in einen Mann verwandelt. Plinius lib. 7. cap. 4. Pontanus meldet auch / daß eine Frau von Cajeta, welche 14. Jahr mit einem Fischer in der Ehe gelebet / sich in einen Mann verwandelt habe. Und daß eine andere / Æmilia genant / so da an einen verheyrathet gewesen / welcher Antonius Sponsa geheissen / nach dem sie 12. Jahr beysammen gewesen / sich in einen Mann verwandelt / auch mit einem andern Weibe sich befreyet / und 2. Kinder mit derselben erzeuget habe. Eben selbiger Autor gedenckt noch einer solchen Geschichte / die wunderbahrlicher ist / als diese alle : nehmlich daß ein Weib sey verheyrahtet gewesen / und einen Sohn gebohren habe / hernach aber sey sie erst in einen Mann verkehret / und habe sich an ein ander Weib verheyrathet / auch Kinder mit derselben gezeuget. D. Amatus der fürnehme Medicus in Portugal / sagt in einem seiner Medicinischen Bücher / daß an einem Ort l'Egneyre genant / neun Meilen von der Stad Conimbria gelegen / ein Ritter gewesen sey / der eine Tochter gehabt / mit Nahmen Maria Pacheco. Wie dieselbe nun begieng die Jahre zuerreichen / darinne sie ihre Monatliche Zeit hätte bekommen sollen / sey sie in einen Mann verwandelt worden. Mann hätte sie auch bald in Mannes Kleider gesteckt / den

Nahmen verändert und sie Manuel Pacheco geheissen. Darauff sey sie / (oder vielmehr Er) in Ost Indien gereiset. Und als er von dannen wieder kommen / und sehr reich worden / auch grossen Ruhm wegen seiner Tapfferkeit erlanget / hätte er sich an eine Adeliche Weibs-Persohn verheyrahtet. Ob er Kinder mit derselben gehabt / oder nicht / wisse er nicht / ohne daß er gesehen / daß er nie keinen Bart bekommen / sondern von Angesicht allezeit wie ein Weib geschienen. HIPPOCRATES, den man vor den Fürsten der Medicorum hält / schreibet im sechsten Buch de morbis popularibus, daß in der Stad Abderis des Pirei Weibe Phaetne, dergleichen begegnet / da sie doch schon zuvor in den ersten Jahren ihrer Ehe fruchtbar gewesen. ANTONIUS de TORQVEMADA Colloqv. I. pag. 141. setzet hievon folgende Wort: **Es hat mir ein guter Freund / der sonst ein vornehmer glaubwürdiger Mann ist / erzehlet / daß an einem Ort / nicht weit hiervon / ein Weib an einen Bawren / so eben nicht gar reich gewesen / verheyrahtet worden sey / und weil sie keine Kinder gebohren / hätten sie und der Mann sich nicht gar wohl vertragen können. Und darüber (ob es nun aus Eyffer oder andern Ursachen geschehen) hätte sie der Mann also übel gehalten / daß wie einsmals das Weib des Nachts eines Jungens im Hause seiner Kleider gewahr worden / dieselben angezogen / und im Lande herumb gangen sey / und sich vor einen Knaben ausgeben / hin und wieder also gedienet / und ihren Unterhalt gefunden. In dem nun (ob es vieleicht die Natur vor sich so gewircket / oder aus so überaus starcker imagination) weil sie sich in Manns-Kleidern befand / gab es endlich der effect, daß sie warhafftig zum Mann wurde / und verheyrahtet sich an ein ander Weib. Und durffte es doch Niemand sagen / wie es zuvor mit ihr gewesen / sintemahln sie ohne daß eine einfältige Persohn war / biß ein Mann / der sie zuvor gar wohl gekennet / und mit ihr in einer Heimat zu Hauß war / und dergestallt sich gar wohl erinnerte / sie fragte / ob sie nicht der und der Frauen ihr Bruder wäre / weil sie nun dem Mann trauete / offenbahrte sie demselben den gantzen Handel / wie es mit ihr zugangen / und baht ihn / daß er es geheim halten wolte.** Aber diese Exempel allzumahl können noch nicht gnug beweisẽ / daß die verwandlũg der Weiber in Mãner / müglich uñ natürlich sey. Denn theils sind sie ungewiß / und bestehn nur auff anderer Leute relation / der aber gar nicht zu trauen ; theils mengen sie die monstra oder Mißgebuhrten und die vollkommenen Wercke der Natur untereinander. Denn es ist unleugbar / daß bißweilen Hermaphroditen oder solche Leute / die Männliches und Weibliches Geschlechts zugleich sind / gebohren werden. bey welchen zwar offte nur ein Glied zu sehen / das ander aber bricht hernach zu seiner Zeit herfür / wenn die Natur dazu angereizet wird. Und solche Leute können wohl gewesen seyn / die sich zuvor Männer / hernach aber Weiber gerühmet. Wiewohl die Weiber auch offt gar zugeschwinde ihr Urtheil von einem Menschen fällen / und bißweilen ein Mägdlein für ein Knäblein ansehen / wenn nehmlich die Gebuhrts-Glieder nicht allerdings gnau zuerkennen seyn. Also hat ein Weib zu Pariß Anno 1577. ein Kind gebohren / das sie für ein Mägdlein angesehen / und es alsobald / massen es sehr schwach gewesen / getauffet / und mit dem

Nahmen Johanna benennet. Wenig Tage aber hernach hat die Mutter / nebest den andern wahr genommen / daß es kein Mägdlein / sondern ein Knäblein wäre / und daher dasselbe Johannes geheissen. Nun wer wolte nicht auch viel ehe gläuben und dafür halten / daß dergleichen bey diesen erzehlten Exempeln geschehen / daß die Geburts-Glieder anfänglich unkennlich / hernach aber von der Natur mehr und mehr offenbahret worden seyn; als daß rechte vollkommene Weiber in rechte Männer verwandelt werden? Jenes scheinet mir der Wahrheit gar ähnlich zu seyn; dieses aber gantz nicht. Jedoch wil ich einem jeden frey gestellet haben / davon zu halten / was er wil.

LIII.

Wie kommt es / daß etliche Leute so viel fressen?

Solcher Leute werden viel gefunden / die da unmenschlich fressen können. Maximinus hat auff einen Tag 40. ja 60. Pfund Fleisch können auffressen. Vid. Capitolin. Der Käyser Aurelianus hat einen an seinem Hofe gehabt / der in einer Mahlzeit hat ein gantzes Wild Schwein / 100. Brod / einen Hamel / und Spanferckel verzehret. Milo von Crotoniata hat auff einmahl auffgessen 20. Pfund Brod / und 20. Pfund Fleisch. Einmahl wie die Griechischen Spiele Olympia gehalten wurden / hat der Milo einen vierjährigen Stier auff seine Achsel genommen / solchen ohne Athem hohlen getragen 125. Schritt / hernach mit seiner Faust denselben zu Tode geschlagen / und ihn gantz auffgefressen. Der Aristodamus fraß gewöhnlich allein so viel / als 9. starcke hungrige Bauren. Vid. Jonston. de Constant. Nat. p. 114. Laurenb. Acerr. Philol. Die Ursache solches starcken und unmenschlichen Fressens kan vielerley seyn. Denn (1) können solche Leute im Mutterleibe schon verwahrloset seyn / durch den unersättlichen Appetit der Mutter. (2) kömpt die Gewohnheit dazu / welche gleichsam die andere Natur ist / und die ungewöhnliche Lust stärcket. Ja ie mehr einer frisset / ie weiter der Magen extendirt und ausgethenet wird / daß er endlich wegen der grossen weite kaum kan gesättiget werden. (3) Ist ausser allen zweiffel bey dergleichen Leuten eine grosse innerliche Hitze / welche die Speisen verdauet / entweder alsobald / oder nach etlichen Tagen / in welchen sie sich denn des essens enthalten. Daher entstehet (4) offtmals grosser Hunger. In dem sie etliche Tage vorher nicht essen / un̄ sich also zur künfftigē Mahlzeit præpariren. Solten sie es aber alle Tage nacheinander thun / würde es die Natur wohl schwerlich aushalten können.

LIV.

Warumb macht die Sonne die Leinwad weiß / den Menschen aber schwartz?

Was das erste anlanget / warumb die Sonne die Leinwad weiß mache / so muß man zuvor wissen / daß die Sonne nicht sey die Causa efficiens proxima oder nähests wirckende Ursache solcher weisse und bleiche: denn wenn gleich die Sonn etliche Jahr lang die Leinwad beschiene / und kähme nichts mehr dazu / so würde sie doch vom Sonnenschein nicht weiß werden. Hernach muß man wissen / welches denn sey das subjectum proprium nigroris, oder worinnen die Schwärtze eigendlich stecke / die an den Lacken gefunden wird; nehmlich / es sind kleine irrdische Cörperlein / die da in der Leinwad hangen / wann nun die Weiber das Garn mit Aschen und Laugen kochen / wie auch hernach die daraus gewebete Leinwad / so werden durch die beissigte Asche und Laugen die irdischen Cörperlein etlicher massen abgesondert / hernach aber wenn die Lacken an der Soñen gebleicht werden / so werden dieselben terrestres particulæ von der Hitze theils resolvirt / theils auch von Winden hinweg getrieben: die aber noch was dicke seyn / also daß sie nicht verstieben können / und bleiben kleben /

die werden durchs offtere besprengen hinweggenommen. adde praetermissa, quae habentur infra pag. 507.

LV.

Ist der jenige der Zauberey zu beschuldigen/ auff dessen Hause der Drache sitzt?

Die gemeinen Leute bilden ihnen ein/ der flügende Drache sey nichts anders als der Teuffel. Daher wenn sie ihn sehen/ so creutzigen und segnen sie sich und ihr Korn / mehr aus Aberglauben/ als aus Frömmigkeit. Setzt er sich aber gar auff einen Schorstein/ oder kömt an ein Fenster/ so sagen sie alsobald/ der und der/ wer er ist/ hat ein Verbündnis mit dem Teuffel / er hat den Drachen/ er kan hexen/ und was dergleichen mehr. Aber wie der Pöbel viel und fast alles ohne Verstand redet/ also sagt er auch dieses ohne Vernunfft und wieder die Warheit. Denn es ist falsch/ daß der flügende Drache nichts anders als der Teuffel sey. Es ist ein natürlich Ding/ welches die Naturkündiger Meteoron nennen/ gleichwie der Plitz/ die fallendẽ Sterne/ und dergleichen mehr. Es hat seine natürliche Ursachen; nehmlich / die Sonn und andere Sterne ziehen aus der Erden viel uñ mancherley Dünste oder subeile Cörperlein mit sich/ welche theils wässericht seyn/ daher entstehen die Wolcken / der Regen/ Schnee/ Hagel/ etc. theils fett und schwefelicht / daher entstehen die feurigen Zeichen oder Meteora, die in der Lufft gesehen werden/ als der Plitz/ Ignis lambens fax, scintillæ volantes &c. und aus diesen entstehet auch der flügende Drach. Denn wenn die schweffelichten effluvia in die Höhe steigen und sich versamlen / also daß sie in der Mitte dicke beysammen / am Ende aber etwas dünner sind/ und hernach angezündet werden / so gibt es eine solche Form und Figur von sich / als sonsten die Drachen pflegen zu haben. Daß er aber bald hieher/ bald dorthin flüget / kömpt daher dieweil das Feuer / als das leichteste Element/ von Natur in die höhe steiget / und die dicken / fetten und schwefelichten effluvia, wollen gerne hinunter/ weil sie schwer sind; keines aber geschiehet/ das Feuer kan die schwere Materie nicht mit sich hinauff führen/ und die schweren Dünste können das leichte Feuer nicht mit sich hinunter ziehen / weil eines so viel da ist als das andere. Darumb schwebet der Drache immer so in der Mitte/ und fält bald auf diese/ bald auf jene Seite/ und wird hernach von Winden und andern Dingen/ davon die Lufft beweget wird/ hin und her getrieben. Daß er aber sich bißweilen auff die Häuser setzt/ ist (1) die Ursache / weil er in der Mitte dicke und schwer ist/ und daher von Natur herunterwerts zu steigen sich bemühet; (2) Hernach kommen auch die Winde darzu/ welche ihn treiben an den Gipffel der Häuser/ die den Wind auffhalten. Bißweilen sind auch Regen-Wolcken in der Lufft / welche durch ihre Schwere immer mehr sincken/ und das Meteoron zugleich weiter hinunter treiben. Und weil die Lufft umb die Häuser etwas gelinder und wärmer ist/ als anderweit/ so nimt deswegen der Drache am meisten seine Zuflucht dahin; deñ es heist simile simili gaudet, gleich und gleich gesellt sich gern. Daher will er auch bißweilen gerne in die Schorsteine hinein kriechen/ weil aus denselbigen mancherley fette und warme Dünste empor steigen/ welche dem brennenden Meteoro, oder Drachen eine angenehme Nahrung machen/ und durch die natürliche Sympathia oder Liebe dasselbe an sich ziehen. Doch ist nicht gantz und gar zu leugnen/ daß der Teuffel bißweilen hierin sein Spiel habe. Denn wie er den Donner/ die Irrwische / und andere natürliche Dinge bißweilen zu seinen Diensten mißbrauchet / also machet ers auch mit dem flügenden Drachen / in dessen Gestalt er offt seinen Bundsgenossen den Hexen/ und Zauberern/ zu erscheinen pflegt / und ihnen allerley Sachẽ/ als Gold/ uñ Geld bringt/ mit welchen er aber sie offt verblendet / und blosse Kohlen an dessen stat gibt; Doch ists bißweilen auch gut Gold und Geld/ das er entweder aus der Erde nimt / darinnen grosse Schätze verborgen; oder aus dem Meer / welches unmeßlich viel in sich verschlucket; oder er bekömpt auch wohl Macht über der Reichen ihre Schätze / und stilt etwas davon. Mehrentheils aber bringt er Korn und Kleider / weil er diese überall leicht bekommen kan. Zu Ohr nicht weit von Dantzig hat er einmahl Anno 1603 die Leinwad von der Bleiche weggestohlen. Und die Bauren sagen / daß sie offt den Drachen in ihren Scheunen hören Korn stehlen / welches er in sich freße / und schmatze wie eine Sawe. Und dieses bringt er hernach seinen Dienern und Dienerinnen / welche hingegen zur Danckbarkeit ihn verehren müssen / theils mit gewissen Worten / die nicht nöthig seyn zu wissen: theils auch mit sonderlichen Ceremonien / unter welchen die vornehmste das Milch-Opffer. Denn sie müssen Milch laulicht machen und sie an den Ort setzen / da er pflegt ins Hauß hinein zu kommen. Wenn nun was versehen wird / entweder in Worten oder bey der Milch / daß der Drache böse wird / so setzt er ihnē ein hauffen Läuse oder ander Ungezieffer in den Peltz / oder er zündet auch wohl das Hauß an / wie in Preussen / nicht weit von Königsberg geschehen / da eine Magd hat sollen die warme Milch auff den Boden bringen und dem Drachen fürsetzen: da sie nun seine greuliche und abscheuliche Gestalt gesehen / erschrickt sie / und geust für Angst die Milch auff den Drachen / darauff ist alsobald das Hauß im Feuer auffgangen. Ja er bringet auch bißweilen / aus GOttes Verhängniß / das Vieh umb / dergleichen einem Edelmann nahe bey Dantzig wiederfahren. Vid. KECKERMAN. Syst. Phys. l. 6. p. 342. BACKII disp. de Meteor. Witteb.

LVI.

Welches seynd die kleinesten Thierlein?

ARISTOTELES lib 5. Histor. An. C. 32. schreibt / daß in allem Wachs und Holtz ein weißlich Thierlein generirt würde / mit Nahmen Acari, welches das allerkleineste wäre. Aber ich weiß nicht / ob man nicht die jungen Spinnen solte fürziehen. Denn sie haben sehr kleine und subtile Eyer / und aus einen kommen fast unzehlich Spinnichen / so klein / daß man sie nicht recht sehen / und fast mit den Atomis vergleichen kan. ULYSSES ALDROVANDUS schreibt hievon also: Als ich einsmahls die Spinnen Eyer gnau betrachtete / befand ich / daß ihrer sehr viel waren / nicht groß / blawlicht / mit kleinen Fleckgen / von einander abgesondert / weich / klebrig / welche so sie etwann ohn gefähr verlohren oder zerstreuet / trägt sie die alte Spinne mit ihren Schnabel wieder zusammen. Ingleichen hab ich gesehen aus einem einigen Ey unzehlich viel junge Spinnen herfür kriechen / so klein / daß man sie kaum sehen konte / und so bald sie aus den Eyern waren / fingen sie an zu spinnen / so zart und subtil / daß ich mich nicht gnug darüber verwundern konte. Ich habe auch observirt / daß die schwangern Spinnen unter dem Bauche ein hauffen kleine Eyerchen haben / die man wohl den Atomis vergleichen kan. Sie waren aber weiß / und knackten / wenn mann sie zerdrückte.

LVII.

Wie kömts / daß aus einem vollen Faß / wenn es oben feste zu gemacht / und unten angebohrt / das Bier nicht recht rauslaufft / wie sonsten / sondern nur eintzele Tropffen?

Die weise Natur lässet nicht zu / daß irgend ein vacuum oder leerer Raum solte gefunden werden / darin nicht zum wenigsten Lufft oder Feuer oder etwas anders subtiles sey. Und wenn ja etwan dergleichen zu besorgen / so bemühet sie sich auffs eusserste / dasselbe also fort wieder zu erfüllen. Wenn nun ein volles Faß Bier oben feste zugemacht und hernach unten angestecket wird / so kan das Bier nicht also häuffig heraus lauffen: denn sonst würde es oben im Fasse leer und also ein vacuum oder Riß in der Natur geschehen. Hernach aber / wenn die Lufft durchs Holtz gedrungen und den leeren Raum erfüllen kan / so fänget das Bier immer mählig und mählig an zu lauffen. Eben dieses trägt sich auch bey dem Weine zu.

LIIX.

So ist denn kein vacuum oder leerer Raum in der Natur?

Nein. Die Bauren sagen zwar / das Faß ist leer / wenn sie es ausgesoffen; aber weise Leute urtheilen viel anders. Denn ob zwar das Bier aus dem Fasse / so ist doch noch Lufft darinn / wie auch andere Dünste / die dasselbe erfüllen. Und wenn man es gleich nicht sehen kan / so muß mans deßwegen nicht alsobald verleugnen. Dann es sind viel Dinge in der Welt / die wir nicht sehen / und nicht sehen können; wer wolte sie aber darumb alsobald in Zweiffel ziehen oder gar verleugnen. Wer hat GOtt / wer hat die Engel / wer hat des Menschen Seele / wer hat der Pferde Seelen / wer hat den Himmel / wer hat das Wasser über demselben gesehen? und doch sind diese Dinge alle in der Natur. Also sind auch in dem leeren Fasse (wie es die Bauern nennen) noch viel Dinge verborgen / die den Raum darin erfüllen. Ob aber ein Raum in der Welt sey / da gantz nichts / weder Lufft / noch Feuer / noch etwa andere Dinge? fragt sich nicht unbillig! Ich sage nein dazu. Denn (1) ist die Welt ein contiguum, da alles an einander hänget. Wenn nun ein leerer Raum darinnen / so würde dieselbe contiguitas (daß ich also rede) oder Vereinigung zertrennet werden / welches ungeräumt. Es würden auch / sagt Herr Augustus Hauptmann in seinen Berg-bedencken p. 17. da es müglich zu geben stünde / viel Dinge in rerum natura hisciren, dahin fallen und zu scheitern gehen / denn das Vinculum naturæ, dadurch alle Dinge aneinander geheffter seyn / müßte reissen / würde dessen Con- und attractioni nichts folgen / denn das nichts künte auch nichts ziehen / weil das Vinculum naturæ, daß es ziehen muß / und vermöchten wir nicht einen Tropffen Wasser über sich aus der Erden / durch einzige Kunst zu ziehen / denn es würde sich das Vinculum naturæ in der Lufft / von dem Wasser / so es ziehen solte / abreissen / das nihilum sich einmischen / das Wasser als ein schwer corpus fallen lassen / etc. (2) sehen wir an der Natur / daß sie das Vacuum auffs höchste vermeidet. Denn wenn ein Corpus weg / so kömpt alsobald ein anders an seine Stelle / damit nicht ein leerer Raum bleibe. Wenn man den Heber in ein voll Faß Bier stecket / und die Lufft heraus ziehet / so steiget alsobald das Bier wieder seine Natur heraus / damit nicht ein leerer Raum bleibe. Wenn man ein volles Faß ümbkehret und den Zapffen gleich heraus gezogen hat / so läufft doch das Wasser entweder gar nicht / oder gar ungleich heraus / denn wenn es alsobald völlig raus flösse / so verhinderte es die Lufft / daß sie nicht könte nein kommen / und also würde ein vacuum. Wenn man das Loch im Blasebalg zustopfet / so kan mann ihn nicht von einander bringen und damit blasen; denn sonst würde ein vacuum darinnen. Wenn man einen Hut gleich auff die Erde hinsetzet / so kan man ihn nicht wohl wieder auffheben / es sey denn / daß man ihn auff die Seite ziehe / daß die Lufft hinein kommen kä: sonst würde ein vacuum. In den Kunst-Röhren steigt das Wasser hoch in die Höhe / wieder seine Natur / daß nicht ein vacuum darinn werde. Und dergleichen Exempel wehren wohl unzehlig viel anzuführen: Aber es ist nicht von nöthen / denn aus diesen ist klährlich gnug zu ersehen / wie sehr

Luftpumpenexperimente von Otto von Guericke

Das ist das „neue Instrument" des Magdeburger Bürgermeisters, eine Kolbenluftpumpe, die er analog zu einer Feuerwehrspritze konstruierte. Im oberen Bild pumpte er Wasser aus einem Faß, um ein Vakuum herzustellen. Doch drang die Luft von außen ein. Daraufhin nahm er eine Kupferhohlkugel (unten) aus der jetzt nur noch Luft herausgepumpt wurde. Männer hatten immer schwerer und schwerer zu ziehen, bis plötzlich die Kugel mit „lautem Knall und zu allgemeinem Schrecken so zusammengedrückt wurde, wie man ein Leintuch mit der Hand zerknüllt". An die Folgerungen von Guericke bezüglich der Existenz eines totalen Vakuums glaubte Herr Gottfried Voigt jedoch nicht. Und so ganz unrecht hatte er nicht!

(Kupferstich aus O. v. Guericke: Experimente nova (ut vocantur) Magdeburgica de vacuo spatio. Amsterdam 1672. Taf. 5, Fig. 1 u. 2) die Natur das vacuum verhüte. (3) Ist das vacuum ein non-Ens oder pur lauter nichts. Was nun nichts ist/ das kan ja nicht in der Natur seyn. Darumb was in der Welt ist/ das ist etwas. Hiervon redet abermahl obgedachter Herr Hauptmann l.c. gar recht: **Wie aber nun auch die jenigen/ die sich umb das** vacuum **bemühen/nicht wissen oder sagen können/ was das** Vacuum **eigendlich sey/ was vor eine** qvidditatem **oder** essentiam **es habe. Denn es** immediatè opposita, aliqvid & nihil, sive plenum & vacuum, & qvamdiu qvidditas locum invenerit, tamdiu vacuum cessare necessum est: **So hat auch das** Vacuum **oder** nihilum **keine** Qvalitates, qvia non-Entis nullæ sunt qvalitates sive affectiones &c. Finge tamen esse vacuum, omni destitutum corpore; nos qvo fine sit, rogabimus: negabis, ob finem esse: dicemus nos, Deum & naturam nihil, ut tritum habet, facere frustra. Et qvod frustra est, hoc ipso, ut scitè Scaliger ait, non est. (4) Wenn ein Vacuum in der Welt were/ so müste es entweder erschaffen seyn oder unerschaffen. Unerschaffen ists nicht/ denn GOtt allein ist ein ens increatum, positivè. Positivè inqvam, qvia & vacuum illud antemundanum erat increatum, sed negativè, id est non-creatum. So ist es auch nicht von GOtt erschaffen/ dieweil es einen defect oder Mangel mit sich bringet. Was aber GOtt geschaffen/ ist alles vollkommen ohne Mangel gewesen. Vid. KIRCHMAIER. disp. de Vac. SPERLING. Instit. Phys.

Telesius zwar/Kyperus und andere autores, bemühen sich sehr/ das Vacuum zubehaupten. Sonderlich Otto Gericken/ Bürgermeister zu Magdeburg/ welcher ein neues Instrument erfunden/ damit er das darthun wil. Aber sie werden alle von der subtilen Lufft betrogen. Denn wenn sie dencken/ sie haben die Lufft heraus gezogen/ so ist sie wieder drinne; Telesius sagt/ wenn man ein Gefäß mit dicken wässerigten Dünsten anfüllte und allenthalben zumachte/ also/ daß keine Lufft durchdringen könte/ und es hernach in die Kälte setzte/ so würden die Vapores in Eyß verwandelt werden/ und müste also daher nohtwendig das übrige Theil über dem Eyse leer seyn. Aber wie kan denn ein Ding so verwahret werden/ daß keine Lufft durchdringe? und wer kan denn wissen/ob die Lufft zuvor alle heraus gewesen? Andere geben für/ wenn man einen Schlüssel nehme und die Lufft heraus zöge/ so wäre ein vacuum drinne. Aber damit beweisen sie es auch noch nicht. Denn/indem sie die Lufft heraus ziehen/ hauchen sie zugleich die corpuscula ignea und aqvea hinein. Bleibt derohalben dabey/ daß kein Vacuum oder leerer Raum in der Natur sey.

LIX.

Könte auch ein Kind wohl reden lernen/ wenn es sein Tage unter keine Leute kähme?

So meinen etliche. Psammetichus König in Aegypten ließ durch einen Hirten 2. Knaben unter dem Vieh aufferziehen/und befahl/ daß kein Mensch weder vor ihnen noch zu ihnen etwas reden solte; sondern sie solten in eine wüste Hütten allein gesetzt/ und ihnen täglich etliche Ziegen zugeführet werden/ derer Milch sie genössen: und dieses darumb/ daß/ wenn sie erwachsen wären/ man hören könte/ was sie vor eine Sprache von sich selbst redeten/ und dieselbe würde ausser allen Zweiffel die älteste seyn. Als nun nach verflossenen zweyen Jahren der Hirte einmahl die Thür auffmachte und zu den Knaben hinein ging/ da kamen sie ihm mit ausgestreckten Händen entgegen gelauffen / und schrien Beccos. Der Hirte schwieg stille darzu. Als er aber hernach öffter zu ihnen kam/un eben dieses Wort hörete/ hat er es endlich dem Könige angezeigt / und auf sein Geheiß die Knaben zu ihm gebracht ; da denn der König eben dasselbe Wort aus ihren Munde gehört/ und darauff nachgeforscht/ bey welchen Völckern denn das Wort Beccos gebräuchlich were. Er hat aber vernommen / daß die Phrygier mit diesen Wort das Brod benenten/ daher hat er geschlossen die Phrygische Sprache wäre die erste/und die Phrygier wären die ersten und ältesten Menschen. HERODOT. in Euterp. Aber LUDOVICUS VIVES super cap. XI. lib. 16. August. de C. D. verlachet dieses recht/ und saget/ daß der gute König sey betrogen worden. Denn weil die Kinder unter denen Ziegen wären erzogen worden/ so wäre es ja kein Wunder gewesen / daß sie auch der Ziegen Be/ Be hätten lernen nachschreyen. Dergleichen erzehlet auch KEGERMANNUS Tom. II. p. 506. von dem grossen König Mogul/ welcher 30. Kinder an einem einsamen Orte hat verwahren lassen und den Hütern befohlen /ihnen kein Wort hören zu lassen/damit er erführe/was sie einmahl würden für eine Sprache reden / und derer Leute Religion wolte er annehmen. Aber endlich hat der König selbst erfahren und bekant / daß es vergeblich sey/sintemahl keiner von ihnen distinct und deutlich geredet/ derohalben hat er auch keine Religion angenommen. Sonst sind etliche gewesen/ die dafür gehalten/ daß dem Menschen von Natur eine gewisse Sprache eingepflantzt wäre. VALLESIUS Philos. sacr. p. 55. saget/ wenn man ein Kind keine Sprache lernete reden / so würde es endlich von sich selbst Hebräisch reden / als welche Sprache den Menschen angebohren. Aber dieses sind kindische Reden. Denn wenn eine Sprache dem Menschen angebohren wäre/so würden ja sie die Menschen auch können ; denn was einem angebohren ist/ das vergist sich nicht leicht. Nun ist aber dieses falsch/ wie die angeführten Exempel bezeugen. Hernach könten die Menschen nicht leichtlich andere Sprachen lernen/ dieweil die natürliche es immer verhinderte. So müsten auch alle Menschen 2. Sprachen haben / eine natürliche/welche die Hebräische / und die andere durch Gewohnheit/ als die Mutter-Sprache/ Deutsch/Polnisch/ Frantzösisch/ Welsch etc. welches alles falsch. Vid. STOLBERG. de Sermon.

LX.

Haben die Schlangen im Anfang der Schöpffung Füsse gehabt/also daß sie auffgericht haben gehen können?

Der sehl. Herr Lutherus hält dafür/ daß die Schlangen vor dem Fluch auffgericht/ als wie die Hänichen oder Hünichen/ seyn einher gegangen / daher sich auch Eva nicht für ihren Gespräche gescheuet/ weil sie dazumahl noch nicht abscheulich/ sondern lieblich anzusehen waren. Nach dem Fall aber / da GOtt die Schlange verfluchet und gesagt : Auff deinem Bauch solt gehen und Erde essen dein Lebenlang/ habe sie erstlich eine solche garstige Gestallt bekommen. Etliche thun hinzu und sagen/ die Schlange habe erstlich auch Füsse gehabt / nach dem Fluch aber habe sie dieselben verlohren. Aber mit diesen kan ichs nicht halten. Denn

Was die Schlange ietzo für einen Leib hat/ da sie von GOtt erhalten wird/ denselben hat sie auch gehabt / als sie von GOtt erschaffen worden ; aus der Ursache/weil GOtt keine speciem anders erhält / als er sie geschaffen. Und wie GOtt hat keines Dinges essentz verändert/ob wol andere accidentia oder zufällige Dinge sind darzu gekommen : also hat er auch nicht leichtlich die partes integrantes oder die Theile und Glieder an den Cörpern mutirt/ als welche zugleich mit zur essentiam animalis perfecti, qvatenus perfectum, gehören.

Nun aber hat sie ietzo / da sie GOtt erhält einen Leib ohne Füsse: Darumb hat sie auch einen solchen gehabt / da sie von GOtt erschaffen.

Und ob / ich zwar zugeben möchte / daß die Schlange vor dem Fluch sey auffgericht einher gangen / so ist doch nicht alsobald von nöthen / daß ich sage / sie habe auch Füsse gehabt. Denn sie hat auffgerichtet können einher gehen / nach dem vornehmsten Theile dem Kopffe nach / also daß sie den Kopff und die Brust in die Höhe gerichtet / und mit dem andern Leibe gekrochen / nun aber muß sie immerfort mit niedergeschlagenen Kopffe auff ihrem Bauche kriechen. PLINIUS schreibet zwar lib. 11. Hist. Nat. c. 43. Daß man Schlangen gesehen habe / mit Gänse-Füssen. Aber wenn dieses so ist / können es keine rechte Schlangen gewesen seyn / sondern gressilia animalia, oder monstra; zu welchen auch gehöret / was sonsten etliche von den vierfüssigten Schlangen schwatzen. Doch könnens auch wohl andere Thiere gewesen seyn / die den Schlangen nur in etwas gleich gewesen. Sonst ordentlicher weise / haben die Schlangen keine Füsse.

LXI.

Sind das rechte Schlangen gewesen / in welche die Egyptischen Zäuberer ihre Stöcke verwandelt haben?

JOSEPHUS lib. 21. c. 5 JUSTINUS, PHILO, GREGORIUS NYSSENUS, HIERONYMUS, AMBROSIUS, RUPERTUS und viel andere halten / daß es lauter Verblendung gewesen / und nur den Menschen gedaucht / als sehen sie Schlangen / da sie doch in der That nichts gesehen. Aber wenn dieses so wäre / hätte es ausser allen Zweiffel Moses dem Pharao entdecket / und hätte keinen Betrug zugelassen in einer solchen Sache / die GOttes Ehre betraff. Ihrer viel aber stehen in den Gedancken / daß es rechte Schlangen gewesen: wo sie aber herkommen / sind sie noch nicht eins. Etliche sagen / der Teuffel habe sich zur Schlangen gemacht / und an statt der Stäbe hingelegt. Aber das kan der Teuffel nicht thun. Er ist ein Geist / die Schlange aber ein Cörper / Welche er nimmermehr untereinander verwandeln kan. Das kan wohl seyn / daß er aus den Dünsten in der Lufft oder andern Materialischen Sachen ein solch Corpus formiret / welches den Schlangen gleich siehet: Aber deswegen kan er nicht alsobald eine rechte Schlange erschaffen / oder sich in eine Schlange verwandeln. CAJETANUS vermeinet / daß die Stäbe der Zäuberer wären in Schlangen verwandelt wordē. Welches auch müglich zu seyn erachtet MART. DELRIO disqvis. Mag lib. 2. cap. 16. aus der Ursachen / weil die Schlangen insecta und unvollkommene Thiere wären / die die Natur aus einer faulen Materie vermittels der Hitze könte generiren / und also vielmehr der Teuffel aus den verfaulten Stäben. Aber diese Meinung ist der Natur und Weltweißheit gantz und gar zu wieder. Denn (1) Non ex qvolibet fit qvodlibet, sagen die Philosophi, sed alia forma aliam postulat materiam. Der Teuffel wie mächtig er auch / so kan er doch nicht aus einer iedwedē Materie nach seinem gefallen ein iedes Corpus / aus dem Holtz eine Schlange machen: denn es ist gantz keine proportio oder Gleichheit zwischen diesen Dingen. Die Materie daraus die Schlangen producirt werden / sind die Eyer / aus diesen bringet sie die Natur herfür. Werden sie aber ohne Eyer erschaffen / so ists über die Natur / und kömpt allein von GOttes unendlicher Krafft her. Der Teuffel aber kan nicht übernatürliche Dinge thun. (2) ists falsch / daß sie nur insecta und unvollkommene Thiere seyn. Denn GOtt hat sie erschaffen. Alle Geschöpffe GOttes aber sind vollkommen / Gen. 1. haben sie gleich solche Glieder nicht / wie andere Thiere? was schadets ihnen? der Mensche hat auch keine Flügel oder Hörner / er ist deßwegen nicht unvollkommen. Was sind aber insecta? allerley Gewürme und Ungezieffer / so einen unterschiedenen zerkerbten Leib / oder vom Leibe abgetheilten Kopff haben/ als Bienen/ Fliegen etc. zu diesen können die Schlangen / eigentlich und accurat zu reden / nicht gebracht werden. Doch laßt sie insecta seyn / und unter das Gewürm mitgerechnet werden/ kan sie deswegen der Teuffel aus den Stäben formiren und herbringen? Nein / die Stäbe sind viel zu ungeschickt darzu. Durch endliche Krafft lässet sichs nicht thun. GOttes Finger muß dabey seyn. Und wenn gleich die Stäbe alsobald verfaulet wären / so hätten doch die Schlangen aus solcher verfaulten Materie nicht können producirt werden. Denn was ist putredo? ein accidens ist sie. Kan auch wohl aus einem accidente eine substantia gemacht werden? Nein. Wenn ihrer hundert ja tausend und noch mehr da wären/ könte doch die allergeringste substantz daraus nicht producirt werden. Und wer hat iemahls was gesehen / daß aus putredine sey generirt worden? bringstu die Mäuse/ Frösche/ Aale herfür? so bistu in deiner Meinung betrogen. Petitio principii est. Es ist lauter Fabelwerck und Fantasterey. Aus dem Miste/ex putredine, wird kein natürlicher Cörper generirt, aber wohl in dem Miste / in der putredine: Denn in dem Miste und andern verfaulten Sachen lieget offte der Saame etlicher Cörper verborgen: welcher denn leicht von der Hitze besser kan ausgearbeitet und zu einen vollkommenen Dinge gemacht werden. Ein anders aber ist die Materia in qva, oder das Ding darinn etwas generirt wird/ ein anders Materia ex qva, daraus etwas gemacht wird. Die Materia in qva der Schlangen können wohl bißweilen verfaulte Sachen seyn; aber die Materia ex qva ist kein andere/ als der Saame/ als die Eyer etc. (4) Die Vergleichung der Gewalt des Teuffels mit der Krafft der Sonnen / welche Delrius anführet/ hält auch keinen Stich. Deñ sie kömt aus falschen principiis, aus falschen Gründen/ welches ich beweise:

Erstlich

Kein accidens kan eine substantiam produciren;

Die Hitze der Sonnen ist ein accidens.

Ergo so kan sie keine substantz / und also auch keine Schlangen produciren.

Ferner:

Keine Causa Universalis kan für sich einen effectum particularem & determinatum produciren:

Die Sonne ist Causa Universalis.

Ergo so kan sie keinen effectum particularem und determinatum produciren.

Endlich:

Kein effect ist edler als seine Causa, davon es entsprungen:

Die Schlangen aber sind edler als die Sonne: denn jene haben ein Leben/ diese aber keins.

Ergo so sind auch die Schlangen nicht die effecta der Sonnen.

Darümb bleibt es dabey/ daß die Aegyptischẽ Zäuberer die substantz ihrer Stöcke nicht haben in Schlangen verwandelt/ wo sind sie aber denn herkomen / möchte iemand fragen? sie haben ja ihre Stöcke hingeworffen/ und alsobald sind daraus Schlangen worden? Antwort. Nein. Der Tausend-Künstler der Teuffel hat alsobald der Zauberer Stöcke weggenommen und rechte Schlangen/ die er dazu gesamlet und mit genom̃en an derer Ort gesetzet. Welches denn ihm leicht zu thun ist / massen er auch bey den Besessenen offt pflegt Messer/ Steine und Nadeln/ hinzulegen/ uñ also die Leute verblendet/ daß sie dencken / als kähmen solche Sachen aus des Menschen Leibe heraus. Dieser Meinung sind BALDUIN. in Tr. de cas. Consc. lib. 3. c. 4. BROCHMANN. in Syst. Theol circa Artic. de Ang. qvæst. 85. MARTIN. in qq. illustr. cent. 10. disp. 5. q. 4. p. 100. FRENZEL. disp. de serpente. Und viel andere mehr.

LXII.

Warumb pflegen sich etliche Leute nach dem Schlaffe zu dehnen?

In den Musculis pflegen offte vitiose Excrementa oder böse Feuchtigkeiten zu hangen/ damit nun von denselben die Natur befreyet werde/ dehnet sie die Glieder aus. Daher pflegen die Jenigen/ die sich zum Ringen/ Springen und dergleichen Exercitien vorbereiten/ ihre Glieder zuvor auszudehnen/ damit sie die bösen humores welche ihre Hurtigkeit verhindern/ zertreiben. Insonderheit geschiehet dieses bey denen die vom Schlaffe auffstehen/ aus der Ursachen/ weil im Schlaffe sich viel solcher Dünste aus den überbliebenen und unverdaueten Speisen samlen/ und an die Musculos legen/ welche im Schlaffe nicht zertauet werden können/ massen des Nachts der Leib nicht beweget wird. Zu dem sind auch im Schlaffe die pori mehr zugeschlossen als sonsten/ und können daher dieselben Dünste keinen Ausgang haben. Wenn aber einer erwacht und sich beginnt zu bewegen/ so wird er von der frischen Lufft angereitzet/ dieselben Dünste durch die Ausdehnung der Glieder zuvertreiben. Uberdiß werden dieselben durch solche Excrementa verhindert/ daß sie ihre operationes nicht haben können; wenn nun die Natur solches empfindet/ bemühet sie sich von denselben zu reinigen. Daher sehen wir/ woher es komme/ daß insonderheit die Phlegmatici, und faulen Leute/ wie auch die Jenigen/ so des Abends/ ehe sie zu Bette gegangen/ zu viel getruncken/ des Morgens sich am meisten zu dehnen pflegen: Weil sie nehmlich alle voller bösen Feuchtigkeiten sind. Hingegen aber wiederfähret solches gar selten denen/ die da hurtig/ mässig/ warmer Natur/ und nicht lange schlaffen: dieweil sie mit den bösen Feuchtigkeiten nicht gar zu sehr angefüllet.

LXIII.

Warumb werden die Augenlieder so offte beweget?

Es ist ausser allen Zweiffel/ daß die Seele der Thiere durch die Musculos die Augenlieder bewege; Was aber die Musculos zu solcher offtern Bewegung anreitze/ ist etwas schwer zuerforschen. Ich halte dafür/ daß solches bißweilen verursache unser Wille und Gefallen. Denn wenn es uns beliebt/ können wir offt nacheinander mit den Augen wincken; beliebt es uns aber nicht/ können wir auch wohl ein wenig damit inne halten. Ein wenig/ sag ich/ aber nicht gar zu lange: denn die Augenlieder fallen von sich selbst wieder zu/ darumb muß ein andere Ursache dahinter stecken/ die die Augenlieder/ oder vielmehr die Musculos so offte bewegend mache. Der gelehrte SENGVERD. sagt/ daß solches thuen die kleinen Stäubichen/ die in der Lufft hin und her fliegen und wegen ihrer subtilität nicht können gesehen werden. Es kan auch wohl seyn eine saltzigte und beissigte Materie/ die aus dem Cörper herfür steiget/ und an den eusserften Theilen der Augen offte hanget/ und dieselben beißt und rauch machet. Wenn nun dieses die Musculi empfinden/ so ziehen sie sich zusamen/ verrheidigen das Auge und machen es durch die inwendige haut der Augenlieder wieder glatt. Daher muß man an räucherichten Orten offt mit den Augen wincken/ weil der Rauch die Augen beißt/ Item/ wenn man in die Sonne siehet/ so muß man auch immer die Augenlieder bewegen/ weil sonst das Auge/ oder vielmehr dessen Cornea tunica von der Sonnen Strahlen gar zu sehr ausgetrucknet und zusammen geschrumpffet wird. Und wenn einer weinet/ so beissen ihn auch die Thränen/ als welche gar saltzig sind/ also daß er offt die Augen auff und zu thun muß/ damit die saltzigte Feuchtigkeit abgetrocknet werde. Aus der Ursache kan man auch nachfolgende Frage leicht erörtern:

LXIV.

Warumb die Fische keine Augenlieder haben?

Weil sie ihnen nichts nütze sind. Denn die Fische leben im Wasser / da ihre Augen stets abgespielet werden. Die Meer-Fische sind zwar im saltzigten Wasser / welches sonst sehr beißt; aber die Natur hat ihnen desto härtere Augen gegeben / damit ihnen das Meer-wasser nicht schade. PLEMPIUS Ophthalm. lib. 3. c. 1. setzt die Ursache hinzu / und sagt / daß die Fische deswegen keine Augenlieder haben / weil sie nicht scharff Gesichte haben / tum etiã, qvod oculis eorũ, nimium lumen non excipientibus, palpebrarum sugrundium non erat opus.

LXV.

Kan auch ein Mensche wohl sehen / wenn er die Augen zu hat?

Ja / er kan sehen. Ob er zwar nicht vollkommen die objecta oder Dinge / die ihm für Augen schweben / erkennen kan / so kan er doch unterscheiden das Liecht von der Finsterniß. Denn wenn einer sich gegen die Sonne / oder sonsten gegen ein Liecht kehret und schleußt die Augenlieder zu / so kan er nichts desto weniger empfinden / daß die Augen erleuchtet werden. Kehrt er sich aber ins dunckele / so merckt er es eben auch / ob er gleich die Augen nicht auffthut. Und daß dieses eine rechte Visio sey / oder daß es nicht ungeräumt sey / wenn man sagt / ein Mensch könne mit zugethanen Augen sehen / beweise ich daher: erstlich weil eine Empfindung des Objecti sensibilis oder des Liechts da ist / darumb muß auch eine sensio oder solche action da seyn / da die eusserlichen Sinne wircken. Nun aber kan diese Wirckung / da ich mit zugethanen Augen das Liecht erkenne / nicht zum innerlichen Sinnen gebracht werden: denn sie gehöret weder zur Phantasie, noch zum sensu communi; sondern zum eusserlichen Sinnen. Zu welchen aber? Nicht zum Gehör. Denn wer wolte das ein Gehör nennen / wenn ein Mensche das Licht siehet? das Gehör gehet ümb mit dem Kläg / und sonst mit nichts mehr. So kan auch dieses nicht zum Geruche / oder Fühlen / viel weniger zum Geschmack gezogen werden / welches offenbahr ist; derhalben ist das sehen noch übrig / zu diesen muß man dieselbe action bringen. Und kan daher wohl sagen / daß ein Thier mit zugeschlossenen Augen sehe. Hernach so ist ja bey dieser action ein solches objectum, womit das Gesichte umbgehet / nehmlich Liecht: es wird auch afficirt das organon, welches dem Gesichte zugeeignet ist / nehmlich das Auge; darumb muß nohtwendig dieselbe action genennet werden eine Visio oder Sehung / daß ich also rede. Wie kömt aber das Liecht durch die Augenlieder zu dem Auge / möchte jemand fragen? Antwort: die Augenlieder sind dünne und haben viel poros oder subtile kleine Löcherchen / durch diese dringt das Liecht und afficirt das Auge / und daher entstehet das Sehen.

LXVI.

Was ist die Ursache der Trunckenheit?

Es ist bekant / daß ein Mensch trunckenwerde / wenn er gar zu viel Bier oder Wein trinckt: Wie es aber komme / daß das Bier oder der Wein die Leute so truncken mache / weiß nicht iederman. Ich halte dafür / daß solches nicht herrühre von der Feuchtigkeit. Denn wenn einer gleich noch so viel Wasser oder Kovent trincket / so wird er doch nicht voll. Es kan auch nicht zugeschrieben werden der Wärme: denn wenn die voll machte / so würde man auch truncken werden / wenn man Ingwer oder Pfeffer oder ander Gewürtze ässe. Sondern es kömt die Trunckenheit her von der Fermentation, da die innerlichen partes des Gehirns und das föderste an den SpanAdern verstopffet werden / also / daß weder die eusserlichen noch innerlichen

Sinne ihr Ampt verrichten können. Diese fermentation aber entstehet von denen subtilen Cörperchen/ welche in der warmen und feuchten Materie sind / also daß die Feuchtigkeit von der Wärme beweget/ zertrieben und in die Höhe gebracht wird. Daß dieses die rechte Ursach sey/ erhellet daher / dieweil man auch truncken wird vom Meet/ der aus Wasser und Honig zubereitet wird. Da doch weder das Wasser/noch der Honig für sich selbst truncken macht : ja die Alten pflegten den Honig wieder die Trunckenheit zu gebrauchen. Daß auch die Wärme bey dieser fermentation viel thue/ kan man daraus sehen/weil die jenigen Sachen so Trunckenheit verursachen/ warm sind ; und weil auch vermittelst der Wärme die fermentation in andern Cörpern sich begiebet. Also gehet das Mehl in die höhe/wenn warm Wasser daran gegossen und es an einen warmen Ort gesetzt wird/ wie die Erfahrung bezeuget.

LXVII.

Warumb sind die alten Leute gemeiniglich karg?

Dieses kan theils aus der Physica/ theils aus der Ethica beantwortet werden. Aus der Physica ist bekant / daß die alten Leute kalter und trockener Natur sind/ und daher auch furchtsamer und verzagter/als die Jungen. Gleich wie hingegen die Wärme pflegt die Menschen behertzt und muthig zu machen/darumb zur Tapfferkeit ein warmes Temperament erfodert wird. So sind auch die Trunckenen / wenn sie der Wein erhitzt / vielmehr behertzter / als wenn sie nüchtern / daher der Poet recht sagt :

Sollicitis animis onus eximit

Die Trunckenheit vertreibt das Leid.

Weil n[illegible] die Alten/ wie gesagt/ furchtsamer/sind wegen ihrer kalten Natur/so wollen sie auch das jenigen/was sie haben/nicht gerne fahren lassen/ damit ihnen nicht einmahl mangeln möge. Und eben deswegen sind auch die Weiber gemeiniglich geitziger und kärger/ als die Männer.

Aus der Ethica aber kan man antworten und sagen daß die alten Leute deßwegen geitziger sind (1) weil sie mehr Mangel erlitten/ als die jungen Bursche / die darvon wenig wissen/ oder auch weil sie bey andern gesehen / wie bald einer in Armuth gerathen könne. Damit ihnen nun nicht auch dergleichen wiederfahren möge / so hüten und sehen sie sich auffs beste für / und offtmahls mehr/ als recht und nöhtig ist. (2) weil sie vermercken / daß sie immer schwächer und schwächer werden/ und nichts oder gar wenig erwerben können; damit sie nun nicht einmahl Noth leiden müssen/ halten sie das jenige zu rahte/ was sie erworben. Hingegen dencken junge Bursche/ wenn gleich das Geld aus dem Beutel fort / können sie doch wohl wieder was erwerben. (3) weil sie ihre Güter nicht allezeit geerbet / sondern auch offtmahls mit grosser Gefahr und Mühe erworben haben/ welches ihnen immer im Sinne ligt. Was einen aber grosse Mühe und Gefahr gekostet/das pflegt man mehr zu lieben/ als das jenige so man leicht bekommen hat.

LXIIX.

Warumb stincken den Menschen ihre Füsse so übel?

Mit einem Wort zu sagen / wegen der faulen Materie / so sich allda gesammlet. Deñ aus deñ Schweißlöchern des Menschlichen Leibes gehen stets viel Feuchtigkeiten herfür / welche herkommen von dem Excremento ultimæ concoctionis, die in allen Gliedern geschiecht. Weil aber die Füsse mit den Schuen feste verwahret und über das auch immer an der Erden sind/ so kan dieselbe Feuchtigkeit nicht dispergirt oder zerstreuet werden : sondern bleibt und sammlet sich an der Haut / fürnehmlich zwischen den Zeen / und wird endlich stinckend. Daher ie mehr einer schwitzt/ desto mehr stincken auch die Füsse.

Es riechen auch deßwegen die Achseln / aber nicht der ander Leib / daraus zwar auch eine solche feuchte Materie immerfort fliesset aber dieselbe wird alsobald dissolvirt und in die Lufft zerstrewet.

LXIX.

Warumb setzen wir ehe den rechten / als den lincken Fuß fort / wenn wir wollen fortgehen?

Dieses pflegen wenig in acht zu nehmen. Aber gewiß / es observire es einer nur / wenn er will fortgehen / wird er allezeit den rechten Fuß ehe bewegen als den lincken / es were denn / daß er mit Fleiß das Gegentheil thäte. Die Ursache dessen wird / meines Erachtens / wohl nicht liegen an der disposition der Glieder / als wenn der rechte Fuß hurtiger als der lincke wäre: massen sie beyde einerley Musculos haben / dadurch die Bewegung geschiehet. So kömt es einem auch nicht schwerer an / weñ man den lincken Fuß ehe fortsetzt / als den rechten. Darumb bin ich in der Meinung / es müsse dieses herkommẽ bloß von der Gewohnheit / weil wir nehmlich uns von Kindheit auff darzu gewehnen / daß wir die rechten Glieder ehe bewegen / als die lincken. Aber woher kömpt diese allgemeine Gewohnheit / möchte iemand fragen? warumb setzen die kleinen Kinder nicht ehe den lincken Fuß fort / als den rechten? SENGVERDIUS schreibet es zu den Kinder-Muhmen / und andern so mit den kleinen Kindern ümbgehen und dieselben wahrten. Dann wann die kleinen Kinder noch getragen / und etwa andern in die Arme sollen gegeben werden / so pflegen die Mütter / Ammen / Mägde / oder die sie tragen wollen / mit allerhand lieblichen Worten / und Geberden sie zu besänfftigen und zu stillen / und dieselben zu erst an der rechten Seite anzufassen / dadurch sie denn gleichsam angereitzet werden / daß sie auch den rechten Fuß ehe bewegen als den lincken. Hernach wenn sie gehen lernen / so pflegen auch die Frauen mit ihren wincken und Geberden sie also zu locken / daß sie ehe mit dem rechten / als lincken Fusse fortgehen. Und weil dieses nicht einmahl / sondern gar offte geschiehet / so werden es die Kinder immer mehr und mehr gewohnt / und thun es endlich allezeit / ob sie gleich nichts davon wissen.

LXX.

Wie kömmt es denn / daß die Weiber in der Stad Rugna alle miteinander / keine ausgenommen / mit dem rechten Fuß hincken?

Dieses erzehlet JOHAN. SOMER. in seinem Reise-Buch / die Ursache aber setzt er nicht hinzu. Aus der Natur weiß man / daß offt der Sohn dem Vater / und die Tochter der Mutter gleich sey / nicht allein qvoad essentialia der Menschlichen Natur nach; sondern auch qvoad accidentalia nach mancherley Beschaffenheiten und Zufällen. Ja die Natur nimmt offt an die Dinge / welche einig und allein von des Menschẽ freyen Willen herkommen / und imitirt solche in der generation der Menschen. Wir sehen es an den Macrocephalis oder den Völckern / die lange Köpffe haben. Denn anfänglich schnürten die Alten die Köpffe ihrer Kinder und zogen sie mit vielen Bändern zusammen / also daß sie nicht konten in die Runte / sondern musten in die Länge wachsen. Dieses nahm hernach die Natur an / und wenn sie einen Menschen generirte / formierte sie ihn mit langen Kopffe / wie solches bezeuget HIPPOCRATES libr. de aëre locis & aqvis. Ob nun wohl dergleichen offte in der Natur vorgehet / so kan man doch nicht eben sagen / daß solches sich auch hier begebe / also daß anfänglich die Mutter / in obgedachter Stad Rugna mit dem rechten Fuß gehinckt / hernach aber häte es die Natur angenommen / und alle Weibs-Persohnen mit einen hinckenden Fusse auff die Welt gebracht. Denn wenn solches wäre / warumb hinckten denn die Mannsbilder nicht auch? derhalben halte ich vielmehr dafür / daß solches hincken herrühre von der Gewohnheit/ in dem die kleinen Mägdelein von Jugend auff darzu gewehnet werden/ daß sie hincken müssen/ gleich ihren Müttern/ entweder weil sie nicht wollen / daß ihre Kinder besser seyn sollen als sie; oder weil es ihnen so wohl gefällt und eine sonderliche Zierahe düncket/ wie an etlichen Orten in Meissen / da die jenige für eine zierliche Täntzerin gehalten wird/welche ein wenig hincken kan.

LXXI.

Warumb lassen die Vögel keinen Urin von sich?

Weil sie keine Blase haben / darinn sie den Urin samlen können. Daher haben alle Vögel/ sie mögen Fleisch oder trockene Saat fressen/ einen weichen Leib/ weil die serosi humores oder Molckichten Feuchtigkeiten nicht in die Blase gesamlet/ sondern in den gantzen Leib hin und her zertheilet werden.

LXXII.

Warumb erfrieren die Vögel/da sie doch mit Federn bedeckt sind.

Pferden/ Ochsen/ und anderen Thieren/ welche ohne Federn sind / schadet die Kälte nicht so sehr/ als den Vögeln/ die doch mit Federn bewachsen. Die Ursache liegt an der Haut/ welche bey dem Viehe sehr dicke ist/ also/ daß die Kälte nicht bald kan durchdringen : bey den Störchen aber/ Wachteln/ Schwalben/ und andern Vögeln ist sie gar dünne/und hat viel poros oder Schweißlöcher/ daher die Kälte leicht durchdringen und ihnen schaden kan.

LXXIII.

Warumb stecken die Vögel den Kopff unter die Flügel/ wenn sie schlaffen wollen?

Etliche sagen / daß sie es deßwegen thun/ damit der Kopff möchte sein warm bleiben und von der Kälte nicht verletzet werden. Andere vermeinen daß sie darumb den Kopff unter die Flügel verbergen/ weil sie eine solche positur gehabt/ als sie noch in den Eyern gewesen : denn alsdenn haben sie dem Kopff unter dem rechten Flügel/über die Beine. Ich aber halte es mit dem schlauhen SPERLING Instit. Phys. l. 8. c. 5. q. 1. p. 1098. und sage/ daß die Vögel/ wenn sie schläfferig sind / deßwegen den Kopff unter ihre Flügel thun/ weil sie also süsser ruhen und schlaffen. Denn weil sie solches nicht nur im Winter/ sondern auch im Sommer thun/ so kan man nicht wohl sagen/daß es eben wegen der Kälte geschehe. So ist es auch etwas ungeräumt/daß die Vögel/ wenn sie ausgebrütet / eben den Situm und die positur wieder annehmen solten/ welche sie gehabt/ da sie noch in Eyern gewesen. Woher wil einer solches beweisen? Vid. SPERLING. loc. cit.

LXXIV.

Sind die Fleder-Mäuse Vögel/ oder nicht?

Nein / sie sind keine Vögel / ob sie gleich der vornehme Physicus FRANZIUS Hist. Anim. part. 2. c. 20. p. 570. dafür hält. Denn (1) die Vögel haven Eyer / daraus sie ihres gleichen hecken und brüten ; aber die Fledermäuße haben keine Eyer/ sondern gebehren lebendige Jungen / welche nackicht als die Mäuse sind. (2) Alle Vögel haben Federn: Aber die Fledermäuse haben keine Federn/ sondern Haare. (3) Alle Vögel haben 2. Füsse ; Aber die Fledermäuse sind vierfüssig. (4) kein Vogel hat Brüste/ Milch/ Zähne/ und lange Ohren: Aber dieses alles haben die Fledermäuse. (5) Kein Vogel läst Wasser von sich: Aber das thun die Fledermäuse/ darumb sind sie keine Vögel / sondern geflügelte Mäuse. Wenn aber einer einwerffen wolte und sagen: was flüget/ das ist ein Vogel : die Fledermäuse flügen ; darumb sind sie Vögel.

Dem antworte ich / daß der erste satz gantz und gar falsch sey; daß alles ein Vogel sey / was da flüge. Denn flügen nicht auch die Mücken / die Fliegen / die Molckendiebe / die Käber / und ander Ungezieffer? Wer wil sie aber mit unter die Vögel rechnen? Ja es flügen etliche Fische / es flügen etliche Schlangen / es sollen auch an einen Ort die Katzen flügen. Sind denn die Fische Vögel? gehören denn die Schlangen und Katzen auch mit zur Vögel Zunfft? Ich halte nicht / daß es einer sagen wird / es wäre denn / daß er etwas vom Hasenschrott im Kopffe hätte. Zudem findet man Vögel / die da nicht flügen / als der Strauß / der doch Federn und Flügel hat. Nun aber wird niemand so närrisch und albern seyn / daß er sagen wolte / der Strauß wäre kein Vogel / weil er nicht flüge. Denn gleichwie das jenige / was flüget / nicht also bald ein Vogel zu nennen ist; also darff man auch nicht fort sagen / daß das kein Vogel / was nicht flüge. Ebener massen schwimmen zwar alle Fische; aber nicht alles was da schwimmet / ist ein Fisch. Es schwimmen die Menschen / die Frösche / die Hunde / Pferde / der Pimstein / die Aepffel und andere unzehliche Dinge mehr / welche doch keiner / der gesunde Vernunfft hat / unter die Zahl der Fische rechnen wird.

LXXV.

Giebt es auch flügende Fische?

Ja allerdings. Denn also berichtet Joh. Ludovic. Gottofred. beym Matth. Merian. in der West-Indianischen Histor. fol. 315. Von der Zeit an kahmen sie mit gutem Wind disseits unter den dritten Grad der Æqvinoctial-Linien / und traffen ein überaus grosse Menge Meer-Schweine / Auraten und Bonitten / welche auch Albacoren genant / an / die seynd flügende Fisch / erheben sich hauffenweiß / wie die Staaren / über sich / eines langen Spießes hoch / und wohl 100. Schrit weit. Stiessen offt wieder den Mast-baum / daß sie herunter fielen / und mit Händen leichtlich gefangen wurden. Ist ein Fisch fast wie ein Hering / doch etwas länger und runder / hat unter dem Halß ein Federlein / Flügel wie eine Fledermauß / so gantz sind und ausgespannet. Sie seynd nirgends sicher / denn seynd sie im Wasser / verfolgen sie die Albocaren und andere Raub-Fische / flügen sie aber in die Höhe / so fangen sie die Meer-Vögel auff und fressen sie. Sie haben keine Schupen / und schmecken / wie die gemeine Karpffen. Noch andere dergleichen flügende Fische hat eben der Autor bey der Insul S. Jacob gesehen fol. 287. Es hat sie auch gesehen Behr / wenn er im Tage-Buch der neun Jährigen Ost-Indianischen Reiß also schreibet: Umb selbige Gegend gab es viel flügende Fische / so in der grösse eines Heringes / doch etwas länger und runder sind / mit Flügeln in gestalt der Fledermäuse / damit sie in die 100. oder 200. Schritt fortflügen können / nehmlich so lang / biß ihnen die Flügel trocken werden / alsdenn fallen sie wieder ins Meer / gestalt denn etliche in unser Schiff fielen / welche sich wegen ihrer truckenen Flügel nicht wieder erheben kunten. Wenn sie in der Lufft flügen / werden sie den Habichten / Mewen und andern Raub- und See-Vögeln zur Beute / im Meer aber den grossen Fischen / die ihnen unauffhörlich nachfolgen / sie zu fressen / also daß sie nirgend sicher sind. Es bezeuget dieses auch ANDREAS THEVETUS in Cosmogr. denn als er die neue Welt umbschiffet/ hat er unzehlich viel flügende Fische/denen Einwohnern Bulambech genannt/ observirt, welche in der Höhe funffzig Schritt nacheinander geflogen. RONDELETIUS bekennet ebener massen lib. 4. de pisc. mar. c. 8. daß er Meer-Schwalben gesehen/ nehmlich solche Fische/ die den Schwalben gleich gesehen/wenn sie geflogen. Und also schreibet auch SCALIGER Exerc. 223. sect. 4. p. 703. Vid. OPPIANUS, ÆLIANUS lib. 12. c. 59. ARISTOTELES, PLINIUS, ALDROVAND. de pisc. lib. 2. cap. 3. p. 137. CARDANUS de subtil. lib. 10. p. 592. Conferatur etiam AMBROSIUS PARÆUS lib. 24. Oper. Chirur. fol. 736. Item DELICIÆ meæ PHYSICÆ.

LXXVI.

Werden auch flügende Schlangen in der Welt gefunden?

Ja. Denn es bezeugen es die Reisenden/ welche dergleichen offte gesehen. JOH. LUDOV. GOTTOFRED. erzehlet beym Matthæo Merian. in Histor. Antipod. part. 2. fol. 221. von den Americanern, die eine geflügelte Schlange gebraten/ dessen sie sich höchlich verwundert. Sie habe so erschröcklich ausgesehen/ daß sie die Spanier nicht berühren wollen/ da sie doch die Americaner auffgefressen. Der wohlgereiste JOH. JACOB BREUNING. fol. 166. cap. 26. in der Orientalischen Reiß/anderer Meerfahrt/sagt/daß er unter andern gesehen eine über die masse grosse Schlange/ welche 2. Füsse und 2. Flügel gehabt/ wie bey uns die Fledermäuse. Eben dergleichen hat auch observirt HIERON. BENZO in den Geschichten der neuen Welt/ oder Schiffahrt der Frantzosen in Floridam, c. 14. p. 480. da er spricht: Ich habe observirt/ daß einer von denen unsrigen nicht weit vom Walde/ eine geflügelte Schlange ümbgebracht. Die Flügel waren also formirt/ daß sie sich mit denselben konten erheben und flügen/ aber gar niedrig. Zu dem gehöret die Zeitung/ so Anno 1660. den 28. October von Rom kommen/ folgendes Inhalts: Als dieser Tagen etliche unserer Jäger/ in den nächsten Wäldern gejagt/ ist einem unter ihnen ein junger Drach/ so groß als ein grosser Hund begegnet/ den er in einen Flügel geschossen/ darauff der Drache auff ihn zugelauffen/ er aber entflohen/ uñ Gelegenheit bekommen/ noch einen Schuß zu thun/ da er ihn dann in den Rachen geschossen/ hernach folgends ümbgebracht. Wer mehr Zeugnisse begehret/ kan auffschlagen AMBROS. PARÆUM lib. 1. Oper. Chirurg. fol. 51. SCALIGER. Exerc. 183. sect. 5. NIEREMBERG. lib. 12. Hist. Nat. c. 36. fol. 282. FRANZIUM Hist. An. l. 4. c. 5. p. 741. THOM. BARTHOLIN. de Unicorn. c. 7. p. 50.

LXXVII.

Ists wahr/ daß auch flügende Katzen gefunden werden?

Es ist in dem Königreich Mogor eine Provintz/ Casmir benennet/ in welcher flügende Katzen sollen gefunden seyn. Welches zwar anfänglich dem Curiösischen KIRCHERO gar frembd und fabelicht fürkommen/ hernach aber hat er es recht betrachtet und ist gewahr worden/ daß diese flügende Katzen nichts anders/ als Fledermäuse seyn/ fast so groß/ wie eine Gans. Und weil sie/wie die Katzen/ über dem gantzen Leibe rauch/ auch fast dergleichen Köpffe haben/ so hat sie der gemeine Mann flügende Katzen genennet. Welche aber vorgeben/ daß sie Federn haben/ die treten von der Wahrheit ab/ weil solches der

Natur gantz zu wieder/ inmassen man noch nie erfahren/ daß ein vollkommenes vierfüssiges Thier mit Federn in der Welt solte gefunden worden seyn. Sonst sind ihre Flügel/ wie der Fledermäuse ihre/ beschaffen/ damit flügen sie/ wie die unserigen. Jedoch sind sie den Feder-Flügeln in etwas gleich / massen die subtilen Aederchen fast anzusehen seyn wie Federchen. Und damit bedecken sie sich/ also/ daß es scheinet/ als stecken sie in einem Sacke/ weßwegen ihnen kein Ungeziefer Schaden zufügen kan. Sie hengen auch in solcher gestalt mit den Klauen an den Bäumen / also daß der jenige/ der ihrer zum erstenmahl ansichtig wird/ nicht anders meinet / als daß es kleine Säcke seyn. Die Indianier halten viel davon/ und stellen ihnen in den Wüsteneyen trefflich nach/ weil sie sie für ein Delicat-Essen halten / welches zwar wenig ihnen misgönnen. Vid. KIRCHERUS Chin. Illustr. pag. 84. 85.

LXXIIX.

Holen die Fische auch Athem?

Das Athem hohlen geschiehet darumb/ daß die Wärme des Hertzens temperirt, und also das Thier durch die kühlende Materie erqvicket werde. Nun aber haben die Fische ein warmes Hertze / warm Geblühte/ und warme Spiritus; darumb müssen sie auch Athem holen / und eine kühlende Materie in sich ziehen / die sie erfrische. Zu dem bezeuget die Erfahrung / daß die Fische mit Maul und Nasen das Wasser in sich ziehen/ und können ausser dem Wasser nicht lange leben. ARISTOTELES zwar der Heydnische Philosophus , und seine Interpretes wollen dieses nicht zulassen/ und sagen/ daß die Fische nicht können Athem hohlen / (1) weil sie keine Lufft im Wasser haben/ da doch ohne die Lufft das Athem hohlen nicht geschehen kan. (2) weil sie keine Lungen haben / die doch die Instrumenta und Werckzeuge sind / damit die Natur die respiration verrichtet. (3) weil sie der respiration nicht von nöhten haben: massen sie kalt gnug wären. (4) weil sich ihr Leib nicht bewege/ als wie bey den Menschen und andern Thieren/ denen der fördere Leib immer auff und niedergehe/ wenn sie Athem hohlen. (5) weil sie im Wasser ersticken müsten / wenn sie Athem hohleten. (6) weil das Wasser immer müste Blasen haben/ wegen der Lufft die da heraus ginge. (7) weil die Menschen im Wasser nicht könten leben und Athem hohlen. [8] weil die Fische in der Lufft stürben. etc. Aber diese Argumenta sind nicht von solcher Wichtigkeit/ daß sie die respiration der Fische solten ümbstossen. Denn was das Erste anlanget/ so ist der Grund desselben/ darauff es beruhet / gantz untüchtig / daß nehmlich ohne die Lufft die respiration nicht geschehen könne. Das Wasser ist die Materie der respiration, und nicht die Lufft / wie ich hernach beweisen wil. Das andere ist der Experientz zu wieder. Denn die Fische haben allerdings ihre Instrumenta, so zur respiration von nöhten: sie haben ihre Kipen oder Kiehnen (etliche nennens die Fisch-Ohren) sie haben auch bißweilen Lungen/ mit welchen sie die kühlende Materie an sich ziehen. Das dritte sagt unrecht/ daß denē Fische die respiration nicht von nöhten. Denn sie haben ein warm Hertze/ warm Geblüthe warme Spiritus: darumb müssen sie auch Athem hohlen. Sie sind zwar kalt / aber nicht absolutè, als wenn gantz und gar keine Wärme bey ihnen wäre; sondern sie werden kalt genennet respectivè, weil sie nicht so warmer Natur sind/ als die Menschen/ und andere Thiere. Das vierte Argument schließt gar unförmlich: weil bey den Fischen der Leib nicht beweget wird/ wie bey den Menschen; Ergo so hohlen sie auch nicht Athem? Qvæ? Qvalis? Qvanta? Sie können ihren Leib nicht so bewegen/ als wie wir / weil sie keine Musculos in dem Epigastrio haben. Und ob sie schon den Bauch nicht erheben/ regen sie doch die Ohren oder Kipen / mit welchen sie die kühlende Materie in sich ziehen. Das fünffte beruhet wieder auff einem falschen Grunde/ wie auch das Sechste. Denn die Fische haben nicht so sehr der Lufft/ als des Wassers von nöhten. Daher können sie im Wasser nicht ersticken/ wenn nicht andere Zufälle darzu kommen; Es können auch keine Blasen im Wasser seyn/ weil sie nicht die Lufft in sich ziehen und wieder heraus lassen/ sondern das Wasser. Das siebende confundirt die Natur der Menschen und der Fische. Denn ob gleich die Menschen nicht können im Wasser leben/ so thun es doch die Fische. Die Menschen haben subtiles Wasser von nöhten/ welches resolvirt und zertheilet ist in minima, in atomos; Die Fische aber müssen dickeres Wasser haben/ dergleichen sie in den Seen/ Flüssen und Teichen finden/ und daher können sie nicht davon ersauffen. Das achte Argument setzt eben das zum Grunde/ was das erste/ fünffte/ und sechste/ davon schon gesagt. Es sterben aber die Fische in der Lufft weil ihnen die Materie der respiration mangelt/ in dem sie nicht Wasser gnung haben/ damit sie sich erqvicken können. Zu dem so sind sie auch alsdenn in loco violento, in welchem kein Ding lange kan erhalten werden.

LXXIX.

Welches ist denn die Materie der respiration? was ziehet man denn in sich/ wenn man Athem hohlet? ist es Lufft? oder was ist es?

ARISTOTELES, KECKERMANNUS Syst. Phys. l. 3. c. 18. p. 247. uñ die Peripatetici insgemein halten dafür/ daß die Materie der respiration die Lufft wäre/ welche man in sich zöge/ und damit das Hertze erfrischte. Aber dieser Meinung kan ich nicht beypflichten/ aus der Ursachen/ weil die Lufft an sich nicht kalt ist. Daher schliesse ich also:

Was nicht kalt ist/ das kan nicht seyn die Materie der respiration:
Nun aber ist die Lufft nicht kalt;
Darumb ist auch die Lufft nicht die Materie der respiration.

Der erste Satz bestehet darauff/ dieweil wir deswegen Athem hohlen/ auff daß wir das Hertze erfrischen. Womit können wirs aber erfrischen? warlich mit keiner warmen Materie/ sondern es muß eine kühle Feuchtigkeit seyn. Nun ist aber die Lufft (wie im andern Satze gesagt) in se, an sich/ nicht kalt/ sondern sie nimt nur bißweilē diese qvalität an sich/ per accidens, zufälliger weise/ wenn sie mit kalten Dünsten erfüllet wird/ nehmlich mit den atomis aqveis, von welchen alle Kälte in der Lufft entstehet. Ja die Peripatetici selbst sagen/ daß die Lufft nicht kalt/ sondern warm sey. Ist sie aber warm (wiewohl ichs nicht sage) so kan sie ja die Wärme des Hertzens nicht temperiren/ denn wenn eine Wärme zur andern kömt/ so wird sie immer stärcker/ und nimt nicht ab. Darumb halte ich gewiß dafür/ daß wir durch das Athem hohlen die atomos aqveas oder wässerichten kühlen Dünste in uns ziehen/ mit welchen wir uns erqvicken. Welches unter andern daher zu sehen ist/ wenn wir in einer heissen Badstuben oder andern hitzigen Orte seyn/ so können wir nicht recht Athem hohlen/ sondern es kömt uns sauer an/ und müssen offte respiriren, dieweil nehmlich die kalten atomi mit den hitzigen vermischet seyn und daher ihren effect nicht so wohl erreichen können. Auch die jenigen/ welche auff hohe Berge steigen wollē/ pflegen Schwämme/ mit Wasser angefüllt/ mit sich zu nehmen/ und dieselben an die Nase zu halten/ daß sie die kühle Feuchtigkeit in sich ziehen/ und das Hertze erfrischen können. Sonsten müsten sie ersticken. Welches JOHANN. MARCUS MARCI, Phil. & Med. Doct. & Ordin. Prof. Ejusd. in Univers. Prag. Phys. regni Bohem. In Ide. Operatric. bezeuget/ wenn er spricht: Auff dem Berge Olympo können die Menschen nicht wohl leben/ und müssen immer in Gefahr seyn/ daß sie ersticken: Sintemahl die Lufft auff demselbigen Berge gar dünne ist und gantz nicht feuchte/ weil sich alda weder die Wolcken versamlen/ noch die Winde wehen können. Derohalben haben die jenigen/ so diesen Berg ersteigen wollen/ Essig im Munde/ damit sie die geschöpffte Lufft allmählig befeuchten. Und die durch die dürren Oerter/ oder Lybischen Sandwege reisen wollen/ müssen sehr offt in Ermangelung der feuchten Dünstigen Lufft/ ersticken. Daher wenn die Einwohner des Königreichs Ormus mercken/ daß von selbiger sandichten Wüsten/ ein Wind vorhanden/ der sehr drocken/ so müssen sie sich alsobald ins Wasser tauchen/ damit sie durch die kühle Lufft/ so bey dem Wasser ist/ erfrischet werden; sonst müssen sie sterben. Gleichwie einem Regulo oder Könige soll wiederfahren seyn/ welcher im hinterhalte verborgen gelegen/ und gewartet/ biß sich ein Wind erhübe/ da die Einwohner ihre Waffen legen liessen und an dem Wasser sich erqvicketen/ daß er sie also unversehens und unverhofft möchte mit seinem Kriegesheer überfallen und niedermachen. Aber es ist ihm/ nach seiner Verwegenheit belohnet worden/ in dem er mit dem gantzen Kriegs-Heer hat müssen ersticken. So weit obgedachter Autor/ daraus klärlich zu sehen/ daß die kühlen vapores die Materie sind/ welche wir in uns ziehen/ wenn wir Athem hohlen wollen. Zwar ich kan nicht in Abrede seyn/ daß man auch die Lufft und viel andere atomos mit hineinziehe: aber diese erfrischen das Hertze nicht und sind nicht die Materie der respiration oder des Athemhohlens/ sondern nur bißweilen die Materia der refocillation oder Erqvickung/ welche durch den Geruch der Gewürtze und Speccereyen und andere Dinge geschehen kan.

LXXX.

Welches ist das grösste unter den Beyden? die Erde? oder das Wasser?

Antwort: Die Erde. Denn wir mögen reisen/ in welchen Theil der Welt wir wollen/ so werden wir allezeit befinden/ daß die Erde/ theils niedrig/ und gleichsam ausgehölt/ darin sich das Wasser versamlet; theils erhöhet/ darauff die Menschen/ Vieh und Kräuter ihren Unterhalt haben. Denn es ist kein Wasser/ das nicht zum Grunde die Erde habe/ es mag auch seyn so tieff/ als es immer wolle. Wiewohl das Meer selten über eine teutsche Meile tieff ist. Aber was ist das zu rechnen gegen die Erde/ welche 1720. teutsche Meilen in ihrer dicke oder tieffe hat/ also daß wenn ein Mensch die Erde biß auff ihren Mittel-Punct durchgraben wolte/ müste er 860. teutsche Meilen tieff graben. Darumb gleichwie ein Tröpfflein nichts zu rechnen ist gegen das grosse Meer; also ist hinwieder das Meer wie nichts gegen die grösse der Erde. Und wenn die Erde im Wasser schwebte/ als ein Schiff oder Apffel/ so würde derselben Schatten nicht so eine runte Figur präsentiren in den Monden-Finsternissen. Derhalben ist die Meinung des Hesiodi, Thaletis Milesii, Plinii und andern Alten gantz falsch und nichtig/ wenn sie die Erde mit einem Schiff oder Schwimmendẽ Apffel verglichen haben. Es ist auch denen nicht Beyfall zu geben/ welche dafür halten/ als sey das Wasser 10. mahl grösser als die Erde/ beym Francisco Piccol. de Magn. terr. & aqv. Zwar sie beruffen sich auff die H. Schrifft/ welche bezeuget/ daß im Anfang der Schöpffung das Wasser über die gantze Erde sey ausgebreitet gewesen; am dritten Tage aber sey es versamlet worden an einem Orte. So hätte man auch heute zu Tage aus der Erfahrung der Schiffenden/ daß vielmehr Wasser/ als Erde. Ja das Wasser wäre an etlichen Orten so tieff/ daß mans nicht ergründen könte. Aber diese Argumenta helffen ihnen wenig. Denn ob schon das Wasser im Anfang der Schöpffung über die gantze Erde ausgebreitet / auch noch heute den meisten Theil derselben bedeckt/ so ists doch nicht so dicke/ so tieff / so corpulent (daß ich also rede) als die Erde. Und daß das Meer an etlichen Orten unergründlich seyn soll/ ist noch nicht bewiesen. Man könte es wohl ergründen/ wenn man rechte Instrumenta darzu hätte. Die Tieffe aber desselben kömt her von den Röhren und Löchern / so unter der Erden sind/ in welche das Meer fället / und durch die Erden wandert ; biß es an einem andern Orte wieder heraus kommet. Daher entstehen die Seen / und ausser allen Zweiffel kömt auch daher die grosse See Parima in America, welche unter dem Æqvatore liegt/ und 300. Meilen lang/ 100. aber breit ist. Dieses trägt sich auch zu bey etlichen Flüssen/ welche an einem Orte unter die Erden fliessen/ uñ an dem andern Orte kommen sie wieder heraus. Also versteckt sich ein Fluß in Africa/ Niger genant (welcher aus dem Nilo durch die unterirrdischen Röhren entspringen sol/ weil er zu gleicher Zeit mit dem Nilo überläufft) unter die Nubischen Berge/ und an der andern Seite fleußt er wieder heraus. Also verstecket sich die Tiger in Mesopotamien bey dem Berg Taurus, und an der andern Seiten kömt sie wieder herfür. Jngleichen wenn sie vor der See Thospi vorbey/ so fällt sie wieder unter die Erde / und bricht nach 6. Meilen erst wieder herfür. Also versteckt sich der Apheus, ein Fluß in Achaia, von welchen die Griechen schreiben/ daß er unter der Erde / ja unter dem Meer hindurch lauffe biß in Sicilien/ da soll er an dem Syracusischen Ufer wieder heraus brechen. Es versteckt sich auch also der Fluß in Spanien Gvadiana, vorzeiten Anas genant/ welcher gantz bey dem Städlein Medelin unter die Erde fließt / und nach 8. teutschen Meilen ohngefähr wieder empor steiget. Item/ der Fluß Dan und viel andere mehr/ welche beschrieben hat VARENIUS Geogr, Gen. l. 1. prop. 6. p. 235. seq.

LXXXI.

Warumb haben etliche Flüsse so einen schnellen Lauff / etliche aber gehen langsamer fort?

Das macht 1. der Ort / wo sie entspringen/ welcher bißweilen tieff / bißweilen hoch: ie höher er nun ist / ie schneller läufft auch das Wasser; ie tieffer aber/ desto langsamer fließt auch das Wasser fort. 2. weil der ausgehölete Graben / darinnen der Strom des Wassers gehet / bißweilen an einem Orte tieffer ist / als an dem andern. Denn wenn der Grund von 200. Schritten nur ein Schritt tieffer gemacht wird/ so haben die Hydragogi oder Wasserführer observirt/ daß der Strom daselbst so schnell fliessen solle / daß man nicht ohn Gefahr darauff schiffen könne. Wo nun ein Wasser Fall ist / da lauffen die Flüsse am allerschnellesten. Und deßwegen fliessen auch die Bäche so geschwinde / weil sie von hohen Bergen kommen. 3. weil der alveus oder ausgehölete Graben des Stroms an einem Orte bißweilen enger ist/ als an dem andern / als wenn das Wasser zwischen 2. Bergen hinfleußt/ daß es etwas in die Enge gezogen wird/ so leufft es viel schneller als vorhin. 4. weil auch anders Ströhme und ander Wasser offte in einen Fluß läufft/ so nimt dadurch der Fluß immer zu/ und daher gehet er auch desto geschwinder. Aus diesen Ursachen kan man leicht verstehen/ warumb die Tiger/ der Indus, die Donaw / Yrtiis in Siberien/ Malmistra in Cilicien/ und der Rhein an etlichen Orten/ so einen schnellen Lauff haben.

LXXXII.

Auff was Art und Weise wird das Wasser warm / wenn es beym Feuer stehet?

Nicht als wenn die Wärme von dem Feuer separirt würde/ denn die propria oder natürliche Eigenschafften können natürlicher weise nicht von ihren subjectis separirt werden: sondern das Feuer selbst dringet durch die poros in den Topff hinein/ und vermischet sich mit dem Wasser. Daher brennt auch heiß Wasser. Was aber brennt/ das muß Feuer seyn/ denn Wasser brennt für sich nicht. Aber es möchte einer sagen/ wenn dieses so ist/ daß die propria von ihren subjectis nicht können separirt werden/ so kan auch die summa frigiditas, oder die Kälte eigendlich von dem Wasser nicht abgesondert werden: denn die ist auch ein proprium oder eine natürliche Eigenschafft des Wassers. Antwort. Es ist dem so/ die Kälte wird vom Wasser niemahls separirt, das Wasser bleibet in sich allezeit kalt. Wenn es aber an das Feuer gesetzt wird/ so dringen die atomi igneæ hinein/und diese brennen eigendlich/ nicht das Wasser. Daß man aber die Kälte des Wassers nicht fühlen kan/ kömmet daher/ dieweil das Feuer die Oberhand hat/ in dem die atomi igneæ in grosser menge sich darinn versamlet.

LXXXIII.

Warumb wird das heisse Wasser wieder kalt/ wenn es vom Feuer weggenommen wird?

Burleus sagt/ die Lufft mache es kalt; aber weil sie weder kalt noch warm ist/ so kan sie auch andere Dinge weder wärmen noch erkälten. Darumb lobe ich vielmehr des Herrn Sperlingii Meinung/ welcher dafür hält/ daß das warme Wasser darumb kalt werde/ weil es seinen Feind/ nehmlich das Feuer/ wieder von sich jage. Denn das Wasser ist gezwungen worden/ solchen seinen Feind/ zu sich zu nehmen/ wenn nun das eusserliche Feuer hinweg und nicht mehr operirt/ so muß das innerliche alsdenn auch fort. Und die Natur des Feuers selbst begehret auch nicht solche Herberge/ sondern läßt dem Wasser gerne seinen Ort/ und fliehet in die Höhe/ wie alle leichte Dinge thun. Die andern rationes, die der Averrhoes, Avicenna, Paulus Venetus, Ægidius, Jacobus Forliviensis, Toletus und andere anführen/ besihe beym Sperling. Inst. Phys. lib. 4. pag 592. seq.

LXXXIV.

Warumb zubricht ein heisses Glaß/ wenn kalt Wasser dran gegossen wird?

Das Glaß ist ein mixtum Corpus oder ein solch Ding das von andern Cörpern/ und unter andern auch von Wasser bestehet/ das hält mit seiner Feuchtigkeit die Materie des Glases zusammen. Wenn nun das Glas heiß wird/ so streitet das Feuer aus natürlicher Feindschafft wieder das Wasser/ so in der Materie des Glases verborgen. Wird aber kalt Wasser dran gesprengt/ so kömt das innerliche Wasser herfür und vereinigt sich mit dem eusserlichen so hinangesprengt ist/ und entfleucht mit demselben/ seinem Feind dem Feuer/ daher muß das Glaß brechen/ weil es das Band gleichsam verlohren/ wodurch es bißher ist zusammen gehalten worden.

LXXXV.

Woher kommen die Wasserblasen?

Eine Wasserblase ist nichts anders/ als ein subtiles Häutgen mit Lufft angefüllet/ und kömpt daher/ wenn die Lufft/ die unter dem Wasser ist/ in die Höhe steigen will/ so muß sie oben an der Superficie des fetten Wassers verbleiben. Denn die Fettigkeit/welche offt bey dem Wasser ist/ läßt die Lufft nicht hindurch/ sondern dehnet sich aus/als ein Häutchen oder Bläßchen. Daher ist das Regen-Wasser am fettesten/ welches viel Blasen macht. Welches aber nicht viel Blasen verursacht/ hat auch nicht viel Fettigkeit bey sich/ und ie fetter/ ie ölichter die Wasser sind/ desto mehr sind auch Blasen. Welches die Kinder offt practiciren/ ob sie wohl die Ursache dessen nicht wissen. Denn sie nehmen Seiffe/ und vermischen sie mit Wasser oder Speichel/ darnach duncken sie ein Röhrlein drein/ und blasen ein wenig hinein / darauff entstehen unterschiedliche Bläßchen/ immer eine nach der ander/ welche durch die Lufft fliehen und mancherley Farben præsentiren / wenn sie von den Sonnen-Strahlen erleuchtet werden.

LXXXVI.

Warumb schäumet das Bier?

Dieses kan aus voriger Frage beantwortet werden. Denn der Schaum ist nichts anders/ als ein hauffen kleiner Bläßchen. Aus was Ursach nun die Wasser-Bläßchen entstehen/ aus denen kömpt auch der Schaum des Bieres her. Denn das Bier hat viel Fettigkeit bey sich/ doch eines mehr/ als das ander. Wenn es nun in eine Kanne oder Glas gegossen wird/ so kan die Lufft in einem Momente nicht alsobald heraus kommen / sondern bemühet sich nach und nach in die Höhe zu steigen / wird aber von der Fettigkeit verhindert/ und muß an der Superficie des Biers verbleiben. Weil sie aber nichts destoweniger in die Höhe zu kommen sich bemühet/ so geschiehts / daß zugleich das Bier mit in die Höhe gedehnet wird/ daher kommen die Bläßchen und aus dẽ der Schaum. Daher ie fetter ein Bier ist/ desto mehr Schaum hat es auch. Wenn es aber eine Zeitlang unbewegt stehen bleibet/ so gewinnet endlich die Lufft/ und dringet durch das subtile Häutchen oder Bläßchen hindurch/ biß sie endlich alle heraus; alsdenn muß sich der Schaum setzen/ und zu Biere werden. Und daß dieses die rechte Ursach sey / ist unter andern daher abzunehmen / weil das Bier nicht schäumet/ wenn mans sachte einschencket ; ob es sonsten gleich gut und fett ist. Denn wenn das Glas oder die Kanne sachte mit Bier angefüllet wird / so hat die Lufft raum und Zeit heraus zu steigen/ und wird dahero nicht so sehr mit dem Bier vermischet/ als sonsten / wenn man es frisch einschencket.

LXXXVII.

Warumb sincken die Eyer unter im Brunn-Fluß- und andern süssen Wasser ; im Meer-wasser aber schwimmen sie oben?

Es ist immer ein Wasser reiner und klärer / als das ander. Die Unreinigkeit aber kömpt her von den atomis unterschiedlicher Cörper / die sich darinne befinden. Und weil diese in grosser Menge versamlet/ und mit dem Wasser vereiniget sind/ so machen sie auch das Wasser immer dicker und schwerer. Daher ist das Meer-Wasser am dickesten und schweresten / wegen der groben saltzigten Materie / die darinne ist. Und eben deßwegen schwimmen auch die Eyer in demselbigen/ da sie hingegen in denen süssen unter sincken. Auch die Schiffe fahren viel sicherer auff dem Meer / als auff den Flüssen : denn auff diesen können sie viel ehe unter gehen / als auff der See.

LXXXIIX.

Können auch die Steine schwimmen?

Freylich: denn der Bimstein schwimmet/ und andere seines gleichen / die viel poros haben. Ja nicht allein die/ sondern auch die Solidi oder dichten und schweren Steine schwimmen in etlichen Wassern/ als da ist Arethusa und ein andere See in klein Armenien. Von der See Asphaltite in Judæa / welche heute zu Tage das tode Meer genennet wird / schreiben etliche Historici, daß alles darinne unter sincke/ ausgenommen/ was mit Alaun bestrichen. Andere aber sagen/ daß nichts alda könne untersincken/ sondern es müste alles darinne oben an schwimmen. Besiehe hievon den SENECAM lib.3. Q. Nat. c.25. p.712. welcher schon zu seiner Zeit davon gewust.

LXXXIX.

Warumb schwimmet der Bimstein wenn er gantz ist; wenn er aber zermalmet wird / sinckt er unter?

Der Bimstein hat viel poros, in welchen lauter Lufft ist: denn es ist kein leerer Raum in der gantzen Natur / sondern alles ist entweder mit Lufft oder andern Dingen erfüllet. Weil nun der Bimstein viel Lufft bey sich hat / so kan es daher auch nicht anders seyn/er muß schwimmen: massen die Lufft immer in die Höhe steiget/ und sich nicht leichtlich unterdrücken läßt. Gleicher gestallt wenn ein Mensch auffgeblasene Blasen ihme unter die Achseln bindet/und sich auffs Wasser begiebt/ so sinckt er auch nicht bald unter / sondern die Blasen halten ihn auff/ und lassen sich nicht aus ihren natürlichen Orte in die Tieffe hinunter ziehen. Wenn aber der Bimstein zerrieben und in kleine Stückchen zermalmet wird/ so kan er nicht mehr oben schweben/ sondern geht zu Grunde: aldieweil die Lufft/ welche ihn zuvor erhoben/ nicht mehr verhanden. Aus eben dieser Ursachen sincken auch die kleinen Stückchen vom Holtze unter / da hingegen die grossen oben schwimmen/ wie solches die Erfahrung bezeuget.

XC.

Warumb wirfft auch das reine und klare Wasser Blasen auff/ wenn es siedet?

Hieran hat das Feuer Schuld. Denn wenn ein Kessel oder Topff voll Wasser übers Feuer gesetzet wird/ so dringt dasselbe durch die poros in den Topff oder Kessel hinein/ daher wird das Wasser warm: Ob zwar die Wärme eigendlich zu reden / nicht in dem Wasser/sondern in dem Feuer ist. Wenn nun die atomi igneæ in zimlicher Menge sich in dem Wasser versamlet / so steigen sie endlich mit Gewalt empor / und erheben zugleich mit sich das Wasser/ welches ihnen hinderlich ist. Daher entstehen die Blasen und der Schaum.

XCI.

Warumb beißt einen der Rauch in die Augen?

Der Rauch ist ein effluvium mistum, und hat nicht nur die 4. Elemente in sich/ sondern auch die principia Chymica, Salem, Sulphur und Mercurium. Doch sind sie nicht bey allem Rauche auff gleiche Weise vermischet. Denn bald findet sich mehr Saltz / bald mehr Schwefel/ bald mehr Mercurius in dem Rauche. Welcher Rauch einen Geruch von sich giebt / er sey lieblich oder garstig/ der führt Schwefel mit sich. Denn aller Geruch kömmet vom Schweffel. Welcher aber einen in die Augē beisset / der ist mehrentheils mit einer subtilen saltzigten Materie vermischet. Nun ist leicht zu wissen/ warumb der Rauch vom angezündeten Weyrauch/ Agestein und dergleichen wohl rieche? warumb der Rauch von verbranten Haaren oder andern Sachen einen übeln Gestanck verursache? Nehmlich weil er schwefelicht ist/ und der Schwefel ist bald so / bald so disponirt und vermischet. Item / warumb der Rauch von Eichen und frischen Ellern mehr die Augen beisse / als ander? weil nehmlich mehr saltzigte atomi bey diesem zu finden/ als bey andern. Und daß diese Ursach mit der Warheit übereinstimme/ erhellet daher / weil auch andere saltzigte Sachen die Augen beissen. Also beist die Augen die Lauge/ darinne viel Saltz / welches wir zwar nicht sehen/ aber schmecken und fühlen / daher das Sprichwort: Lixivium in oculo, Lauge im Auge/ welches gebraucht wird von einem Dinge/ das sehr beschwerlich und wiederwertig ist. Es beissen auch die Thränen / welche gleicher gestallt nicht ohne Saltz sind/ daher sie von den teutschen Poeten genennet werden die saltzigte Fluht / die scharffe Thränen Lauge. Und wer viel weinet / dem schadet es an seinem Gesichte / weil die beissigten

Thränen die subtilen tunicas oder Häutlein der Augen verletzen. Sonsten ist auch bekant/ daß die Zwiebeln/ wenn sie geschelet werden/ die Augen nicht wenig vexiren. Die Ursache ist aus vorigen leicht zu schliessen.

XCII.

Wo bleiben die Schwalben des Winters über?

Daß die Schwalben im Herbst sich verstecken oder davon ziehen / bey herannahenden Früling aber wieder kommen/ weiß jedermann. Darumb pflegt man die/ welche im guten Glück zugegen/ im Unglück aber ferne sind/ und ihre Freunde verlassen/ den Schwalben zuvergleichen. Die H. Schrifft gedenckt auch hievon / wenn sie sagt Jerem. 8/7. Ein Storch unter dem Himmel weiß seine Zeit/ eine Dortel-Taube/ Kranich und Schwalbe mercken ihre Zeit/ wenn sie wiederkommen sollen / aber mein Volck wil das Recht des Herren nicht wissen. Wo sie aber bleiben/ ob sie wegziehen / oder ob sie sich sonst verstecken/ ist etwas schwer zuerfahren. PETRUS MARTYR lib. 2. legat. Babyl. sagt / daß sie in Ægypten nach Alexandriam ziehen. ALBERTUS apud Genser. hält dafür/ daß sie sich verbergen in die hohlen Bäume / welches er daher beweist / weil einsmals in einem Walde in Ober-Teutschland eine faule Eiche ist ümbgehauen worden / welche voll Schwalben gewesen. OLAUS MAGNUS de reb. septentrional. lib. 19. schreibt auch/ daß sich die Schwalben verstecken / und nicht in frembde Oerter ziehen. Er wil aber nicht/ daß sie in die hohlen Bäume sich verbergen sollen / sondern er sagt / sie legen unter dem Wasser im Rohr / und würden offt von den Fischern gefunden/ und klumpenweise heraus gezogen/ bißweilen nehmen sie sie mit und brächten sie in eine warme Stuben / da würden sie wieder lebendig/ aber sie stürben bald drauff. SENGUERDIUS Exerc. 42. hält dafür / es könne alles beydes wahr seyn / nehmlich daß etliche Schwalben weg zögen/ und daß etliche sich verbergeten. Denn es wären mancherley Arten der Schwalben. PLINIUS lib. 10. c. 33. MATHIOL. lib. 2. Dioscor. c. 49. sagen/ daß die Schwalben dreyerley seyn. SCALIGER Exerc. 228. setzt die vierte Art hinzu. Die nun am Wasser wohneten/ von denen sagt er/ daß sie vermuhtlich ins Rohr sich versteckten: die andern aber verbergeten sich theils in die Bäume / theils zögen sie auch davon. Herr THOMASIUS, Professor in Leipzig/ hat eine absonderliche Disputation geschrieben/ von den hibernaculis hirundinum, oder von dem Winterläger der Schwalben. Was er aber darinnen für einer Meinung gefolget / kan ich nicht wissen/ denn ich habe dieselbe Disp. noch nie können zu sehen bekommen. Jedoch steh ich in den Gedancken/ daß die Schwalben gewiß zu Winters Zeit sich verbergen/ und gleichsam ersterben/ hernach in Frühling aber wieder lebendig werden und herfür kommen. Denn es seynd unterschiedliche solche Species in der Welt/ welche die Kälte nicht können ertragẽ/ sondern müssen zur selben Zeit im verborgen liegen bleiben / als die Fliegen/ die Mücken/ die Frösche/ die Eidexen/ die Kröten/ die Maulwürffe/ die Raupen etc. und zu diesen gehören auch die Schwalben. Und weil die Erfahrung bezeuget / daß sie im Winter an den Wassern/ auch in denselben/ und in hohlen Bäumen sind gefunden worden / so kan dieses nicht nur von etlichen individuis, sondern von allen Schwalben verstanden werden. Denn sonst würde draus folgen / daß die weise Natur ungewiß in ihren actionibus, oder daß sie einer Schwalbe mehr gewogen/ als der andern: welches aber ungeräumt. Vid. KIRCHMAJ. de form. latent. Disp. Witteberg. Würde aber iemand mit guten Gründen beweisen / daß etliche Schwalben auch in andere wärmere Orter zögen und lebendig blieben; der müste entweder die vor Schwalben ansehen / welche keine wären; oder man müste sagen/ daß unterschiedliche Species der Schwalben/ welche dem Wesen nach von einander unterschieden wären. Ferner möchte einer fragen:

XCIII.
Verfaulen denn die Schwalben im so langer Zeit nicht unter dem Wasser?

Nein sie können nicht verfaulen. Denn die Seele ist noch bey ihnen. In welchen Cörper aber die Seele noch ist/ der kan nicht corrumpirt werden. Denn wenn er corrumpirt würde/ könte die Seele nicht darinne ihre Wohnung haben. Hierzu kömt GOttes Allmacht und Vorsorge/ welcher das nicht würde zu lassen/ daß eine Species untergienge. Massen noch keine untergangen/ so lange die Welt gestanden. Und wenn es auch geschehe / würde die Welt unvollkommen/ es würde das vinculum, das Band/ die Vereinigung der Natur zerrissen / und was dergleichen absurditäten mehr seyn / welche draus erfolgeten. Fragstu aber weiter:

XCIV.
Was fressen denn die Schwalben zu Winters Zeit unter dem Wasser?

Sie fressen nichts/ und können auch nichts fressen / und haben auch nicht von nöhten / daß sie etwas fressen. Etliche zwar wollen sagen/ daß sie heimlich und innerlich ernehret würden. Aber wo kein Leben ist / wie kan da eine nutrition oder Essen seyn? und wo keine Corruption zu befahren/ was ist die nutrition da von nöhten? Zu dem ruhen zur selben Zeit alle actus vitales, alle Lebens-Wirckungen bey den Schwalben: Denn sie erkennen nichts/ sie begehren nichts / sie generiren nichts/ sie bewegen sich nicht / sie lassen keinen Unflat von sich / wie können sie denn einiger Speise geniessen? Und wenn sie gleich occultè oder verborgener weise ernehret würden/ so müste doch das alimentum in Chylum, der Chylus in Blut verwandelt werden/ so müste sich auch das Geblüte bewegen/ und durch den Cörper herumb lauffen/ welches aber unerhört und noch nie mit einigen Grunde bekräfftiget ist. Letzlich / wo nehmen denn die Schwalben zur selbigen Zeit die Nahrung her? verzehren sie sich selbst? oder flügen sie unter dem Wasser herumb/ und sehen/ wo sie was bekommen? oder bringen ihnen die Fische was? Siehe/ alles ist ungeräumt; darumb darff man nicht sagen/ daß die Schwalben im Winter ernehret werden.

XCV.
Warumb ziehen die Störche weg?

SPERLINGIUS Zool. Phys. lib. 4. c. 7. hält mit dem ÆLIANO lib. 3. cap. 23. dafür/ daß die Störche wegziehen wegen der Kälte/ welche sie nicht ertragen könten. Aber hierinnen kan ich ihnen nicht Beyfall geben: denn sie kommen wieder zu uns/ wenn der Frühling angehet/ da es offte noch sehr kalt ist; Im Herbst aber ziehen sie weg/ da es noch ziemlich warm. Wenn sie nun uns verliessen der Kälte wegen / die in unsern Ländern ist/ so würden sie ja nicht wegziehen/ wenn es noch warm/ und wiederkommen/ wenn es noch kalt wäre. Uberdiß sind die Störche der Kälte nicht allzu ungewohnet / also daß sie dieselbe nicht ertragen könten. Denn wenn sie verletzt oder alt seyn/ so pflegen sie an etlichen Orten auff den Fischmärckten den gantzen Winter über ernehret zu werden. Wann nun die alte Störche / welcher Natur ohne das etwas kalt/ auch die grosse Kälte im Winter ertragen können: so ist nicht vermuhtlich/ daß die Jüngern/ welche noch hitzig / deswegen solten wegziehen. Darumb scheinet es mehr der Wahrheit ähnlicher zu seyn/ daß sie wegen Mangel ihrer Speise / unsere Länder verlassen/ und in andere sich begeben. Denn zu Winters Zeit ist die Erde/ und das Wasser verschlossen / darauff diese Vögel ihre Nahrung suchē. Im Frühling aber thut sich alles wieder auff/ da kriecht das Gewürme wieder herfür/ da hüpffen die Frösche / da springen die Fische/ und andere Thiere/ welche die Störche fressen und sich davon erhalten. Darumb kommen sie auch zu der Zeit wieder/ ob es gleich noch kalt / in ansehen / daß es im Frühling mehr vor den Schnabel giebt/ als fast im Sommer.

XCVI.

Wo ziehen die Störche hin?

Den Ort kan man nicht gewiß determiniren, und sagen/ was es für einer sey. Ins gemein aber kan man sagen / daß sie an die Oerter ziehen/ wo sie mehr Nahrung bekommen/ als bey uns. Und es ist vermuhtlich/ daß sie/ wenn es bey uns Herbst ist/ an einen solchen Ort reisen/ wo es Frühling wird; wie sie in unsern Ländern zuthun pflegen. Vielleicht (denn vor gewiß wil ichs nicht sagen) ziehen sie in Ægypten, ihre Nahrung allda zu suchen. Denn im Herbst verlassen sie uns/ und zu der Zeit hat sich der Fluß Nilus in Ægypten / welcher zuvor das gantze Land überschwemmet und fruchtbar gemacht/ wieder gesetzet / da denn sehr viel Frösche / Schlangen und dergleichen Bestien/ die die Störche fressen/ auff der Erden hin und wieder herumb kriechen. In dieser meiner Meinung stärckt mich Bellonius, welcher lib. 2. Obsetvat. cap. 30. bezeuget/ daß zu Winters Zeit die Störche so häuffig in Ægypten kämen/ daß die Wiesen und Felder fast weiß davon würden. Und er sagt auch/ daß die Ægyptier viel auff die Störche hielten/ weil sie die Frösche und Schlangen frässen / von welchen sonst ihr Land nicht befreyet würde.

XCVII.

Sind alle Raben schwartz?

Nein. Denn es sind offt weisse Raben in Norwegen und andern kalten Ländern gesehen worden. Sie sagen/ sie würden weiß/ weil sie den Schnee immer ansehen. Aber von blossen ansehen wird niemand weiß oder schwartz. Das Geblüte hat Ursache daran/ welches anders disponirt wird bey den Thieren/ so in kalten / anders bey denen/ die in warmen Ländern wohnen. Ob nun dem aber gleich so ist/ so folget doch nicht daraus / was Sperlingius Zool. Phys. lib. 4. cap. 16. und Lauremberg. Acer. Phil. Cent. 3. Histor. 24. schliessen / daß die schwartze Farbe an den Raben nicht sey accidens inseparabile. Ich wil die Wort des Laurembergii, weil sie Teutsch sind / her setzen: Unsere Meister in der disputir oder Vernunfft-Kunst/ spricht er/ pflegen zum Exempel der Eigenschafften / die in der Natur nicht können vom Dinge abgeschieden werdē/ anzuziehen der Raben schwartze Farbe. Aber es ist eine eitele Einfalt und Unwissenheit/ und eine Anzeigung / daß die solches fürbringen / entweder die Natur nicht recht kennen / oder nirgends anders / als in ihrem Vaterland gewesen / oder die Historien frembder Nation nicht gelesen. Verzeihet mir/ die ihr den Lauremberg oder Sperling hierin vertheidigen wollet: Es ist keine Einfallt oder Unwissenheit/ die schwartze Farbe des Rabens ein accidens inseparabile zu nennen. Vielmehr kan man die für einfältig und unwissend schelten/ welche schliessen: Es sind weisse Raben in der Natur; Ergo so ist die schwartze Farbe kein accidens inseparabile. Denn ein anders ist abesse posse, von einem Dinge können davon seyn; ein anders separari posse, von einem Dinge können abgesondert werden. Die schwartze Farbe kan weg seyn von einem Raben/ also daß er gleichwohl ein Rabe ist und bleibet/ er sey schwartz/ roht/ grün oder gelb. Aber bey welchen Raben die schwartze Farbe gefunden wird / von denen kan sie nicht abgesondert werden / und bey denen heist und ist sie auch accidens inseparabile.

XCIIX.

Kan man denn die schwartze Farbe von Raben nicht absondern?

Nein. Man kans nicht thun. Er bleibet schwartz / man wasche und bade ihn wie man wolle. Jedoch könte einer einwerffen und sagen: Man kan ja die Raben rohe färben oder mit einer andern Farbe bestreichen. Antwort: Ja man kans thun. Aber so wird die schwartze Farbe nicht abgesondert / sondern nur verdecket. Sprichstu / man kan ihn ja die Federn ausrauffen. Antwort: es ist auch wahr. Aber so bleibt doch die Schwärtze in dem subjecto immediato, in den Federn. Sagstu ferner: der Rabe kan ja seine Natur behalten / wenn er gleich nicht eben schwartz ist. Antwort: Ja er kan seine Natur behalten / darumb ist auch die Schwärtze an ihm nur ein accidens, welches kan weg seyn / und auch da seyn. Also / mögstu ferner sagen / könte sie ja von ihme abgesondert werden. Antwort: Ja / man kan sie absondern / aber mente und Logicè, mit unserm Verstande / also daß wir eines Raben Wesen und Natur wohl begreiffen können / ob wir gleich nicht eben die schwartze Farbe ansehen; Aber realiter und Physicè, in der That selber kan die schwartze Farbe von denen Raben / die da schwartz sind / nicht separirt oder abgesondert werden.

XCIX.

Sind alle Schwäne weiß?

Wenn man den Poeten glauben dürffte / so müste man diese Frage wohl mit Ja beantworten. Denn was ihnen unmüglich und unerhört fürkömt / das nennen sie nigro simillimum Cycno, gleich einem schwartzen Schwane. Aber die jenigen / welche junge Schwanen gesehen haben / wissen es besser. Denn diese haben allesamt schwartze grawlichte Federn. Und dennoch sind sie Schwanen / ob sie gleich nicht weiß seyn / oder nicht ehe weiß werden / bevor sie zu Jahren kommen.

C.

Sind die Maulwürffe blind?

Die Lateiner haben ein Sprichwort / damit sie den jenigen / so gantz und gar blind ist / nennen Talpa cœciorem, blinder als ein Maulwurff. Und in dieser Meinung sind noch ietzo fast die meisten Leute / so wohl Gelehrte als Ungelehrte. Aber ob gleich die meisten Sprüchwörter auff Wahrheit gegründet / so ist doch in diesem ein Irrthumb begangen worden Denn die Natur hat denen Maulwürffen die Augen nicht versaget / sondern dieselben nur mit einem Häutlein bedecket / welches wenn es abgezogen wird / so ist eine runte Figur an demselben Ort zu sehen / die die Natur nicht vergeblich und ohne Ursach wird gemacht haben / nach der gemeinen Aussage der Weltweisen: Deus & natura nihil faciunt frustra, GOtt und die Natur thun nichts vergeblich und ohne Ursache. Besiehe hievon mit mehren den Herren THOMASIUM, Profess. zu Leipzig / in einer Disputation de Visu Talpæ. Item SPERLINGIUM, Zool. Phys. lib. 3. cap. 32. pag. 303. KIRCHMAIER. in Dissert. Zool. 3. auctar. 1.

Des Ersten Hunderts

E N D E.

M. Gottfried Voigts

Physicalischer Zeit-Vertreiber/

Das

Andre Hundert.

Denen
Wohl-Edlen/ Vesten/ und
Hochgelahrten
Herrn D. Johann Al-
brecht Schützen/
Weitberühmten JCto, Fürstl.
Meckl. hochbestalten Cammer-
Raht/ u. s. f.
Herrn David Matthias
Schützen/
J. U. Doctori, des Fürstl. Mecklenb.
Cantzley Gerichts wohlberühm-
ten Advocato:
Herrn Samuel Schü-
tzen/
Beyder Rechten Licentiato und
vornehmen Practico in
Lübeck:
Meinen Großgönstigen Herren
und Hochwehrten
Freunden.

Hochgeehrte Herren/

ALs Amasis, der König in Aegypten einsmahls von seinen guten Freunden zur Rede gesetzt und gefragt wurde: warumb er nach vollendeten Reichs-Geschäfften mit süsser Lust und Freude sich ergötzte? gab er ihnen zur Antwort: daß man den Bogen nicht spannete/ als wenn es die Noht erfoderte: Wolte man ihn aber immerfort auffziehen / so würde er endlich springen/ und zu nichts mehr dienlich seyn. Was wolte dieser kluge König anders hiermit anzeigen/ als daß man bißweilen den sauren Ampts-Geschäfften feyer geben/ und die ausgeschöpfften Kräffte durch eine süsse Ruhe und Ergötzung dem Leibe wiederbringen soll/ wenn man nicht den Leib und zugleich das Gemüht mit der schweren Arbeits-Last zu Bode drücken wil. Es hat ja alles seine Zeit/ wie der weise Mund Salomonis redet. Arbeiten hat seine Zeit/ Ruhen hat seine Zeit. Allen Dingen hat die gütige Natur ihre Abwechselung vergönnet. Die abgematteten Felder/ wenn sie ihre Früchte gebohren und dem Menschen/ als dem Herrn der Welt/ welchem alle Creaturen dienen müssen/ solche überreichet/ so legen sie sich zur Ruhe und schlaffen/ biß sie der liebliche Lentz wieder aufferweckt. Die Flüchtigen und von der brennenden Sommer-Hitze ausgesogenen Hirsche erqvicken sich an kühlen Wassern. Wenn die Vögelein das weite Lufft-Revier den gantzen Tag über durchwandert / so verstecken sie sich endlich unter einem Schatten-reichen Baum/ und halten daselbst ihre Nacht-Ruhe. Der ungestüme Wind muß sich endlich nach dem ausgelassenen Sausen und Brausen wiederlegen. So wütet auch das erzürnete Meer nicht immerfort. Und das Ungewitter/ wenn es lange gnug mit Feuer und Donner-keilen ümb sich geworffen/ wird endlich müde und stille. Nicht anders ist es mit der kleinen Welt dem Menschen beschaffen. Der muß auch nach Traurigkeit Freude/ nach Arbeit Ruhe/ nach Verdrieß Erqvickung haben / wenn anders das schwache Lebens-Band unzertrennet bleiben soll. Gleichwie aber die Zuneigungen der Menschlichen Natur unterschiedlich/ und offt wiederlich; also sind auch die Ergötzungen mancherley/ und bißweilen sehr wunderlich. Agesilaus, der tapffer Held unter den Spartanern/ scheuete sich nicht mit seinem Sohn/ der noch ein kleiner Knabe war / auff dem Stecken zu reiten. Desgleichen auch gethan der Weltkluge Socrates / welcher nach des Apollinis Urtheil für dem allerweisesten in Griechenland gehalten wurd. Und der grosse Hercules/ den seine Tapfferkeit biß an die Sterne erhoben/ hat sich offt unter die kleinen Kinder gemenget und mit ihnen gespielet. Attalus der reichste König in Asien/ von dem die Römer die Krone ererbet / hatte seine Lust an Gärten. Der Römische

Käyser Alexander Severus belustigte sich an dem Streit der Rebhüner und kleinen Hündgen. Der edle Römer M. Cato / und Persische Artaxerxes haben mit dem Brettspiel ihre müssige Zeit zugebracht. Welches wir auch lesen von dem großmächtigen Augusto / von Claudio / von Domitiano, und andern Monarchen. Der unvergleichliche Held in Griechenland / Alexander, wegen seiner Tugend benahmt / der Grosse / hat mit dem Aristonico Carystio des Balles gespielet. Welches auch dem Uhrheber der Römischen Monarchi nachgesaget wird. Adrianus ließ seine Soldaten spatziren gehen / damit sie die verlohrnen Kräffte wieder erholen möchten. Etliche halten es für eine grosse Glückseeligkeit / mit gelehrten Leuten ümbzugehen. Also konte Pericli nichts liebers wiederfahren / als wenn er bey seinem vertrauten Freunde Anaxagora war. Der Athenienser Fürst Alcibiades, beliebte des Socratis conversation. Scipionem erfreuete des Panetii Gesellschafft. Hochgemeldter Römischer Käyser / Alexander Severus hielt viel von denen fürtrefflichen Rechtsgelehrten / Ulpiano und Paulo. Und Franciscus, der erste dieses Nahmens / König in Franckreich hat allezeit gelehrte Leute zu seiner Taffel geladen. Ja es sind endlich der Gelehrten Schrifften so hoch geachtet worden / daß sie die hohen Potentaten und Regenten zu ihren Zeit-Vertreib gebrauchet. Jenem weltbekandten Griechischen Monarchen wird noch zu unsterblichen Ruhm nachgeschrieben / daß er des Homeri Kunst-Gedichte / sonderlich die / welche er Iliadas genennet / von Wort zu Wort dem Gedächtnüs einverleibet / und sie nebst einem Dolche / so offt er sich zur Ruhe begeben / allezeit unter sein Haupt-Küssen geleget / daher er sie auch viaticum rei militaris, oder / einen Kriegs-Zehr-Pfennig tituliret. M. Claudius Tacitus, der Hochweise Römische Käyser / hielt Cornelium Tacitum als seinen Vater / und ließ jährlich seine Bücher zehnmahl abschreiben und in die öffentlichen Reichs Archiven zu immerwärenden Gedächtnüs legen. Zu unsern Zeiten pflegen die meisten der Gelehrten nach abgelegter Ambts-Würde / ihre gute Freunde zu begrüssen / und mit denselben Gespräch zu halten.

Andre / welchen der Ort dergleichen Conversation versaget / erfrischen sich mit lustigen und anmuthigen Schrifften. Daher sind unterschiedliche Schau-Plätze von allerhand Lust-Sinn- und Lehr-reichen Geschichten auffgeführet: daher sind auch mancherley Zeit-Vertreiber geschrieben / und den tieffsinnigen Gemüthern zur Erqvickung an das öffentliche Tages-Licht gebracht worden. In welchen aber dieses billig zu desideriren, daß in denselben offt solche Sachen mit untergemischet / welche Zucht- und Tugendbegierige Ohren und Hertzen mehr betrüben / als erfreuen; Hingegen die geilen Wollüste mehr und mehr entzünden / und denen unvorsichtigen Gemühtern / so Alters halben noch nicht ihre Begierden bezämen können/Thor und Fenster zur Untugend eröffnen. Umb dieser Uhrsachen bin ich veranlasset und von andern angefrischet/ oder vielmehr angetrieben worden/ einen Philosophischen Zeit-Vertreiber zu verfertigen / wiewohl ich bekennen muß/ daß ich zur selben Zeit selbst wenig Lust und Freude gehabt/ geschweige denn daß ich andere mit angenehmen Reden und Schrifften hätt erfreuen sollen. So gestehe ich auch gerne/ daß ich so wohl wegen der darin enthaltenen Sachen / als auch wegen der sparsam und kärglich angewendeten Zierligkeit im Reden/ für manchen Richterstuel könte gefodert und angeklaget werden. Ich hoffe aber einen vermögenden Fürspruch und Entschuldigung zuerlangen von meinem / als einem aus lauter unaussetzlichen und unaufflößlich-zusammen gekettelen Verrichtungen und Arbeit bestehenden Ampte/ welches auff andre und frembde Sachen so wenig Zeit und Gedancken zu wenden verstattet / daß ich mit Grund und Bestand der göldenen Warheit bezeugen kan/ ich habe bey den meisten Fragen dieses Physicalischen Wercklcins / nicht Raum gehabt/ ein und ander Buch auffzuschlagen; oder was jener sagte: Ich habe offtmahls meine Wort nicht auf Papier geschrieben / sondern geworffen. Was aber bey so gemaßeten Zustande sonderlichs könne ersonnen und geschrieben werden/ daß der gelehrten Welt beliebig/ überlasse ich denen zu urtheilen / welche verstehen/ was die Königliche Wissenschaffe der Natur sey und erfodere.

Inzwischen hab ich meinen großgünstigen hochgeehrten Herrn den andern Theil dieses Physicalischen Zeit-vertreibers zuschreiben wollen/ aus vielen hochwichtigen und unumbgänglichen Ursachen / welche ich mit stillschweigen gantz und gar vorbey zu gehn billig scheu getragen. Denn GOtt und die weise Natur haben ihnen mancherley hohe und fürtreffliche Gaben ertheilet / und nebst diesen auch eine sonderliche Zuneigung zu dieser edlen Wissenschaffe der natürlichen Dinge in sie gepflantzet. Das Glück hat sie mit dem / was es andern nur sparsam giebet/ reichlich überschüttet. Die Tugend leuchtet in Ihnen herfür als ein hellglantzender Stern / also gar / daß sie auch die hohe Fürstliche Gnaden-Sonne beliebt und an sich ziehet. Und gleichwie der Sternen-Glantz durch verborgene Influentz und Wirckung die Unterwelt erfreuet und belebt macht: also bemahlen und bestrahlen Sie auch mit dem Glantz ihrer hochangebohrnen Mildigkeit die Unterwelt der Niedrigen / Elenden und Dürfftigen / welche sie erhalten pflegen/ und gleichsam lebendig machen. Insonderheit freuen sich Ihrer Güte und Wohlthätigkeit/ die armen und von dem neidischen Glück verlassenen Musen-Kinder/ welche Sie nicht ohne grosse Unkosten zum Studieren halten/ und dabey erhalten. Daher Sie billig Schützer und Pflege-Väter derer / welche Kunst und Tugend zu ihren Söhnen angenommen / mögen genennet werden. Ich wil ietzo nicht gedencken von der hohen Gunst und Wohlgewogenheit / die ich an meinem Ort von ihnen offt genossen und empfangen. Ich wil nichts sagen von der auffrichtigen deutschen Redligkeit / die ich jederzeit bey Ihnen verspüret / und gemercket / daß ihre Gemühter ferne sind von der heutigen verkehrten Welt-Art / die Zucker-süsse Wort aus einem mehr als Gall-bitteren Hertzen giebt. Ich wil auch nicht anführen die andere Ursachen / die mich / solche geringschätzige Arbeit Ihnen zu zueignen / veranlasset. Nur dieses bitte ich zum dienstlichsten / Meine Hochgeneigte Herrn wollen mein kühnes Beginnen in besten vermercken / diß schlechte Papier großgönstig annehmen / und nicht so wohl auff die Gabe / als auff des Gebers willen sehen. Werde ich solches erlangen und meiner Bitte theilhafftig werden ; so wird dadurch ein groß Theil meiner Glückseeligkeit zu wachsen / und ich werde auch solches umb Sie mit schuldigster Dienstfertigkeit zuersetzen / mir jederzeit eyfrigst angelegen seyn lassen.

Unterdessen wünsche ich von dem grundgütigen GOtt / daß er Sie und die hertz-vielgeliebten Ihrigen mit aller erspießlichen Leibes und Seelen Wohlfahrt erfreuen / mit seiner Gnade kröhnen / mit reichem Seegen gnädiglich beschütten / und wieder alle Neider und Feinde / die der Tugend und Frömmigkeit / gleich als ein Schatten dem Cörper / allezeit nachzufolgen pflegen / mächtig und gewaltiglich beschützen wolle. Güstrow / den 10. Mart. 1670.

E.E.E. Excell.

jederzeit

Dienst - begierigster

M. Gottfried Voigt.

Das Andre Hundert.

Die I. Frage.

Warümb schadet es den Augen/ wenn sie in die Sonne sehen?

Es haben die Philosophi eine Regel/ welche also heißt: Inter sensile & sensorium sit proportio, das ist/ zwischen unsern Sinnen und den Dingen/ womit sie umbgehen/ soll eine Gleichheit seyn: Denn die Minima oder allerkleinesten Dinge können wir nicht mit unsern Sinnen begreiffen. Die maxima aber und größesten Sachen verletzen unsere Sinnen. Es ist viel in der Natur/ welches wir weder sehen/ noch hören können: die Lufft und der Himmel sind so subtil/ daß sie unsere schwache Augen nicht erkennen können. Hingegen verletzet unser Gehör das Krache der gelößten Stücken und Carthaunen/ weil die Lufft uno impetu auff einmahl in die Ohren hinein dringet. Es verletzet uns ein allzuhefftiger Geruch/ welcher Kopff-Wehe verursacht/ wegen der Vielheit der atomorum. Es verletzet unser Augen der Sonnen-Glantz/ welcher bißweilen die Leute verblendet/ wenn sie dieselbe allzulange anschawen. Lucretius gibt diese Ursach davon

Splendor qvicunq; est acer, adurit
Sæpe oculos, ideò qvod semina possidet ignis,

Daß ein jeder hefftiger Glantz bey sich habe etwas vom Fewer/ und daher verbrennete er die Augen. Gewiß ist es/ daß bey den Sonnen Strahlen etliche igniculi oder Fewrige atomi seyn; aber sie sind nicht gnug zu solchen effect: Und der Schnee verblendet auch bißweilen die Augen/ bey welchen doch gar nichts/ oder gar wenig vom Fewer. Derohalben muß man sagen/ das der Glantz/ wenn er allzu groß/ den Weg den Spiritibus eröffne/ und daher entstehe der Mangel in den Augen. Wenn sich aber dieselben wieder erholet/ der Weg etwas versperret/ so kommen auch die Augen alsdenn wieder zu sich selbst. Jedoch können auch wohl andere Ursachen dabey seyn/ nach dem der Schade ist.

II.

Warümb wird das eine Auge grösser/ wenn man das andere zuthut?

Gleich wie der Magen bald groß/ bald klein wird/ nach dem viel oder wenig drinne ist; also wird auch das Auge grösser/ und kleiner/ nach dem viel oder wenig Spiritus drinne sind. Wenn man nun das eine Auge zu thut/ so treten die Spiritus aus dem zugethanen Auge in das andere/ welches noch offen stehet/ dadurch werden die Fälle und die Feuchtigkeiten extendiret und ausgebreitet/ und also das Auge grösser gemacht. Darümb pflegen die Schützen wenn sie nach etwas zielen/ das eine Auge zuzuschliessen/ damit sie desto genawer sehen mögen. Auch die jenigen/ welche nur ein Auge haben/ können die kleinen Sachen viel besser erkennen; aber sie können nicht mehr sehen/ ob sie sich wohl vieleicht solches schertzweise berühmen. Wegen eben dieser Ursachen haben auch junge Leute grössere Augen/ als die Alten. Es haben auch die Krancken bißweilen gar einen kleinen AugApffel/ weil wenig Spiritus in den Augen verhanden/ darumb pflegen kluge Medici gute acht zu geben auff die Augen/ bey welchen sie des Krancken beschaffenheit in etwas erkennen können.

III.

Warumb siehet man nicht alles gedoppelt/ da man doch 2. Augen hat?

Die weise Natur hat uns 2. Augen gegeben/ daß wir desto geschwinder allenthalben herümb sehen können. Und wenn eins nicht da ist / so können wir das andere gebrauchen / und die sichtbahren Dinge unterscheiden. Jedoch præsentiren sie deswegen ein Ding nicht gedoppelt oder zwiefach. Denn es ist nur eine Seele in einem Cörper/die siehet bald durch ein / bald durch 2. Augen. So ist auch nur eine actio oder wirckung / weil nur ein agens principale da ist. Die Augen aber sind nur instrumenta. Vid: SPERLING: Zool: l.1. p. 48.

IV.

Warumb wacht ein Mensch vom Schlaffe wieder auff?

Es sind zweyerley Ursachen: etliche sind innerliche / etliche eusserliche. Die Innerlichen Ursachen/warümb ein Mensch auffwacht / sind die Spiritus und die Wärme. Denn die Spiritus werden im Schlaffe verschlossen und ruhen/ die Wärme verbirgt sich auch innerlich; wenn sie sich aber wieder hervor thun und hin und wieder bewegt werden/ so höret einer auff zuschlaffen und wacht auff. Hieher gehöret auch die Phantasia, welche / wenn sie starck ist / den appetit und die facultatem locomotivam erreget / daher wachen wir bißweilen im Träumen auff. Die Eusserliche Ursachen / sind alle die jenigen Dinge/ welche unsere Sinne sehr bewegen/als ein heller Glantz/ ein garstiger Gestanck / ein grosses Krachen,/ die Feuchtigkeit der Lufft/ und ein starckes anrühren. Am allermeisten aber wachen wir auff / wenn man einen starcken Thon höret / und wenn einer harte angefasset / gerüttelt und geschüttelt wird.

V.

Warümb fängt ein Mensche an zu schlaffen? Und warümb schläfft man bißweilen über einer schönen Music / oder auch in der Kirche ein?

Alle unser Bewegung/all unser Wachen kömpt von den spiritibus animalibus her/ welche aus dem Häupte in den untern Leib kommen. Wann sie nun meistentheils ruhen und zu den instrumenten der eusserlichen Sinnen nicht kommen können/ so fängt ein Mensch / ja ein iedes Thier an zuschlaffen. Es sind aber mancherley Dinge/welche das Schlaffen verursachen. Etliche thun es/in dem sie die spiritus animales verzehren/ als zum Exempel das Wachen / die Arbeit/ die Müdigkeit/ die Sorgen/ warme Bäder/die Hitze u.s.w. Etliche Dinge verursachen den Schlaff/ in dem sie die spiritus animales gleichsam obtundiren und faul machen/ und ihnen den Weg versperren/ als der Geruch/ welcher viel Dünste bey sich hat / ingleichen die Dünste/ welche vom Speiß und Tranck in das Häupt steigen/ u.s.f. Andere Dinge verursachen den Schlaff / in dem sie den Lauff der spirituum animalium stillen/ und sie von der Bewegung zu süsser Ruhe locken/und gleichsam verhindern/ daß sie sich nicht zerstreuen / als ein lieblicher Gesang/ ein sanfftes Geräusch am Wasser/ item/ wenn man einen sachte krauet oder reibet/ wenn man die sorgfältigen Gedancken fahren läßt / wenn man nicht attent ist im lesen/ wenn man stillschweiget/ wenn es finster ist. Aus diesen nun erhellet/ warumb die Leute in der Kirchen so gerne schlaffen / nehmlich (1) weil sie stillschweigen und sich nicht bewegen (2) weil sie nicht fleissig acht auff die Predigten haben. (3) weil es bißweilen heiß Wetter ist. (4) Weil sie bißweilen allzu viel von Speiß und Getranck zu sich genommen. (5) weil sie bißweilen müde entweder von allzu vielen singen/ oder von anderer Arbeit/ welche die Dienstboten verrichten müssen. (6) weil sie bißweilen sich mit andern Sorgen plagen. (7) weil sie bißweilen die vorige Nacht nicht / oder gar wenig geschlaffen haben u. s. f.

VI.

Gehen die Krebse zurück?

Wenn man etwas siehet / daß keinen rechten Fortgang hat / sondern mehr hinter sich/ als vor sich gehet/so saget man/ **es gehet den Krebsgang.**

In morem octipedis procedunt omnia piscis.

Darauff alludiret, der Sinnreiche Frantzösische Poet Sant Amandus, wenn er vorgiebt dz der verkehrte Zustand Franckreichs/ im vorigen Jahren unter dem Zeichen des Krebs sey gewesen. Die Worten lautē also:

Les Astrologues font des Loix
Qvi meritent bien qu'on les berne
Mettans un Signe à chaqve mois
Comme un Enseigne à la Taverne;
Mais s' il m' est permis de penser
Auregne qvi vient de passer
Sans crainte qve l' on me punisse
Nos malcheurs, qvi furent si longs
Furent toujours dans l' Escreviße
Car tout alloit à reculons.

Aber wenn man die Sache etwas genau bey sich bedencken wolte / so würde man gewiß befinden/ daß der Krebs nicht zurück/ sondern vorwerts gehe. Denn die Augen/ sind die Wegweiser. Wenn man denen folget/ so gehet man nicht rücklings/sondern vor sich. Nun aber stehen des Krebs Augen nicht gleiche/ sondern er lencket sie etwas auff die Seite. Darumb weil er auch so gehet/ und den Augen folget / so kan man mit nichten sagen / daß er hinterwerts gehe. Daß die Sache klärer werde/ schließe ich also.

Wer da gehet/ wo ihn seine Augen hinführen/ der gehet nicht rückwerts.

Nun aber gehet der Krebs wo ihn seine Augen hinführen.

Darumb gehet er nicht rückwerts.

VII.

Warumb nehmen die Krebse im vollen Mond zu/ im neuen aber wieder ab?

Dieses bezeugen aus der Erfahrung ÆLIAN. l 9. Hist. An. 6. PLINIUS l. 9. c. 37. OPPIAN. l. 5. Hal: v. 589. seqq. ISIDOR. l 12. Orig. c. 6. & EZLERUS Isagog. Phys. Med, c. 7. de animal. Lunatic. p. 161. und viel andere Scribenten mehr. JOACHIM. CAMERAR. Cent. 4. Embl. 51. p. 52. hat es auff das Hoffleben gezogen / wenn er spricht:

Crescente accresco lunâ, decresco minutâ,
Aulæ num melius pingitur effigies?
Jch nehme mit dem Mond bald zu/ bald wieder ab/
Sag' ob ich nicht den Hoff recht wohl beschrieben hab?

JOH. PICUS MIRANDUL. lib. 3. contr. Astrol. c. 6. & c. 14. schreibt dessen Ursachen dem Liechte des Monden und der Wärme zu/ daß nemblich die Krebse im vollen Mond durch den Monden Schein lebendiger und wärmer würden/ drümb könten sie besser ihre Nahrung vertauen/ und daher müsten sie auch feister und fleischiger werden. Diesem giebt Beyfall JOH. AUBERTUS Progymn. in Fernel. de Abdit. Caus. c. 14. p. 62. wo er auch erzehlet/ daß etliche in den Gedancken stünden/ als kähme dieses daher / dieweil die Krebse im vollem Mond besser sehen könten/ wie und was sie weideten/ so könten sie auch ihren Feinden alsdenn besser entgehen. und weil sie nun zur selbigen Zeit sicherer/ besser und mehr könten essen/ als sonst/ so nehmen sie auch dazumahl zu. Aber THEODOR. MORETUS de æstu mar. c. 4. §. 59. und SPERLING. Zool Phys. p. 433. wollen vielmehr/ daß es darumb geschehe/ dieweil der Mond die humores oder die Feuchtigkeiten in den Krebsen vermehret.

Denn er hat eine sonderliche Sympathiam mit denselben. Daher verursachet er auch die Ebbe und Fluht und viel andere mutationes oder Veränderungen auff der Erden und im Wasser. SCALIGER Exer. 102. JUL. CÆS. VANINUS Neapol. de admirand. Nat. arcanis dialog. 21. p. 119. seq. KERGERUS in disp. inaug. Francof. 1648. habita. THEODOR. MORET. l. c. Ob nun wohl dieses mit der Warheit übereinzukommen scheinet/ so erregen doch die Meer-Krebse im Orient einen Zweiffel/ als welche im vollen Mond abnehmen/ im neuen aber wachsen/ wie solches angemercket/ ALDROVAND. de Exang. l. 2. c. 17. und NIEREMBERG. lib. 11. c. 17. Hist Peregr. daher ist ISAACUS VOSSIUS bewegen/ daß er in seinem tractat de motu maris & Ventor. c 16. p. 71. schreibet/ die Krebse nehmen nicht zu nach dem Mond/ sondern nach dem ab- und zu-lauff des Meers. Aber THEODOR. MORET. in Literis ad Dn. D Sachs. bleibet bey seiner Meinung und saget/ daß vieleicht solche Wasser im vollem Mond allda sich versamleten/ mit welchem die Krebse eine Antipathiam hätten und könten daher nicht zu nehmen. Zu dem habe auch im̃er ein Krebs eine andere Complexion, als der ander/ wie die Menschen derer etliche sich freueten/ wenn es regne. Da doch die meisten bey gutem Wetter fröhlich wären. Mehr kan man hiervon nachsehen bey dem SACHSIO in Gammar. p. 498. seqq.

M iv

VIII.

Warumb wachsen dem Krebse seine Scheren wieder/ wenn er sie verlohren?

Dieweil sie nicht aus dem Samen/ sondern aus der Feuchtigkeit/ welche an statt des Bluts ist/ formiret und gemacht sind. Also wachsen auch wieder den Bäumen ihre Blätter/ den Vögeln ihre Federn/ den Fischen ihre Schuppen/ dem Polypo seine Füsse/ OPPIAN. Hal. 2. v. 144. den Eydexen ihr Schwantz/ OLAUS MAGN. Histor. Sept. lib. 21. c. 21. MAJOL. Canic. Colloq. 9. p 360.

IX.

Kan auch einem Menschen die Nase wieder wachsen/ wenn sie ihm abgehawen?

Ja/ Es kan ihm wieder eine andere angesetzet werden/ welche geschnitten wird entweder aus eines andern/ oder aus dessen Fleische/ der die Nase verlohren/ wie solches versucht und glücklich verrichtet haben Petrus Bojanus und Caspar Faliacotius Profess. Bonon. Insonderheit aber wird deswegen gerühmet Branca aus Sicilien/ davon einer mit Nahmen Calentius folgenden Brieff an den Orpianum geschrieben: Lieber Orpiane, wenn du dir wilt eine Nase wieder ansetzen lassen/ so komme zu mir; Warlich es ist ein Ding/ darüber sich die Menschen verwundern müssen. Branca aus Sicilien ein Mann von tapffern Verstande/ sagt wie man solle neue Nasen machen/ und schneidet dieselben entweder aus dem Arm/ oder borgt sie von einem Knechte/ und setzt sie an. Als ich dieses gesehen/ hab ich beschlossen an dich zu schreiben/ in Hoffnung es werde dir sehr lieb und angenehm seyn. Wenn du kommen wilst/ so solt u versichert seyn/ du wirst mit einer grossen Nase wieder nach Hause ziehen. Gehab dich wohl. SPERL. Instit. Phys. l. 1. c. 3. p. 127. weitleufftiger haben von dieser Kunst/ einem eine Nase zu machen/ geschrieben FALIACOT. in lib. de Custor. Chirurg. JOH. BAPT. CORTESIUS in Miscellan. Med. D. 3. GABRIEL FALLOP. de decorat. c. 2. THOM. FIENUS lib. 12. Chirurg. c. 1. & 2. PARÆUS l. 22. c. 2. Aber PAULUS ZACCHIAS Quæst. Med. Legal. lib. 5. Tit. 5. quæst. 3. §. 5. sagt/ daß es etwas gefährlich sey/ sonderlich wenn die Nase aus eines andern Fleische geschnitten wird. Denn es möchte einem vieleicht so gehen/ wie jenem Panormitanischen Edelman/ welcher sich mit einem geschlagen und die Nase darüber eingebüsset. Drauff hat er den Wund-Artzt lassen zu sich hohlen/ welcher aber ihm aus seinem Arm nicht hat schneiden wollen / weil er vermerckt/ daß er gar zärtlich wäre. Hat derohalben gerahten/ er möchte seinen Knecht dazu bereden/ und ihm etwas geben/ daß er ihm liesse aus seinem Arme ein Stück Fleisch schneiden/ daraus wolte er eine Nase machen. Es ist gut / der Edelman thuts/ der Knecht verwilliget auch darein/ die Cur gehet glücklich von statten/ der Edelmann kriegt wieder seine Nase/ und dem Knecht wird der Arm wieder geheilet und ergäntzet. Aber nachdem der Knecht gestorben/ verliehret der Edelman auch seine Nase wieder. PETRUS SERVIUS p. 551. de Nat. Artisq; mirac. Mehr Exempel ertzehlet DIGBÆUS de pulv. Sympath. p. 245. doch hält DEUSINGIUS Exam. Pulv. Symp. p. 558. nebst dem CONRINGIO dafür/ daß solches nur ohn'gefehr geschehen/ weil vielen/ welchen aus andern Fleisch sind Nasen angesetzet worden / solches nicht wiederfahren. STRAUS. Resp. ad Deusing. de fœtu Mussip. p. 189.

X.

Wachsen auch einem die Hände wieder wie die Krebsscheren?

Ob zwar dem Menschen viel Stücke/ auch die aus dem Saamen formiret worden sind/ wenn er sie verlohren / wieder anwachsen können. Also können ihm wieder wachsen die Adern/ wiewohl mans sonst nicht gläubet. Jedoch hat mit dem GALENO lib. 14. Meth. Med. D. PETR. a CASTRO in Mss. Obs. gesehen / daß es einmahl geschehen/ ob zwar die new gewachsene Adern den vorigen nicht gantz gleich gewesen. Vid. BORELL. Cent. 2. Obs. 18. Es kan auch dem Menschen wieder wachsen die wässerige Feuchtigkeit der Augen/ wie solches bezeuget REALD. COLUMB. l. 10. Rei Anatom. GALEN. l. de Caus. Sympt. c. 2. BENIVEN. de morb. Caus. c. 74. HILDAN. Cent. 1. Obs. 26. LANGIUS l. 1. Ep. 7. & MARCELL. DONATUS l. 5. Med. Hist. c. 4. p. 567. FRANC. PLAZZONUS Prof. Patav. RHODIUS Cent. 1. Obs. 82. RIOLAN. Enchir. Anat. l. 10. c. 3. MARCUS MARCI à CRONLAND, Professor und Physicus zu Prage/ ap. SACHSIUM Gam. p. 474. Ferner können einem Menschen wieder wachsen die Zähne/ die Nägel/ die Haare / wie solches die tägliche Erfahrung bezeuget. Es kan ihm wieder wachsen das Fleisch in der Seiten / wie THOM. BARTHOL. Cent. 6. Hist. 59. erzehlet. Ja es kan ihm wieder wachsen die Zunge/ welches JACOB. HORSTIUS Comm. in Hipp. de morb. mit Augen gesehen. Es hats auch observirt obgedachter THOM. BARTHOLIN. Cent. 2. Hist. 22. Vid. CAMER. Cent. 6. Memor. §. 39. Aber die Hände pflegen ihm nicht wieder zu wachsen/ nach dem Sprichwort: **Es wachsen die Hände nicht wie die Krebsscheren.** Jedoch ersetzt solchen Mangel die günstige Natur anderweit/ und vergönnet den Füssen/ daß sie der Hände Arbeit verrichten mögen. Also lieset man von THOMAS Schweickern/ welcher von Natur keine Hände gehabt/ daß derselbe mit den Füssen hat getruncken/ gessen/ die Bücher ümbgeblättert/ Federn geschnitten/ und sehr künstlich geschrieben. dessen Schrifft an dem Würtenbergischen Hoff gesehen hat PLATER. l. 3. obs. 556. und in der Bibliothec zu Breßlaw wird noch heute zu Tage sein Bildniß/ seine Schrifft und geschnittene Federn gezeiget. Vid. SACHS. Gam. p. 478. Und solcher Exempel sind sehr viel. PLATER. l. 3. obs. p. 556. hat zu Basel ein solch Weib gesehen/ welches mit den Füssen genehet. Ein solches Weib hat auch zu Padua gesehen. BAUHIN. de Hermaphr. l. 1. c. 8. p. 87. und zu Venedig JOH. RHODIUS Cent. 3. obs. 60. Und zu Straßburg hat obgedachter JOH. SACHSIUS Anno 1650. im Hospital eine Frau gesehen / welche künstlich gesticket. PARÆUS l. 24. c. 6. erzehlet/ daß in Franckreich einer mit den Füssen gegessen/ getruncken/ in der Karte gespielet/ geschossen/ gefochten/ und endlich auch gestohlen/ja einen Strassen Mord begangen/ weswegen er auch gehenckt worden. Zu Venedig hat ein Knabe ohne Arme / alles mit den Füssen in die höhe gehoben / und wenn ihm einer begegnet/ hat er auch mit den Füssen den Hut abgezogen. THOM. BARTHOLIN. Cent. 2. H. 44. p. 242. und Petrus Lucernensis hat Anno 1624. zu Rom mit den Füssen auff dem Instrument gespielet. ZACCH. qvæst. Med. legal. l. 5. Tit. 3. q. 6. §. 9. Johannes Kühn/der in jeder Hand nur einen Finger gehabt/hat Anno 1646. den ganzen Teutschen Catechismum auff Pergament gar net und sauber geschrieben/ dessen Schrifft der vornehme Mann Wormius auffgehoben/ Vid. Idem l. 4. c. 12. fol. 387. Eben derselbige Wormius hat auch zu Coppenhagen in Dennemarck ein Englisch Weib gesehen / welches in seiner Gegenwart mit dem Munde ihren Nahmen auffs Papier geschrieben/ mit der Zungen eine NeeNadel eingefädnet und alles mit dem Munde verrichtet/ was andere mit den Händen thun. BARTHOLIN. Cent. 2. Hist. 44. Mehr Exempel sind zu finden beym SCALIG. Exerc. 336. WEINRICH. de Monstr. cap. 37. STENGEL. c. 16. de Monstr. §. 9. CAMER. Hor. succis. Cent. 1. c. 37. ZEILER. Ep. Cent. 6. Epist. 100. HARSDÖRF. Theatr. Com. H. 156. ZACCHIAS qvæst. Med. Leg. l. 7. T. 1. q. 9. §. 6.

XI.

Warumb gehen die Windmühlen geschwinder ümb/ wenn es regenicht Wetter ist/ als wenn die Lufft schön/ klar und hell/ ob gleich einerley Wind wehet?

Theils kömmet es davon her/ weil die Regen Tropffen/ als welche dicker als die Lufft und mit Gewalt auff die Flügel fallen/ denenselben eine grössere Krafft und schwere geben/ als die subtile Lufft: denn je dicker und schwerer die Cörper sind / desto beqvehmer und geschickter sind sie zur Bewegung. Theils aber rühret es von dem her/ weil durch die Regen Tropffen / wenn sie auff die Flügel fallen/ die pori an denselben verstopffet werden/also daß der Wind nicht so sehr hindurch dringen kan. Daher hat er desto mehr Krafft und kan die Flügel viel geschwinder und leichter herumb treiben/ als sonst/ wenn die pori offen/und der Wind hindurch gehet/ und also etzlicher massen seine Krafft verlieret.

XII.

Warumb wird es lufftiger und windichter in einem Gemache/ wenn man 2. Fenster/ die einander gleich entgegen/ auffmacht; als wenn man nur eins oder auch wohl zwey und mehr neben einander auffmachet/ das entgegen gesetzte aber verschlossen hält?

Ein jedweder kan leicht die Ursach geben/ warumb es nicht windicht in einem Gemache/ darinnen das Fenster zugemacht wird/ an welches der Wind stösset: nehmlich weil der Wind nicht herein kommen kan. Aber das ist etwas dunckler und schwerer zu beantworten/warumb man den Wind in einem Gemach nicht allzusehr spüret/ ob schon dasselbe Fenster offen stehet/ daran der Wind wehet? Nehmlich / weil das Gemach alsobald von dem Winde erfüllet wird/ und der Wind/ so drinnen/ wie er nicht heraus kan/ also läst er auch keinen mehr hinein/ Darumb bleibt die Lufft fast unbeweget stehen. Hingegen aber/ wenn das andere entgegen gesetzte Fenster auch auffgemacht wird/ also daß ihrer zwey offen stehen so wird die Lufft immer beweget/ in dem der Wind zu einen Fenster ein/ und zum andern wieder ausgehet.

XIII.

Warumb fliehet ein abgeschossenes Pfeil erstlich geschwinde/hernach immer sachter und sachter / biß es endlich gar niederfällt?

Mit den Steinen hat es gleiche Beschaffenheit/wenn sie geworffen werden/ so nimmt immer die Bewegung mählich und mählig ab. Wie auch mit den Kugeln/ welche erstlich fast in einem Augenblick durch die Lufft dringen / hernach aber verlieren sie ihre Krafft und fallen gar darnieder. Die Ursache haben die Gelehrten offt und fleissig gesuchet / aber wenig gefunden. CARDANUS beym Scaligero Exerc. 28. CONIMBRICENS. in lib. 7. Phys. c. 2. qvæst. 1. art. 8. TOLETUS l. 8. Phys. c. 9 ad text. 86. SAXONEUS l. 3. de cœlo qvæst. 12. meinen/ es sey in dem Pfeile eine sonderliche Krafft/ die ihm der movens oder der Bogen mitgetheilet hätte / als es abgeschossen. Aber wenn man fragt/was das für eine Krafft sey? wie sie dem Pfeile imprimirt oder eingedruckt werde? so antworten sie aus dem Tacito mit stillschweigen/ und geben also selbst dadurch zu verstehen/ daß sie ihre Meinung auff keinen festen Grund gebauet haben. Andere/ als URSINUS Disp. 6. qvæst. illustr. probl. 3. D. MARTINI Cent. 4. qvæst. illustr. disp. 7. qvæst. 7. ALSTEDIUS in Encyclop. l. 13. p. 686. halten dafür / daß selbst die Bewedung/ die dem Pfeil imprimirt ist/ hieran Schuld habe/ und sey gleichsam die forma des fliehenden Pfeils. Aber was ist das für eine impressio? was ists für eine forma? ist sie substantialis? Ich halte nicht/ daß sie werden diese meinen. Oder ist sie accidentalis? es kan ja auch nicht seyn: denn kein accidens kan aus seinem subjecto in ein ander subjectum kommen: nullum accidens potest migrare de subjecto in subjectum. Zu dem wann das fliehende Pfeil von seiner forma in die höhe getrieben würde/so wäre es ja kein motus violentus, sondern naturalis. Etliche machen die Lufft zur Ursache solcher Bewegung/ da der Pfeil in die höhe getrieben wird. Aber was ist es für eine Lufft? ist es die/ welche für dem Pfeile hergehet? oder ist es die/ welche nachfolget? Platonis Meinung ist gewesen daß die Lufft welche hinter dem Pfeile / denselben bewegen solle. ARIST l. 8. acroas. c. 10. text. 82. aber sagt/ daß es thäte die Lufft/ welche vor dem Pfeile ist. ZABARELLA l. 1. de motu grav. & lev. SIMPLICIUS lib. 8. in Phys. Arist. ad text. 82. THEMISTIUS in paraphr. c. 9. lib. de insomniis, THOMAS l. 3. de cœlo BARTHOLIN System. phys. c. 30. p. 93. MAGIRUS in physiol. l. 1. c. 4 p. 70. SPERLING: Inst. Phys. lib. 2. qvæst. 5. sagen auch/ daß die Lufft den abgeschossenen Pfeil bewege/ und zwar folgender Gestalt: Erstlich wird der Pfeil bewegt von dem Bogen/ und je hefftiger er bewegt wird / desto hefftiger theilt er auch die Lufft von einander/ wann nun die Lufft von einander getheilet/ so eilet sie mit höchster Gewalt wieder zusammen zu kommen / und treibet dadurch den Pfeil weiter fort. Der fortgetriebene Pfeil bricht abermahl die Lufft voneinander/ welche negst dabey/ daher bemühet sie sich wieder zusammen zu kommen / und stößt den Pfeil noch weiter fort. Und nachdehm sie das etliche mahl gethan/ wird sie endlich müde/ und der Pfeil fängt an zu sincken nach seinem natürlichen Orte/ durch seine natürliche Bewegung. Und diese Meinung ist die beste. Wiewohl ihr eins und das ander pflegt entgegen gesetzt zu werden. Denn erstlich sagen sie / die Lufft sey leichte/ der Pfeil aber schwer/ daher könne die Lufft den Pfeil nicht bewegen. Aber die Conseqvens gilt nicht. Denn die leichten Sachen haben viel eine grössere Krafft etwas zu bewegen/ als die schweren. Der Wind ist nicht schwer und doch reißt er Bäume und Häuser umb. Die effluvia spirituosa oder windichten Dünste unter der Erden/ sind nicht schwer/und doch verderben sie bißweilen gantze Städte / gantze Länder. Ja wie schwer ist denn wohl

Die Wurftheorie auf aristotelischer Basis

Hier wird ein anderes physikalisches Problem deutlich. Nicht nur war es schwierig zu erklären, warum sich ein Geschoß weiterbewegt, wenn keine Kraft mehr direkt wirkt, sondern auch, wie diese „künstliche" Bewegung schließlich doch wieder in die „natürliche" Bewegung des Fallens übergeht. Die einfachste Vorstellung zeigt das Bild: Die zwei Bewegungen können sich nicht gleichzeitig mischen (niemand kann gleichzeitig zwei Herren dienen). Erst wenn die Wurfbewegung „aufgezehrt" ist, fällt das Geschoß plötzlich senkrecht herunter. Das war gegen jede anschauliche Erfahrung – wie Artilleristen schon lange wußten und wie 1670 wohl auch populärwissenschaftlich nicht mehr bestritten wurde.

(Holzschnitt aus D. Santbech: Problematum astronomicorum et geometricorum sectiones septem. Basel 1561. S. 227) das Pulver? was hat es aber für eine Krafft zu bewegen? darumb ist es nicht so sehr zu verwundern/ daß die Lufft den abgeschossenen Pfeil bewegen solte. Hernach wenden sie wieder diese Meinung ein / daß die Lufft keine ordentliche und richtige Bewegung habe; daher könte sie auch den Pfeil nicht zu seinem Zweck bewegen. Aber das ist von der gantzen Lufft zuverstehen/ welche zwar keine ordentliche Bewegung hat; Die partes aber/ die Stücken der Lufft werden gar offt beweget/ von Winden/ von Vögeln/ von Menschen/ von Pfeilen/ und andern Dingen.

XIV.

Warumb fällt ein Stein erstlich sachte / hernach geschwinder herunter?

Wer es nicht gläuben will/ daß ein Stein erstlich sachte / hernach aber geschwinder herab falle/ der kan es versuchen. Er nehme 2. Steine gleicher schwere/ und lasse einen vom Tische / den andern vom Dache herab auff die Erde fallen/ und lege den Kopff oder die Hand unter/ was gilts/ er wirds erfahren/ welcher am meisten wehe thun wird/ nehmlich der / so vom Dache herunter gefallen. Warumb aber? weil derselbige hefftiger und geschwinder ist beweget worden. Denn die schwere kan hieran keine Ursach seyn; weil der Stein/ so vom Tische gefallen eben so schwer gewesen/ und doch nicht so wehe gethan hat. Nun fragt sichs nach der Ursache/ warumb denn der Stein erstlich sachte/ hernach aber geschwinder herab falle? nehmlich darumb/ weil die Lufft erstlich dem Stein resistire oder wiederstehe in dem sie sich nicht eben wil trennen lassen/ massen ein jedwedes Ding gerne siehet/ wenn es beysammen bleibet. Hernach aber wenn es nicht anders seyn kan/ so muß sie sich endlich trennen lassen/ weil sie dem schweren Stein nicht gnugsam Widerstand thun kan/ daher fält der Stein zuletzt geschwinder denn zuvor / weil ihm erstlich die Lufft wiederstanden/ darnach aber/ thut sie ihm nicht allein keinen Wiederstand/ sondern hilfft ihm auch/ in dem die zertrennte Lufft in moment wieder zusammen fliest und dadurch den herabfallenden Stein selbst wieder beweget.

XV.

Warumb hängt das Wasser/ wenn es vom Dache fält/ erstlich aneinander/ hernach aber fält es Tropfen weiß herunter?

Wegen der geschwinden Bewegung. Deñ erstlich wird das hinabfallende Wasser langsam beweget/ alldieweil ihm die Lufft wiederstehet. Hernach aber / wenn ihm die Lufft keinen Wiederstand mehr hält/ so fängt es geschwinder an hinab zu fallen/ und wird dadurch in Tropffen zertheilet.

XVI.

Warumb lauffen die gelösten Stücke zurücke?

Die Sache ist zwar iederman bekand/ aber die Ursache nur wenigen. Soll man sagen/ daß es daher komme/ weil das angezündete Pulver vor der Kugel nicht heraus kan/ und daher wolle es hinten durchdringen? Es scheinet was zu seyn; aber es thut der Sache noch kein genügen. Erstlich darumb/ weil das Stücke nicht wieder zurücke weichet / ob schon keine Kugel darinnen / wenn nur Pulver gnung da ist. hernach wenn das die rechte Ursache wäre/ so wiche das Stücke zurücke/ ehe man die Flamme sehe und die Kugel heraus kähme. Welches aber nicht geschiehet/ sondern alsdenn laufft erstlich das Stücke zurücke / wenn es schon gelöset ist. SENGVERDIUS Exerc. 72. gibt zwey Ursachen solches effects. Die erste ist diese/ daß alles/ was etwas beweget/ auch selbst beweget wird: die Hand / welche einen andern schlägt/ empfindet auch selbst den Schmertzen mit: der Ball/ welcher an die Wand geworffen wird/ prallet wieder zu rücke. Also auch das Pulver / wenn es angezündet wird / so suchet es einen weiten Raum und fliehet in die Lufft / aber es wird von derselbigen wieder zurück getrieben / und so viel müglich / verhindert / jedennoch thut es einen gewaltsamen Einfall in die Lufft / welche Gewalt auch dem Stücke mitgetheilet wird / und dasselbige zurück treibet. Die andere Ursache ist / daß die Lufft von der Flammen sey dünne gemacht worden. Wenn sie nun wieder zu sich selbst und zu ihrer natürlichen Disposition kömmet / so läufft sie mit Gewalt wieder das Stücke und damit stösset sie dasselbe zu rücke. Ob diese Ursachen rechten Grund haben / mag der geehrte Leser urtheilen. Mir deucht so / daß die gelößten Stücke deswegen zurücke prallen / weil die Lufft mit höchster Gewalt wieder ihre Natur getrennet wird. Daher laufft sie alsobald auch mit höchster Gewalt wieder zusammen / und sonderlich in das Stücke / aus welchen sie mit Gewalt getrieben. Wenn sie nun so wohl an / als in das Stücke starck hinein stößt / so kan es nicht anders seyn / das Stücke muß weichen / zumahl weil es auff Rädern stehet / und leicht zu bewegen ist.

XVII.

Warumb thut man in die Büchsen / wenn man sie laden wil / erstlich Pulver / und denn die Kugel drauff: nicht aber erst die Kugel und hernach das Pulver?

Wenn das Pulver in der Büchsen angezündet wird / so sucht es einen weiten Platz / in dem sich das Feuer und der Salpeter / daraus es gemacht / nicht miteinander vertragen mögen. Weil es aber keinen weiten Raum in der Büchsen findet / so bricht es heraus / und nimmt die Kugel / so ihm wiederstehen wil / zugleich mit. Thäte man aber erst die Kugel hinein / und zündete darauff das Pulver an / so würde zwar das Pulver heraus fliehen; aber die Kugel müßte darinnen bleiben / weil sie von nichtes herausgestossen würde.

XVIII.

Warumb stößt man Papier auff die Kugel / wenn man eine Büchse laden wil?

Das angezündete Pulver wil einen Raum haben / wegen obgedachter Feindschafft / die das Feuer mit dem Salpeter hat. Wenn es nun einen Raum findet / so hat es keine sonderliche Gewalt / in dem sich die beyden Feinde williglich scheiden / und ein jeder seinen Weg davon ziehet. Wird es aber hart zusammen gedrücket / so läst es erstlich seine Gewalt sehen / und reißt alles hinweg / was ihm wiederstehet. Denn zwo starcke Feinde mögen sich an einem Orte nicht vertragen. Damit nun das Pulver auch seine Gewalt an der Kugel beweise und dieselbe desto stärcker und weiter fortreibe / so machen die Schützen noch über die Kugel Papier und andere Sachen / mit welchem sie dem Pulver allen Ausgang versperren. Aber das Papier und die Kugel sind zu schwach diesem Feinde zu wiederstehen. Darumb müssen sie nicht allein demselben weichen / sondern werden zugleich in die Lufft weit hinein gestossen. Daher haben die Minen viel grössere Krafft und Wirckung / wenn sie wol verwahret / also daß das Pulver an den Seiten nicht heraus dringen kan. Denn so muß es über sich / und alles mit hinweg reissen. Wird ihm aber an der Seiten Lufft gelassen / so dringet es da hindurch / und kan also das nicht verrichten / was es hat thun sollen.

XIX.

Ist auch Wasser oben über dem Himmel?

Ja. Denn GOtt spricht ausdrücklich beym Mose im ersten Buch cap. 1 / v. 6. Es werde eine Veste / zwischen den

Wassern. Uñ sie sey ein Unterscheid zwischē dē Wassern. Da machte Gott die Veste und scheidet dz Wasser unter der Vesten/ von dem Wasser über der Vesten. Und es geschach also. Und GOtt nennet die Veste Himmel. Aus welchen Worten wir also schliessen können:

Wer da saget/ daß in der ersten Schöpfung das Wasser also sey zertheilet worden/ daß ein Theil desselben über dem Himmel kommen/ ein Theil desselben unter dem Himmel verblieben/ der gestehet und bezeuget klärlich/ daß Wasser über dem Himmel sey.

Nun aber sagt der H. Geist durch Mosen/ daß in der ersten Schöpffung das Wasser also sey zertheilet worden/ daß ein Theil desselben über dem Himmel kommen/ ein Theil desselben unter dem Himmel verblieben.

Ergo so gestehet und bezeuget auch der H. Geist ausdrücklich/ daß Wasser über dem Himmel sey.

Hierzu kommen auch die loca parallela oder andere Sprüche/ welche dieses gleicher gestallt bekräfftigen. Also sagt David in 104. Psalm v. 2, 3. du breitest aus dem Himmel/ wie ein Teppiche/ du webest es oben mit Wasser. Und im 148. Psal. v. 4. Lobet ihn Ihr Himmel allenthalben und ihr Wasser/ und die Wasser die oben am Himmel sind. Und im Gesang der dreyen Männer im Feuer v. 10. Lobet den HErrn/ ihr Engel des HErrn/ preiset und rühmet ihn ewiglich. Alle Wasser droben am Himmel/ lobet den HErren/ preiset und rühmet ihn ewiglich. Sonn und Mond lobet den HErrn/ preiset und rühmet ihn ewiglich. Alle Sterne am Himmel lobet den HErrn/ preiset und rühmet ihn ewiglich etc.

Ob nun wohl dieses die H. Schrifft klärlich gnug beweiset/ so finden sich doch nichts desto weniger ihrer viel/ welche derselben in diesem Fall keinen Glauben zustellen/ sondern sie anders/ nach ihren gefallen/ auslegen. ORIGENES macht eine allegori daraus/ und verstehet durch die Ober-Wasser die guten Engel/ durch die untern die bösen. Die Scholastici machen daraus den Cristallenen Himmel. Vid. Comm. in 2. sent. dist. 6. Etliche sagen es seyn die Wolcken. Vid. VOET. Tom. 1. Disp. select. p. 625. KECKERMAN. l. 7. Syst. Theol. p. 820. GREGOR. de VALENT. PERERIUS in Gen. it. TORNIELLUS in Annal. l. 15. TIMPLERUS, &c. Aber man soll nicht leicht von dem Buchstaben abgehen/ es sey denn/ daß es die Nohtwendigkeit erfodere. Nun aber dringet uns keine Nohe hierzu/ daß wirs gantz impropriè von den Engeln auslegen wollen. So kan es auch nicht auff die Wolcken gezogen werden. Denn diese sind unter dem Himmel/ nicht über demselben. Und an angezogen Oertern der H. Schrifft/ stehet nicht/ GOtt machte eine Wolcke/ sondern/ er theilte das Wasser und setzte ein Theil über dem Himmel/ ein Theil unter dem Himmel. Aber sie sagen/ das sey nicht der rechte Himmel/ sondern durch das Wort Himmel werde die Lufft angedeutet. Welches doch nicht seyn kan/ denn im 14. 15. 17. vers. Genes. cap. 1. sagt Moses/ daß GOtt die Sonne/ Mond und andere Sterne in demselben Himmel gesetzt habe. Sind denn die Sterne in der Lufft? ist die Sonne in der Lufft/ oder der Mond? zu dem ist noch nicht bewiesen worden/ daß das Wort רקיע die Lufft bedeute. Sie sagen ferner/ wenn rechtes Wasser über dem Himmel wäre/ so fiele es ja herunter. Aber qvid si cœlum ruat? warumb fält denn der Himmel nicht herunter? GOtt hat einem jedweden Cörper seinen sonderlichen Ort gegeben/ nicht nachdem er schwer oder leichte ist/ sondern wie es ihm gefällig gewesen. Und kan auch wohl ein Cörper aus seinem natürlichen Orte fallen ?] gewiß/ so unmüglich es ist/ daß ein Stein von sich selbst gen Himmel falle/ so unmüglich ists auch/ daß das Wasser über dem Himmel von sich selbst herunter falle.

XX.

Woher kommen die Wunder-Wasser?

Es sind viel Wasser in der Natur/ über derer sonderliche Wirckung man sich höchlich verwundern muß. In Spanien auff dem Catinischẽ Felde ist ein Brunnen/ welcher alles in sich reißt und verschlucket/ also/ daß/ wenn ein Mensch seine Hand hinein stecket/ er dieselbe kaum und mit grosser Mühe wieder heraus ziehen kan. Man saget auch/ daß in dem See Avernus nichtes schwimmen solle/ nicht einmahl die Blätter von Bäumen. Dergleichen Seen sollen auch in Æthiopiâ und India gefunden werden. Die Ursache solches Effects wollen etliche der subtilität des Wassers zuschreiben. Welches mir nicht der Warheit ähnlich zu seyn scheinet/ inmassen von dem Wasser im Averno geschrieben wird/ daß es schwer sey. Andere meinen/ daß solches herkomme von den scharffen Spiritibus, welche die hineingeworffenen Sachen bald angreiffen und die Lufft heraus treiben / also daß sie endlich müste untersincken. Welche Ursache der Warheit noch näher kommt / denn alle die schweren Sachen/ welche schwimmen/ verrichten solches durch Hülffe der Lufft. Wenn diese aber heraus gewichen/ so müssen sie untersincken. Daher sehen wir / daß offt in gemeinen Wassern das Holtz/ Stroh/ die Blüten und dergleichen Sachen untersincken/ weil die Lufft/ die sie zuvor erhoben / sie verlassen. Und der Spiritus vom Wein wird alsdenn am aller subtilesten gehalten/ wenn die weichen Federchen darin bald zu Grunde gehen.

Hingegen findet man andere Wasser/ in welchen alles schwimmet/ als Arethusa und eine andere See in klein Armenien, vieleicht darumb/ weil viel Salpeter und Schwefel und dergleichen grobe Materien darinnen.

Etliche Wasser sind an sich kalt / und doch wenn man ein Liecht daran hält/ so zünden sie es an / sie kochen und sieden stets/ und lauffen doch nicht über.

Etliche pflegen sich zu gewisser Zeit zu reinigen// und alles heraus zu werffen/ was hinein kommen. In Chersoneso ist ein Brunnen/ der reiniget sich alle neue Jahr. Bey dem Rhein nicht weit von Andernack ist ein Heil-Brunnen / welcher Saltz/ Schwefel/ und Pech mit sich führt und keinen Staub oder andern Unflat leidet.

Etliche/ als das Wasser zu Baden/ sind warm/ und doch sind Fische darinnen/ welche wenn sie ins kalte Wasser gebracht werden/ so sterben sie/ wie Wernherus, Agricola, Matthiolus, Baccius &c. erzehlen. Und Bartholinus de Aqva bekennet selber/ daß er in Italien Frösche und andere lebhaffte Creaturen in warmen Wasser gesehen.

In Æthiopia bey den Troglodyten ist eine See/ die des Tages über dreymahl bitter und saltzigt wird/ und hernach süsse/ wie auch bey Nacht. Der Sonnen Brunnen/ wie er genant wird/ soll zu Mittage süß und kalt seyn/ bey Nacht aber bitter und heiß.

In Arcadia bey der Stad Clitorien, soll ein Brunen seyn/ der einem Eckel vor dem Wein macht. Daher Ovidius ult. Metam.

Clitorio qvicunq; sitim de fonte levarit,
Vina fugit, gaudetq; meris abstemius undis.

Solche Krafft soll auch ein ander Brunnẽ haben in Arania.

Hingegen machen etzliche Wasser truncken/ als der Wein / wie von dem Lynceste in Macedonien / Plinius lib. 20. cap. 102. schreibet. Und Ovidius ult. Metam. singet hievon also:

N vii

Hinc fluit effectu dispar Lyncestius amnis,
Quem quicunq; parum moderato gutture traxit,
Haud aliter titubat, quā si mera vina bibisset.

Eben dieses wird auch erzehlet von etlichen Brunnen in Paphlagonien, und Campanien, und auff dem Calenischen Feldern.

Etliche Wasser werffen heissen und brennenden Schlam aus.

Etliche erhitzen sich bey der Nacht / am Tage aber sind sie laulich: vieleicht wegen der herumbstehenden Kälte oder Hitze.

Bey den Garamanten soll ein Brunnen seyn / der bey Tage so kalt / daß man ihn nicht trincken kan; bey Nacht aber so heiß / daß man ihn nicht anrühren darff. Und in Epiro wird von einem geschrieben / daß er frühe Morgens soll laulich seyn / zu Mittage kalt / und auff'm Abend warm / zu Mitternacht sieden heiß / und gegen Morgen wieder laulicht.

WERNHERUS schreibet / daß beym Schloß Zepus in einer Höhlen ein Brunnen sey / der im Winter fliesse / im Sommer aber zu Eiß gefriere.

In Schottland soll eine See seyn / die halb frieret / und halb nicht.

Ja man findet Wasser / das brennet / wie dergleichen in einem Dorffe zwischen Bononien und Florentz seyn soll / nach Aussage des BACCII, item in den Æolischen Insulen / wie PLINIUS und STRABO erzehlen. Und das Meer bey Sicilien soll auch einsmahls sich entzündet haben. Welches keine andere Ursache hat / als die grosse menge Schwefels / so es mit sich führet.

In Bæotien sollen zwo Brunnen seyn / deren einer Lethe genant / macht / daß man alles vergist / der ander aber hingegen stärckt das Gedächtniß.

In der Insul Cea bey Eubæa ist ein Brunnen / welcher die Leute närrisch macht / so daraus trincken.

Der Fluß in Arcadia, mit Nahmen Styx frist und zermalmet alles / was hinein geworffen wird / ausgenommen die Pferds Klawen. In diesem sollen auch Fische seyn / wie PLINIUS aus dem THEOPOMPO erzehlet / welche in andern Wassern sterben. Der Brunnē bey Valentia in Spanien ist so scharff / daß er innerhalb einer Stunde eine Schöpffs-Keule verzehret / biß auff die Knochen. Die Wolchensteinischen Wasser benagen Eisen und Holtz / wie GOEBELIUS meldet.

Viel Wasser bringen einen gar ümb das Leben / wie Lycus ein Brunnen in Sicilien und andere mehr.

Etliche verursachen grosse Geschwür und Kröpffe am Halse / als die / so in den Alp. Gebürgen / in Steyermarck und Kärnten.

Der Gadarener See / darinn der Teuffel die Herde Säu gestürtzet hat Marc. 5. Luc. 8. ist also vergifftet / daß das Viehe wenn es daraus säufft / die Haar / Klawen und Hörner verlieret.

VITRUVIUS gedenckt / daß zu Susen in Persien ein Brunnen sey gewesen / wenn die Leute daraus getruncken / so seynd ihnen die Zähne ausgefallen. So schreibt auch PLINIUS, daß in Teutschland über dem Reihn ein Brunnen gewesen: daraus des Cæsaris Soldaten getruncken / welchen aber innerhalb zwey Tagen die Zähne darnach ausgefallen. Und dis kömpt vom Mercurio her. Denn die Zahnbrecher / wenn sie fast ohn einigen Schmertzen die Zähne künstlich ausziehen / so gebrauchen sie Mercurium sublimatum, aqvas fortes, auripigmentum, arsenicum, salem ammonium, item opium &c.

In Thessalien ist ein Brunnen / welcher die Schaden und Wunden so wohl bey Menschen / als beym Viehe heilet. Und wenn man zerspalten Holtz hinein wirfft / welches noch aneinander hänget / so kömpt es wieder zusammen / und wird gantz. Lacus Velinus, der Fluß Anienis, das Carls-Bad / ein Brunnen nicht weit von Franckfurt/ ein Teich beym Schlosse Schellenberg in Meissen/ und noch viel andere Wasser/ verwandeln das Holtz und andere Dinge in Stein; oder vielmehr sie überziehen es mit Stein. Also erzehlet ALBERTUS MAGNUS, daß zu seiner Zeit bey Lübeck im Meer ein Ast von einem Baum mit einem Vogel-Nest sey gefunden worden/ welches alles in Stein verwandelt/ und doch seine Farbe behalten habe.

Die Flüsse bey Laodicea werden selber in Stein verwandelt. Solcher Steineren Wasser-Zapffen in Macedonien gedenckt auch PLINIUS. Sie werden auch gesehen zu Corinth, in der Insul Rhodus, und an unterschiedlichen andern Orten. Besiehe hievon CASP. BARTHOLIN. de aqvis. In Macedonien soll ein Fluß seyn/ nach THEOPHRASTI aussage/ der die schwartzen Schaffe weiß färbe. In Bæotia aber soll einer seyn/ der die weissen schwartz mache. Vid. SENECA lib. Qvæst. Nat. p. 712.

Und solcher Wunder-Wasser giebt es noch sehr viel/ derer Ursachen man schwerlich erforschen kan. Es lieget aber alles an den atomis, die mit den Wassern vermischet/ und so mancherley wircken: was es aber für atomi eigendlich seyn/ kan man zwar vermuhtlich / doch nicht allezeit für gewiß sagen. CASP. BARTHOLIN. l. c.

XXI.

Warumb fängt der Kalck an zu brennen/ wenn man Wasser dran geust?

In dem Kalcke/ wie auch in der Asche/ sind viel feurige atomi verborgen. Wann nun das kalte Wasser darauff gegossen wird / so versamlen und vereinigen sich dieselben und brechen zusammen in einer Flamme heraus. Denn das Wasser und Feuer haben eine natürliche Feindschafft miteinander/ und kan keines das ander wohl leiden.

XXII.

Warumb knastert das grüne Holtz/ wenn man es an das Feuer legt?

Dieses entstehet gleichfals aus der Antipathia oder Feindschafft des Wassers und Feuers. Denn in dem grünen Holtze ist viel Wassers. Wenn nun das auswendige Feuer daran kömmt/ so bricht das Wasser heraus und will sich wehren. Weil aber das Feuer zu mächtig / und das Wasser so in dem Holtze verborgen / demselben nicht gnugsam Wiederstand thun kan/ so muß dieses endlich weichen. Daher fliest etliches Tropffen weise am Ende heraus/ etliches aber welches da nicht heraus kan/ dringet und bricht durchs Feuer. Daher entstehet das Knastern.

XXIII.

Wobey kan man es mercken/ wenn es regnen wird?

Es sind mancherley Zeichen/ welche den Regen zuvor verkündigen / bey dem man auch etlichermassen mercken kan/ wenn Regen verhanden. (1) Ist ein Zeichen daß es regnen wird / wenn die Sonne bleich ist. Denn solche bleiche Farbe entstehet von denen wässerichten Dünsten/ so in der Lufft / daraus gar leicht ein Regen werden kan. (2) Ist auch dieses ein Zeichen des Regens/ wenn eine grosse und hohe Wolcke vor der Sonnen stehet/ in dem sie auffgehet/ und sie hernach gantz und gar bedecket. Denn weil die Wolcke von der Sonnen Strahlen nicht zertheilet wird/ so ists vermuhtlich / daß sie dicke und groß muß seyn/ und daher kan sie leicht resolviret werden. (3) Ist ein Regen verhanden / wenn des Nachts die Sterne verdunckelt werden: denn die Wolcken/ welche uns derselben Schein benehmen/ können bald zusammen getrieben werden/ also/ daß sie hernach müssen Tropffen weise durch den Regen herunter fallen. (4) Hat man sich eines Regens zu besorgen/ wenn die Wolcken immer hin und her ziehen/ denn sie werden von den Winden getrieben/ und von denselbigen condensiret und dicke gemacht/ darumb muß endlich ein Regen erfolgen. (5) kan man den Regen schliessen aus der Morgenröhte. Denn diese entstehet aus den Dünsten / die in der Lufft sind / und von der Sonnen erleuchtet werden. Dessen gedencket auch der HErr Christus beym Evangelisten Matthæo am 16. Cap. vers. 7. (6) zeigen den Regen an die hinauffsteigenden Nebel und vielfältigen Dünste / denn aus diesen kömt der Regen. (7) Gibt der bleiche Mond auch ein Zeichen des Regens. Denn er wird bleich von so vielen effluviis aqveis, so in der Lufft / daraus endlich ein Regen erfolgen muß. (8) Kan man dabey abnehmen/ daß es bald regnen wird/ wenn der Rauch zum Schorstein nicht wil hinaus gehen/ ob schon kein Wind verhanden. Denn die Dünste/ mit welchen die Lufft erfüllet / lassen nicht zu/ daß der Rauch seinen freyen Gang habe (9) verkündigen den Regen die Krahen mit ihrem Geschrey. Daher VIRGIL.

Cornix plena pluviam vocat improba voce

das ist:

Wenn am meisten schreyt die Krahe
Ist gewiß der Regen nahe.

Denn die Krahe soll von Natur trockene Oerter lieben. Wenn sie aber durch ihre subtile Sinnen die Dünste / so in der Lufft hengen und allmählig herunter sincken / vermercket/ so fängt sie aus Ungedult so sehr an zu schreyen. Etliche setzen noch viel andere Zeichen hinzu/ als (10) die Schwalbē welche gar eine subtile empfindligkeit des bevorstehenden Regens sollen haben. Deñ weil sie die Kälte / so von Wässerichten Dünsten entstehet/ nicht wol ertragen mögen / so fliegen sie zu der Zeit / da die Lufft mit vielen vaporibus angefüllet ist / nicht allzusehr in die höhe / sondern bleiben vielmehr unten am Vfer / und suchen vieleicht Löcher/ darinnen sie sich zur Regens Zeit verbergen können. (11.) Wenn die Ameisen ihre Eyer forttragen / denn sie sollen es thun aus Furcht des verhandenen Regens/ damit sie nicht von demselben alzusehr mögen benetzet werden. (12.) Wenn die Funcken aufffliegen von fewrigen Kohlen / so unter der Asche verborgen. Denn dieses sol herkoñen von den Feuchtigkeiten/ die aus der Lufft in die Aschen fallen. Aber es kan auch wohl herkommen von den unreinen Kohlen. Darumb ist hier nichts gewisses dran. (13.) Wenn die brennenden Lampen oder Liechter knastern. Denn dieses soll auch die feuchte Lufft vervhrsachen: aber bißweilen ist auch wohl schuld hieran der Dalch oder Oehl/ welches Wässericht. (14) Wenn die Flöhe sehr beissen. Aber das thun sie darumb / weil sie hefftig dürster. Vnd ob wol dieses ein Zeichen ist der trockenen Lufft/ so weiß man doch noch nicht/ ob sie alsofort durch ein angenehmen Regen möchte wieder befeuchtet werden. Ja wenn der Durst ein Zeichen des Regens wäre / so müste es bey den Teutschen immerfort regnen. denn es durstet sie immerfort. (15) Wenn die heimlichen Gemächer durch das gantze Hauß stincken. Denn der Geruch kan wegen der Feuchtigkeit nicht hinaus/ daher bricht er endlich mit Gewalt durch / und erfüllet das gantze Hauß. Aber der Gestanck rühret vielmehr daher/ wenn einer (mit ehren zu melden) den Koht ümrühret/ alsdenn erregt sich so ein hefftiger Gestanck. Hernach wenn die Lufft dicke ist/ so kan der Geruch nicht so frey hindurch/ als sonsten. (16) wenn es so sehr stäubet/ Aber das kömt daher/ weil die Erde so trocken. Wer weiß aber/ ob ein Regen alsofort darauff folget? (17) Wenn die Sicheln roht werden. Welches aber von der Feuchtigkeit her kömt / damit sie offt benetzet werden/ und hernach stille liegen. (18) Wenn sich die Katzen lecken und schmücken. Aber das ist ihre Art/ und natürliche Liebe zur Reinligkeit. (19) wenn die Wände schwitzen. (20) wenn das Saltz in den Fässern zerschmeltzet. (21) wenn die Frösche so sehr quäcken. (22) Wenn die Hände rauh sind und die Lippen auffgeborsten. (23) Wenn die Hunde Graß essen. (24) Wenn die Säue Stroh im Maul tragen. (25) Wenn die Pferde und ander Vieh von den Fliegen/ Mücken und Wespen hefftig gestochen werden. (26) Wenn sich die Wasser-Vögel baden. (27) Wenn die Kraniche hoch fliehen. (28) Wenn das Wasser im Brunnen abnimmt &c. Aber diese letzte Zeichen sind ungewiß/ und rühren aus andern Ursachen her/ die ich geliebter kürtze willen / nicht alle anjetzo anführen mag. Vid. MEURER. Meteorol. p.454. seqq.

XXIV.

Warumb sind die Regen-Tropffen runt?

Gleichwie alles / was in der gantzen Natur/ bemühet ist sich zu erhalten und wieder seine Feinde zu beschützen: Also thun es auch die Regen-Tropffen / denn wenn diese herunter fallen / so sind sie erstlich in loco violento, an einem solchen Orte/ der ihrer Natur zu wieder; hernach müssen sie auch streiten wieder die Lufft/ daß sie von derselbigen nicht zertrennet werden; wie auch nicht weniger wieder die feurigen effluvia, mit welchen die Lufft angefüllet. Damit sie nun solchen Streit desto glücklicher verrichten mögen/ so versammlen sie sich / denn es heist: Vis unita fortior dispersa. Und zwar in einer runten Figur/als welche die vollenkommenste und zur Erhaltung am dienlichsten/ weil sie sich dergestalt an allen Ecken wehren und vertheidigen können. MEURERUS Meteorol. p. 451. giebt die Ursache / weil das grössere Theil aller Cörper sich wende und kehre zu seinem centro oder Mittel-Punct/ und daher müsse es eine runte Figur machen. Und gleichwie das gantze Wasser eine runte Figur habe/ also affectiren auch dieselbe Figur die kleinen Regen-Tröpfflein.

XXV.

Warumb ist das Regen-Wasser besser für die Früchte / als das andere?

Weil Kräuter und Bäume/ eine animam vegetativam haben/ so müssen sie auch Nahrung geniessen. Es kan aber kein Element/ so ferne es ein Element und pur und lauter ist / der Bäume und Kräuter ihre Nahrung seyn. Vid. SPERLING. Inst. Phys. lib. 7. c. 4. q. 2. pag. 1009. DEUSING. de Nutrit. Animal. sondern es wird ein mehrers erfodert. Und ob zwar die Bäume und Kräuter in der Erden wachsen/ so ernehret sie doch nicht die Erde / eigendlich zu reden/sondern vielmehr die Effluvia (wenn mans also nennen kan) so mit der Erde vermischet. Insonderheit aber dienen ihnen die fetten humores, wie wir es aus der Erfahrung sehen. Denn wenn man einen Acker dinget / oder wenn man die Erde mit Mist-Wasser begeust / so wächset alles herlich darnach/ daß es eine Lust anzuschauen. Wiewohl zu viel auch ungesund ist. In dem Regen-Wasser aber ist viel Feuchtigkeit/ es sind auch andere atomi drinnen / die den Bäumen nützlich und angenehm. Denn die Sonne ziehet dasselbe aus mancherley Oertern in die Höhe, und temperiret oder kocht es gleichsam in der Lufft/ daß es also viel dienlicher den Kräutern ist / als alle andere Wasser/ damit wir sonst pflegen zu begiessen.

XXVI.

Warumb wird das Regen-Wasser bald faul und fängt an zu stincken?

Soll man sagen / es kömmt daher/ weil es nicht bewegt wird? Es ist etwas, denn nach dem bekanten Verß

Vitium capiunt, ni moveantur aqvæ,

Alles Wasser kriegt einen Mangel/ wenn es immer stille liegt / und nimmer beweget wird. Aber diese Ursache thut der Frage noch kein genügen. Denn wenn man zwey Fässer nimmt/ eins mit Regen- das andere mit Brunn-Wasser angefüllet/ so wird man befinden/ daß das Regen-Wasser viel ehe wird stincken werden/ als das andere/ wenn gleich keines bewegt wird. Darumb muß etwas anders darhinten seyn. Zwar das Wasser für sich selbst kan nicht faulen/ dieweil es ein Corpus simplex, ex simplici constans materia und nichts in sich hat daß die Corruption verursachen kan. Aber die effluvia so mit demselben vermischet sind der Verfaulung unterworffen. Weil demnach das Regen-Wasser/ wie zuvor gedacht/ so viel und mancherley effluvia bey sich hat/ so ist es ja nicht zu verwundern/ daß es ehe anfängt zu stincken/ als das andere/ welches noch reiner und lauterer.

XXVII.

Regnet es auch Milch?

Im Jahr nach Erbawung der Stat Rom 643. hat es drey Tage lang zu Rom Milch geregnet/ als Publ. Scipio und L. Calpurnius sind Bürgermeister gewesen/ darauff alsobald der Jugurtinische Krieg angegangen. Und drey Jahr hernach/ als Sergius Galba und M. Scaurus sind Bürgermeister gewesen/ soll es zweymahl Milch geregnet haben/ zu welcher Zeit sie wieder den König Jugurtham glücklich gestritten. Menzels ʃ A. Meteorolog. f. 277.

XXVIII.

Woher kommt dieses/ und was hat es zu bedeuten?

Etliche sagen/ daß die Sonne durch ihre Hitze die Milch aus den Eytern der Thiere hinauffziehe/ und mit andern Dünsten in die Höhe führe/ endlich aber durch den Regen wieder herunter fallen lasse. Aber dieses kömmt mir nicht glaublich für. Denn die Sonne kan aus dem Eytern der Thiere nichts mehr extrahiren, als vapores oder Dünste. Etliche halten dafür/ daß dieses nicht rechte Milch/ sondern nur weißlicht Wasser sey/ welches theils von der Sonnen so sehr gekocht/ und ausgearbeitet/ daß es der Milch ähnlich: theils wäre es auch aus den Oertern hinauff gezogen worden/ da viel Kreyde. Aber ob diese Meinung mit der Warheit übereinstimme/ laß ich dem günstigen Leser zu bedencken über. Die meisten stehen in den Gedancken/ daß es rechte Milch/ welche GOtt sonderbahrlicher weise liesse herunter fallen/ sie möge auch herkommen/ wo sie wolle. Welches der Göttlichen Allmacht nicht unmüglich. Denn solte der nicht Milch können regnen lassen/ der die Thiere/ so Milch geben/ alle miteinander erschaffen? Er will uns aber damit zu erkennen geben theils seine Allmacht/ theils seine Gütigkeit und Liebe/ in darreichung vieler Früchte/ die zu unsers Leibes Nohtdurfft gehören. Darumb bedeuten die Milch-Regen grosse Fruchtbarkeit aller Dinge/ die zu unsern Unterhalt dienen.

XXIX.

Pflegt es auch wohl Blut zu regnen?

Die Erfahrung hat es leider! mehr als zu wahr gemacht. Denn im Jahr Christi 541. hat es in Franckreich Blut geregnet/ wie BUNTINGERUS berichtet. Im Jahr Christi 1268. hat es in Schlesien Blut geregnet/ nach des HAMMERI Bezeugnüs. Im Jahr Christi 1274. hat es in der Schweitz Blut geregnet/ wie JOVIUS schreibt. Anno Christi 1349. hat es in Bäyern Blut geregnet/ wie STUMPFIUS meldet. Anno Christi 1416. hat es in Böhmen Blut geregnet/ wie HAGECIUS erzehlet. Anno Christi 1548. hat es in Sachsen Blut geregnet/ wie POMARIUS sagt. Anno Christi 1551. hat es in Spanien Blut geregnet/ davon SLEIDANUS Meldung thut. Und dergleichen Blut-Regen sind noch vielmehr/ welche ich aber alle hinzusetzen für unnöhtig halte.

XXX.

Was bedeut es/ wenn es Blut regnet/ und was hat es für Ursachen?

Was die erste Frage anlanget / so ist nicht allein leicht zu schliessen / sondern die Erfahrung hat es auch gelehrt / daß Blut Blut bedeute/ nehmlich Grausamkeit/ Verfolgung/ Tyranney. Dieses im Glauben zu zustellen/ wil ich nur ein Exempel anführen. Als es im Jahr nach Erbawung der Stat Rom 626. in einem Stätlein/ Cære genant/ Blut geregnet/ da Cn. Octavius und T. Annius Ruffus sind Bürgermeister gewesen / und ein fünfffüssiger Hahn über diß auch gefunden worden / so hat sich nachfolgende schreckliche Geschicht begeben. Ptolomæus Evergetes ist wegen seiner allzugrossen Tyranney von dem Reiche verstossen worden / als er aber erfahren/ daß seine Schwester und Frau/ die Cleopatra, welche er zuvor von sich gestossen/ zum Thron erhoben worden/ so hat Er den Sohn/ den er mit ihr gezeuget / geschlachtet und sein Haupt/ Hände und Füsse der Mutter zugesendet.

Die andere Frage beantworten etliche so/ und sagen/ daß es kein recht Blut/ sondern nur dicke und unreines Wasser sey/ welches von der Sonnen also gekocht/ daß es eine solche rohte Farbe bekommen. Und dieses wollen sie daher behaupten/ weil auch der Urin derer/ so am Fieber kranck liegen/ eine rohte Farbe hat/ wegen der grossen Hitze/ die verhanden. So würde auch die Lauge röhtlicht/ weil sie durch warme Asche lieffe. Und die Ziegel/ so gebrennt würden/ beköhmen auch von der Hitze keine andere/ als rohte Farbe. Andere meinen/ daß es herkomme von dem Staube/ der auf den Blättern liege/ denn wenn nur ein klein Tröpfflein auff denselben fiele/ so würde es alsobald röhtlich. Aber ob diese Ursachen überall angehen / dürffte ich fast zweiffeln. Meurerus Meteor. p. 466. schreibet es GOtt zu der nach seiner unendlichen Allmacht/ Blut regnen läßt / umb der Menschen Boßheit willen.

XXXI.

Hat es auch Steine geregnet?

Wenn dem Livio zu glauben stehet/ so muß man diese Frage mit Ja beantworten. Denn der bezeuget ausdrücklich/ daß es drey mahl zu seiner Zeit Steine geregnet. Also schreibet Er im ersten Buch seiner Histor. Nunciatum Regi Patribusq; est, in monte Albano lapidibus pluisse, qvod cum credi vix posset, missis ad id visendum prodigium, in conspectu haud aliter, qvam cum grandinem venti glomeratum in terras agunt, crebri cecidêre cœlo lapides, das ist/ Es ist dem Könige und Raht angesaget worden / daß es auff dem Berg Albano Steine geregnet/ welches/ weil es nicht wol zu glauben stund/ so sind etliche dahin geschicket worden/ solches Wunderzeichen zu besehen/ da haben sie gesehen/ wie es häuffig Steine geregnet/ nicht anders/ als wenn der Wind den Hagel zusammen in einen Hauffen treibet und auff die Erden schlägt. Und im andern Buch Decad. 5. schreibt Er / daß es abermahl zu Vejent bey Nement Steine geregnet. Im fünfften Buch Ejusdem Decadis berichtet Er wieder / daß zu Reata (welches mitten in Italia gelegen) mit einem Schlag-Regen Steine vom Himmel gefallen. Und im vierten Buch ejusdem Decadis, meldet Er/ daß es zweymahl in einem Jahre Steine geregnet.

XXXII.

Was ist die Ursache daß es Steine regnet?

Gleichwie die Steine in der Erden generiret werden/ also kan es auch geschehen/ daß sie in den Wolcken produciret werden/ wenn nehmlich die materia lapidescens, und der Spiritus lapidificus verhanden/ welches aber gar selten geschiehet/ und scheinet nicht gläublich zu seyn/ daß auf einmahl so viel Steine in der Lufft könten generiret werden/ darumb muß man hier vielmehr sagen: der HErr habe es gethan/ der auch über die Natur Meister ist.

XXXIII.

Was haben sich sonst für Wunder-Regen zugetragen?

LIVIUS Dec. I. lib. 3. meldet/ daß es einsmahls Fleisch geregnet/ welches hernachmahls die Vögel häuffig weggefressen. An etlichen Orten sey es wohl über drey Tage liegen blieben/ und doch nicht stinckend worden. Darauff haben sie ihre Wahrsager zu Rahte gezogen und nach der Bedeutung gefraget/ welche ihnen geantwortet/ daß sie frembder Völcker Einfall zu besorgen hätten. Bißweilen soll es FISCHE geregnet haben/ und sol dadurch Verrähterey angezeiget worden seyn. Aber es kan auch wohl seyn/ daß der Wind ein und ander klein Fischlein in die Höhe getrieben/ und wieder mit den Regen herunter geworffen. Daß es aber FRÖSCHE offt zu regnen pflege/ meinet fast jederman. Ich halte dafür/ daß meistentheils die kleinen Fröschlein/ so zur Regens-Zeit oder nach derselben gesehen werden/ aus den Löchern herfür kriechen/ weil sie zuvor im Mangel des Wassers / sich unter der Erden verborgen gehalten. Wie ich denn offt observirt, und gesehen/ daß in den Ritzen der Erden viel kleine Fröschlein gewesen. Doch ist es nicht unmüglich/ wil es auch nicht leugnen/ daß nicht zu weilen solche kleine Thierlein in den Wolcken generiret und mit dem Regen hernach herunter fallen sollen/ massen ich selbst erfahren/ daß in einem Faße/ welches ich zur Regens-Zeit unter freyen Himmel gesezt/ etliche kleine Fröschlein und andere Würme sind gefunden worden. Die Ursache ist leicht zuermessen. Denn gleichwie die Sonne/ Holtz/ Spähne/ Haare/ Wolle und dergleichen offt hinauff ziehet/ also kan sie auch wohl den Saamen von dergleichen Fröschen und Würmern mit hinauff führen/ als der gar subtil und klein ist. Es können auch die Winde hiebey viel thun / und daher kan es wohl kommen / daß es WOLLE regne/ wie zur Zeit Ciceronis beym Schloß Carissan geschehen/ darauff Milo ist getödtet worden/ PLINIUS l. 2 c. 56. wiewohl ich mich dieser Meinung nicht wil theilhafftig machen. Herr PRÆTORIUS berichtet in einem absonderlichen Tractätlein/ daß es unlängst nicht weit von Leipzig himmelblaue Seide geregnet/ davon der geehrte Leser die Ursachen beym gedachten Autore selbst lesen kan. JULIUS OBSEQVIUS prodig. 107 schreibet/ daß es zu Rom einsmahls KREYDE geregnet / darauff ein fruchtbar Jahr erfolget. GEORGIUS AGRICOLA l. 5. de Ort. & Caus. subterran. meldet/ daß es zu Chemnitz gelbe ERDE geregnet/ welches MEURERUS p. 505. deutet auff den Sächsischen Krieg / der bald darauff erfolget. PLINIUS am angezogenen Orte berichtet/ daß es in Lucanien einsmals EISEN geregnet / welches den Lucanischen Soldaten / deren viel in des M. Crassi Krieges Heer gewesen / ihren Untergang bedeutet. Eben derselbe schreibet / daß es auch ZIEGELSTEINE geregnet/ welches ein Zeichen sey der Verstörung. Anno 1534. hat es in Schwaben also geregnet/ daß die Tropffen/ wenn sie auff ein leinen Kleid gefallen/ rohte Creutzlein gemacht. Welches nach CARDANI Meinung l. 16. de subtil. daher kommen/ weil viel Staub auff den Kleidern gelegen/ welchen die Tropffen von einander getheilet und also diese Figur gemacht; Oder auch weil das Gewebe für sich selbst eine solche Figur hat / wie lauter kleine Creutzlein. Ich sage vielmehr/ daß GOtt dadurch das bevorstehende Creutz habe wollen zuvor verkündigen.

XXXIV.

Was ist zu halten von den Wolckenbrüchen?

Man hat leider! offt erfahren daß die schwangern Wolcke zerbrochen/ und mit unstümer Macht herunter gefallen / und alles überschwemmet/ nicht allein in der Sündfluht/ sondern auch nach derselben. Also lesen wir beym NICEPHORO l. 15. c. 20. EVAGR. Hist. Eccles. l. 2. c. 14. daß zu Constantinopel Anno 1490. eine Wolcke herab gefallen welche 880. Häuser niedergerissen und 3000. Menschen ersäuffet. Zu Dordrecht ist Anno 1421. eine Wolcke gebrochen/ welche 70. Dörffer und 100000. Menschen erträncket / wie aus dem GEORGIO BRUINIO, SIMON MAJOLUS dieb. Canic. Colloq. 1. p. 24. berichtet. Dergleichen hat sich auch begeben zu Lauben Anno 1550. und zu Goldberg Anno 1608. da man hat gantze Wolcken die Berge herab fallen sehen. Und Anno 1432. haben die Wolckenbrüche fast gantz Teutschland überschwämmet. Auch nur neulich Anno 1666. hat die Laußnitz dergleichen Unglück durch GOttes Schickung erfahren müssen. Fragt man die Natur- Kündiger ümb die Ursache/ so ist fast niemand zu Hause/ die meisten gehen es mit stillschweigen vorbey JULIUS CÆSAR SCALIGER Exerc. 79. hält dafür / daß die Wolcken von der Sonnen durch eine Magnetische Krafft in der Lufft gehalten würden. Aus dieser Meinung würde nun folgen/ daß die Wolcken deswegen herab fielen/ weil die Sonne durch etwas verhindert würde / daß sie vermittelst ihrer magnetischen Krafft die Wolcken nicht an sich halten könte. Vid. CARTES. Princ. Phil. part. 4. §. 182. Aber wenn es wahr wäre/ daß die Sonne die Wolcken in der Lufft hielte. Warumb schwebten sie denn auch bey Nacht über unsern Horizont? warumb fielen sie nicht herunter nach der Sonnen Untergang? ROBERTUS FLUD. Doctor Medicus in Academia Oxoniens. statuirt, daß die Wolcken generiret würden bloß aus der Lufft/ welche die Winde zusammen trieben und dicke machten/ Phil. Mosaic Sect. 1. lib. 5. c. 5. hernach aber würden sie von den Winden erhalten / daß sie nicht herabfielen Meteor. Cosm. sect. 1. part. 4. part. 2. l. 4. memb. 1. c. 18. würde man nun diesen nach der Ursache des Wolckenbruchs fragen/ so würde er sagen / GOtt hielte bißweilen die Winde zurücke/ und darumb müsten die Wolcken wegen ihrer schwere von sich selbst durch die leichte Lufft fallen. Aber wie ich mir nicht einbilden kan/ daß aus der Lufft solte Wasser werden; denn warumb solt es nicht auch geschehen in den Blasbälgen und andern Instrumentis pneumaticis? Also kan ich auch nicht leicht gläuben/ daß allein die Winde die Wolcken in der Lufft erhalten. Dieses zwar wil ich dem KYPERO Instit. Phys. l. 11. c. 2. n. 3. §. 1. zugeben / daß es regne/ wenn die Winde die Wolcken zusammen treiben. Ich wil auch dem CARTESIO meteor. c. 4. zulassen / daß die Winde etwas darbey thun/ wenn die Wolcken hoch oder niedrig sind. Aber daß die Lufft in den Wind solte verwandelt werden/ kan ich nicht affirmiren. ZANCHIUS Oper. sex dier. l. 3. de pluv. §. 4. saget/ daß die Wolcken von der Kälte condensirt, von der Wärme aber hernach in einen Regen resolviret würden. Vid. etiam MAGIR. Phil. Perip. lib. 4 c. 6. Dieser würde nun ausser allen Zweiffel sagen/ daß eine grosse Hitze wäre unter die Wolcken gekommen/ weswegen sie resolviret und hauffenweiß auff die Erde gefallen. Es ist etwas/ massen die Wärme viel thut bey den Regen. Denn wenn es zu Winters Zeit sehr kalt ist/ so kan es nicht regnen/ ist es aber temperirt, so regnet es. Darumb muß die Ursache an der Wärme liegen. Aber daß davon die Wolckenbrüche entstehen sollen/ kan ich noch nicht sehen. Denn es müste solche Hitze seyn entweder in der Obern/ oder mittlern / oder untern Lufft. In der obern Lufft kan sie nicht seyn / dieweil sie am reinesten ist/ und mit dergleichen effluviis nicht angefüllet. So ist sie auch nicht in der mitlern/ denn diese ist allezeit kalt/ wegen der wässerichten Dünste/ so allezeit darinnen enthalten. Wäre sie aber in der untersten Lufft/ so müste folgen/ daß allezeit eine Wolcke bräche / so offte grosse Hitze in derselben wäre / welches der Erfahrung zu wieder. Ja/ was noch mehr ist/ so resolviret vielmehr die Hitze die Wolcken/ und machet sie dünner oder leichter/ also daß sie viel weniger herunter fallen können. ATHANAS. KIRCHERUS schreibet/ Mundi subterran. lib. 4. sect. 2. cap. 11. SCHOTTUS Phys. Curios. lib. 11. c. 27. §. 1. WEISIUS in Disp. de Catar. Lipsiæ habita Anno 1666. und andere meinen/ daß die Kälte Ursache sey der Wolckenbrüche. Denn diese condensire die Wolcken also/ daß sie nicht Tropften / sondern Strom-weise herab fielen. Es thäten auch die Winde viel dabey/ wie auch die propension und inclination der Wolcken selbst/ welche gerne wolten wieder an ihrem natürlichen Orte seyn. SPERLINGIUS aber Inst. Phys. l. 5. q. 1. verwirfft diese Sententz und schreibet diß alles dem Allmächtigen und unendlichen GOtt zu/ welcher die Natur regieret und durch dieselbe bißweilen der Menschen Boßheit bestraffet. Und diese 2. letzten Opinionen scheinen der Warheit am nähesten zu kommen. Der günstige Leser aber wird sehen / welche ihm am besten gefälle.

XXXV.

Kan man auch natürliche Ursachen geben von dem Regen in der Sündfluht/ der 40. Tage und 40. Nacht gewehret?

Die Heil. Schrifft redet hievon also: Gen. VII, 1. der HErr sprach zu Noah: v. 4. Uber sieben Tage wil ich regnen lassen auff Erden viertzig Tage und viertzig Nacht/ und vertilgen von dem Erdboden alles/ was das Wesen hat / das Ich gemacht habe. v. 10. Und da die sieben Tage vergangen waren/ kam das Gewässer der Sündfluht auff Erden. v. 11. in dem sechshunderten Jahr des Alters Noah/ am siebenzehenden Tage des andern Monden/ da auffbrachen alle Brunnen der grossen Tieffen und thäten sich auff die Fenster des Himmels. v. 12. Und kam ein Regen auff Erden/ viertzig Tage und viertzig Nacht. Etliche meinen nun/ daß das Wasser so über dem Himmel ist/ davon oben gemeldet/ dasselbe mahl sey herab gefallen/ denn das werde verstanden durch die Fenster des Himmels. Aber das sind nur Menschen Gedancken/ welche weder in der Heiligen Schrifft noch in der Natur gegründet. Die Himmels Fenster bedeuten die Wolcken/ welche alle miteinander gebrochen und hernieder gesuncken. Ja wenn das Wasser/ so über dem Himmel / wäre hinab gefallen/ so wäre gewiß der Untergang der gantzen Welt verhanden gewesen. Zu dem stehet es nicht fein/ daß ein Christ die Wunderwercke GOttes nach seiner Vernunfft regulire und ausdeute.

XXXVI.

Kan man auch Wasser zu Lufft/ und Lufft zu Wasser machen?

Die Aristotelici sagen es/ und wollen das erste daher beweisen/ weil das Wasser in dem Topffe / der am Feuer stehet/ immer mehr und mehr abnimmet. Und wenn man eine frische Schweinß Blase nimmet und thut etliche Tropffen Wasser drein/ und henget sie hernach / aber feste zugebunden/ an einen warmen Ofen / so wird man befinden/ daß die Blase/ so zuvor welck gewesen/ immer dicker und dicker und endlich gantz und gar auffgeblasen werde. Das andere aber beweisen sie aus dem / dieweil die Lufft in solcher Blase wieder in Tropffen verwandelt und die ausgedehnte Blase wieder gantz welck werde / wenn man sie an einen kalten Ort bringet. So schwitzen auch die Fenster in der Stuben/da doch kein Wasser drinne. Darumb/sagen sie/ könne es nicht anders seyn/ die Lufft müste in Wasser/ und dieses in Lufft verwandelt werden. Aber dieses ist gar eine alberne und bäurische Philosophi: denn welcher/ der gesunde Vernunfft hat/ wird also schliessen: Das Wasser im Topffe am Feuer nimmet ab/ Ergo so wird es in Lufft verwandelt? warumb nicht auch in Feuer? wenn ein Topff mit Wasser beym Feuer stehet/ so agiret das Feuer/ und streitet wieder das Wasser/ als seinen natürlichen Feind/ und resolviret dasselbe/ durch die Hitze in lauter Dünste/ welche wegen ihrer Leichtigkeit, als ein Rauch/ in die Höhe steigen und ihrem Feinde entfliehen. Und daß solches nichts anders/ als die wässerichten Dünste seyn/ ist daher zu sehen / weil sie sich Tropffen weise an der Stürtze versamlen/ wenn man sie drüber hält. Was ist denn daher zu verwundern / daß das Wasser abnimmet im Topffe? also auch wenn man eine frische Schweins-Blase/ darinn etliche Wasser-Tropffen / oben zubindet und am Ofen hält / so werden die Tropffen/ wegen der Hitze/ in atomos resolvirt, und daher extendiren sie sich in der Blase/weil sie keinen Ausgang finden. Hernach aber wenn die Blase von dem Ofen weggenommen / und an einen kalten Ort gebracht wird/ so kommen die zerstreueten atomi wieder zu sich selbst und versamlen sich wieder/ weil sie von der Kälte dazu angetrieben werden. Denn gleichwie die Hitze ein Ding resolviret, also condensirt hingegen die Kälte. Darumb wird nicht die Lufft/ sondern die Dünste in Wasser verwandelt. Die Dünste aber sind nicht anders als das Wasser / ihrem Wesen nach/ob sie wohl accidentaliter von einander differiren. Und eben diese Beschaffenheit hat es auch mit den Tropffen an Fenstern/ wenn sie schwitzen / denn die entstehen auch von den vaporibus, so in der Stube sind. Und ie mehr derer / desto sehrer schwitzen auch die Fenster / je weniger aber/ desto weniger schwitzen sie auch. Darumb sage recht und wohl PATRICIUS disc. Perip. Tom. 4. lib. 3. p. 395. Es sage mir einer von denselben Philosophen / ob sie es jemahls gesehen und observirt, daß die Lufft in Wasser verwandelt werde? Ich weiß es / ich hab es gesehen/ ich wils auch zulassen/ daß aus dem Wasser und der Erden die Dünste in die Lufft hinauff steigen; aber daß sie solten zur Lufft werden / hat sein Tage kein Mensch gesehen/daß eine Wolcke oder Nebel-Wind daraus wird/ und daß sie hernach wieder zu Wasser werde / das lehret uns die Vernunfft/ wiewohl wir es mit Augen nicht sehen können. Wer hat aber jemahl gesehen / daß die Lufft in Wasser sey verwandelt worden? Sie sagens/ sie beweisen es/ daß entweder das Wasser sey zur Erde/ oder diese zu Wasser worden. Wir haben offt gesehen/ daß an Fenstern in der Badstuben / an den Seulen/ an den Wänden Wasser Tröpfflein gewesen. Viel sagen/ daß die Lufft / welche an solche Oerter kommen / sey in Wasser verkehret worden. Ich aber sage / daß es vapores seyn gewesen. Mit welchen Vernunfft-Gründen und Sinnen wollen sie beweisen/ daß es nicht vapores, sondern zuvor Lufft gewesen? Ich habe eine Probe an den Töpffen/ an den Stürtzen werden die herauff steigenden Dünste und nicht die Lufft in Wasser-Tropffen condensiret. Ich habe des Aristotelis Bekäntnüs/ daß die Dünste in der Lufft die Wolcken machen/ und hernach den Regen. vieleicht hat er niemahls gesagt/ daß die Lufft in den Regen verkehret werde. Aber er hat gesagt / daß die Lufft in Wasser verwandelt werde. Ich weiß es/ daß ers gesaget; aber warumb hat er keine Pröbe herfür gebracht? Es thuns noch seine Anhänger/ so lange soll die Sache im Zweifel stehen.

XXXVII.

Warumb ist das unterste am Kessel nicht heiß/ wenn er gleich lange beym Feuer gestanden?

Wenn man einen Kessel voll Wasser ans Feuer setzet/ und läst das Wasser darinne sieden/ hernach aber denselben vom Feuer herab nimmt/ so kan man ihn unten sicherlich mit blosser Hand anfassen / und kaum mercken/ daß Feuer darunter gewesen. Ja wenn mans nicht selber gesehen/ so dürffte man wohl was verwetten/ daß das Feuer nie unter ihm kommen wäre. Stecket man aber die Hand in das Wasser / so befindet sich das Gegenspiel. SPERLINGIUS Instit. Phys. l. 4. c. 5. q. 6. gibt diese Ursach: weil das Feuer durch das unterste Theil am Kessel geschwinde durchgegangen. Darumb kan es nicht brennen. Hierzu kömt die natürliche Kälte des Wassers/ welche sich gegen ihren Feind mehr und mehr vereiniget. Wo nun das Feuer am hefftigsten/ da wiederstehet auch das Wasser am meisten. Vid. etiam BASSO lib. 1. de Germ. art. 3. pag. 147.

XXXVIII.

Warumb gibt der Stahl Feuer/ wenn man mit einem Stein daran schlägt?

Etliche wollen sagen / daß zwischem dem Stahl und Stein die Lufft so sehr zusammen gedruckt würde/ daß sie gar in Feuer müste verwandelt werden. Aber gleichwie kein Element in das andere kan verwandelt werden: also kan auch die Lufft nicht zu Feuer werden/ sonst wäre zu besorgen/ daß die Lufft in grossen Feuers-Brünsten/ wo nicht gar/ doch meistentheils verzehret/ oder in Feuer verkehret würde. Welches aber der Erfahrung und der gesunden Vernunfft gantz zu wieder. Und wie kähme es denn/ daß auch andere harte Dinge/ wenn sie aneinander geschlagen würden/ die Lufft in Feuer verwandelten? hingegen aber das diejenigen Sachen/ so nicht allzu hart/ als Indianisch Rohr u. s. f. Feuer von sich geben/ wenn man sie aneinander schlüge? Es sage mir einer die Ursache/ wenn er kan/ oder er gebe sich verlohren. Darumb ist es besser/ daß man sage/ daß das Feuer/ so aus dem Stein oder dem Stahl springet / komme von Schweffel her. Denn wo eine Flamme ist/ wo etwas angezündet wird/ da ist Schweffel / als welcher das πρῶτον φλογιστὸν ist/ wie die Philosophi reden. Der Schwefel hat viel feurige atomos bey sich / welche zwar gebunden/ aber durch den harten Schlag gelöset und heraus gelocket werden. Wie man denn bisweilen den Schweffel gar eigendlich riechen kan. Und dis geschiehet nicht nur/ wenn man mit einem Stein an den Stahl schläget / sondern auch/ wenn man Stein an Stein und Stahl an Stahl schlägt. Welches zwar CARDANUS nicht glauben wil. Aber SCALIGER Exerc. 16. §. 1. beweisets ihm aus der Erfahrung deutlich gnug.

XXXIX.

So haben die Steine auch Schweffel bey sich?

Ja freylich. Denn (1) geben sie Funcken von sich; darumb müssen sie auch Schweffel bey sich haben. Wo wollen sonst die Funcken herkommen? der Schweffel allein ist primum inflammabile, oder das jenige/ was alle inflammationes oder Entzündungen verursachet. SENNERTUS in Conf. & Diff. cap. 11. setzt gar ein mercklich und nachdencklich Exempel hievon; Ich erinnere mich/ schreibt er/ daß hier (ohne Zweiffel zu Wittenberg) in einem heimlichen Gemache einsmahls ein Aal oder etwas anders verborgen gewesen/ welches bißweilen den Koht so herümb gerühret/ daß es durch das gantze Hauß hefftig gestuncken. Als sie nun mit einem Liecht hinunter geleuchtet/ und sehen wollen/ was es wäre/ so ist alsobald das gantze Secret angezündet. Worüber die Leute nicht wenig erschrocken/ doch hat sich die Flamme bald wieder verlohren/ welches ausser allen Zweiffel daher kommen ist/ weil die Schweffelichten Dünste/ welche gerühret worden und den Gestanck verursachet/ von dem Liecht sind angezündet werden. Uber dieses (2) geben auch etliche Steine einen Geruch von sich/als Agtstein/u. s. w. Wo aber ein Geruch ist/ er sey gut oder böse/ da ist auch Schweffel. Vid. SPERLING Inst. Phys. lib. 5. cap. 4 p. 760. Ferner (3) haben ja die meisten Steine eine/ bißweilen auch wohl unterschiedliche Farben an sich. Wo kommen aber die Farben her? Haben sie nicht ihren Ursprung vom Schweffel? besiehe meine Dissertation. Phys. contra Nivis albedinem sect. 2. darinne ich solches weitläufftig ausgeführet. (4) bekräfftigen solches die Chymici mit ihrer Erfahrung/ als welche zum öfftern aus den Steinen rechten Schwefel gebracht/ als PARACELSUS, LIBAVIUS, SENNERTUS und viel andere mehr. (5) könte man es auch beweisen aus der Natur oder Materie des Steins. Denn ein Stein ist ein corpus mixtum, wie die Naturkündiger reden. Was aber ein corpus mixtum ist/ das bestehet nicht nur aus den vier Elementen/ sondern auch aus den dreyen Principiis Chymicis, aus Saltz/ Schwefel und Mercurio.

XL.

Sind denn in des Menschen Cörper auch die vier Elemente / und darzu Saltz / Schweffel und Mercurius?

Wer dieses sonsten nicht gehöret/ dem kommet es zwar erst wunderlich für. Aber weil es die Natur bekräfftiget / so müssen wir es auch bejahen. Und zwar was die Elemente anlanget/so kan (1.) fürs erst niemand leugnen / das Wasser in dem Menschen ist. Denn wie viel Wasser ist in der Blase / in den Gedärmen / in dem Geblüte / summa im gantzen Menschlichen Leibe? (2.) Hernach daß Lufft in dem menschlichen Cörper sey / bezeuget zur gnüge das Athem holen / damit wir viel Lufft mit hinein ziehen. Und wann nicht Lufft darinen wäre / so müste ein Vacuum in der Natur seyn / welches aber ungeräumet. (3.) Von dem Fewer zeuget die Wärme / verstehe die Elementarische/und nicht die angebohrne Lebens-Wärme / daß ich sie also nennen mag. Wo aber Wärme ist/ da ist auch Fewer. Denn die Wärme ist ein accidens des Fewers. Nun aber kan kein accidens seyn ohne sein subjectum / wie die Philosophi aus der Natur lehren. Zu dem bedencke ein jedweder/ wie viel warme Speise wir essen / wie viel warm Getrâncke wir trincken. Man ist aber keine Speise warm ohne Fewer/ wie auch kein Getrâncke. (4) Die Erde dürffte einer in zweiffel ziehen/ und sagen/ daß sie schwerlich in dem menschlichen Cörper würde gefunden werden. Aber bedencket deß Menschen Ursprung: ist er nicht von Erde? bedencket seinen Untergang: wird er nicht wieder zur Erden werden. Wie köne er aber zu Erden werden / wann er daraus nicht bestünde. Kan auch ein Ding wol in etwas resolviret werden / das es nicht in sich hat? In qvæ qvid resolvitur, ex iis componitur, sagen die Gelehrten / daß ist / worinn etwas zertheilet wird / aus demselben ist es auch zu vor bestanden. Und es nehme einer nur ein Messer / und beschabe ein wenig damit seine Haut. Was gilts / er wird Staub / er wird Erde sehen? Nun sind noch übrig die Principia Chymica, wie sie genennet werden nehmlich / Saltz / Schweffel und Mercurius. Daß des Menschen Cörper Saltz in sich habe / bezeuget der Urin / der mehr als zu saltzig ist / es bezeugets das Geblüte / es bezeugets das Fleisch / welches süsse ist. Alle Süssigkeit aber / ja aller Geschmack kömmet vom Saltze her / nach dem es so und so temperirt oder vermischet ist. Daher können die Chymici auch die allersüssesten / die aller schmackhafftigsten Sachen gantz unschmackhafftig machen / wenn sie das Saltz heraus ziehen. Nicht zwar solches Saltz wie man in Küchen gebrauchet / sondern viel subtilers. Daher hat auch das faule Holtz keinen Geschmack / und viel andere Sachen mehr / weil kein Saltz darinnen. Von dem Schweffel könte ich viel argumenta herbey bringen / und mit denselbigen beweisen / daß er in dem menschlichen Leibe wäre; Aber ich will nur ein und anders kürtzlich anführen. Erstlich ist daher zu schliessen / daß Schweffel in uns sey / dieweil unser Cörper fett ist. Nun kan aber kein Fett ohne Schweffel seyn / wie es die Erfahrung der Chymicorum lehret. Hernach giebt der Menschliche Cörper mancherley Geruch von sich / welches alles einig und allein vom Schweffel herkommt. Denn der ist primum odorabile / das subjectum, die Materie alles Geruchs. Ferner kan der menschliche Cörper brennen und angezündet werden / welches keines weges geschehen könte / wo nicht Schweffel drinne were. Massen durch den Schweffel allein alle anzündung geschiehet / wie oben gemeldet. Und weil auch der Mensch seine Farbe hat / so kan es nicht anders seyn / er muß auch Schweffel bey sich haben. Denn vom Schweffel haben alle Farben ihren Ursprung. Auff wie vielerley art der vermischet wird / so mancherley ist auch die Farbe. Letzlich was den Mercurium anlanget / so kan derselbe nirgend besser erkannt werden / als aus der Gebrechligkeit und Unbeständigkeit des menschlichen Leibes Denn woher kommt es / daß des Menschen Cörper so mancherley Zufällen unterworffen ist? Daß er auch bißweilen lebendig verfallen muß? vom Mercurio, der benimmet dem Saltz seine Krafft / und zertrennet also das vinculum, damit sonst der Leib ist zusammen gehalten werden. Besiehe hievon mit mehren der Chymicorum Schrifften.

XLI.

Hat ein jeder Mensch einen Wurm bey sich?

Ich wil es nicht leugnen / massen mich die Erfahrung der Herren Medicorum, wie auch die Natur selbsten solches lehret. ZACUT. lib. 1. Prax. obs. 6. HILDAN. cent. 1. obs. 8. & 16. FOREST. lib. 9. obs. 2. Schol. CONRADIN. de febr. malign. c. 2. SMET. lib. 10. miscell. p. 582. BENIVEN. obs. 100. TULP. lib. 4. obs. cap. 11. BORELL. cent. 2. obs. 20. bezeugen / daß sie Würme in des Menschen Kopffe und Gehirne gefunden / welche sie zum theil durch die Nasen ausgetrieben. CORN. GEMMA Cosmocrit. lib. 2. cap. 4. schreibt / das Wantzen auff dem Hirnschädel einer lebendigen Frauen wären gewachsen. P. BORELL. obs. Microscop. obs. 31. p. 25. hat bey vielen Menschen observiret, daß in ihren Nasenlöchern schwartzköpffige Würme gelegen / als Spinnen. HILDANUS Cent. 1. obs. 60. hat Würme in der Gallen gefunden. BARTHOLIN Anatom. Reform. lib. 1. cap. 14. p. 86. hat ihrer viel in der Leber gesehen. Ja ZACUTUS lib. 1. prax admirand. obs. 139. Hat einen schwartzen Wurm / wie eine Wantze / am Hertzen hengen gesehen. Und Joh. Dan. HORSTIUS Manuduct ad Medicin. part. 1. cap. 1. sect. 2. §. 3. p. 39. schreibet / daß bey einem Knaben im Hertzen ein Wurm mit Flügeln wäre gefunden worden. EDUART. MAJUS hat zu Londen in Engeland anno 1637. eine Schlange am Hertzen observiret, welches beschrieben Marc. Aurel. SEVERINUS rar. abcess. lib. 4. p. 281. Andere Exempel/ derer ich viel anführen könte/ zugeschweigen.

Wie kommen aber diese Würme in des Menschen Leib/ möchte billig einer fragen? kriechen sie hinein? oder wie gehet es zu? Meine Meinung ist/ daß sie theils durch die Speisen/ theils durchs Geträncke/ theils auch durch das Athem hohlen in den Leib gebracht/ wiewohl nicht in solcher grösse/ als sie hernach sind gesehen worden. Denn wer wolte so unsinnig seyn/ und dergleichen abscheulige Würme in sich schlucken? Sondern sie sind anfänglich so subtil und klein gewesen/ das man sie nicht einmahl hat sehen können; oder man hat gedacht/ es wäre etwas anders; oder man hat auch wohl den Saamen/ daraus sie gezeuget worden/ zu sich genommen. Denn wie viel Speisen geniessen wir/ darinn die Saamen der Würmer verborgen liegen/ als formæ subordinatæ? Es ist kein Fleisch es sey so frisch als es immer wolle/ darinn nicht Wurm-Saamen sey. Denn wenn man es nur ein wenig liegen lässt/ so kommen sie hernach herfür. Wachsen sie aber aus dem Fleische? Nein/ aus ihren Saamen/ der im Fleische verborgen gewesen. Eben diese Beschaffenheit hat es auch mit den Kräutern/ in welchen fast unzehlich viel Würme sich verhalten. Ich wil nur ein Exempel erzehlen von dem Kohl/ aus welchen man leicht urtheilen kan. DANIEL SENNERTUS, der Weltberühmte Medicus und Professor zu Wittenberg/ hat einsmahls im Winter Braun-Kohl zerstossen/ und in der Stuben so lange liegen lassen/ bis Würme daraus gewachsen: Die Würme sind hernach in Goldraupen verwandelt worden: Die Goldraupen hat er hernach in eine Schachtel gethan/ und als er dieselbe einmahl wieder auff gemacht/ so sind viel kleine Fliegen heraus geflogen/ welche aus den Goldraupen gewachsen. Hypomn. 5. cap. 8. p. 482. Wie haben sie aber aus dem Kohle wachsen kōñen/ weñ ihr Saame nicht zuvor in demselbē gewesen? daß ich nichts sage von den Kräutern/ auff welchen/ wo nicht immerfort/ doch sehr offt unzehlich viel keine Würmerchen sitzen/ die man nur durch perspectivische Gläser sehen kan. Also hab ich auff dem Majoran/ auff der Salbey u. s. f. viel kleine Würmerchen gesehen/ durch ein Microscopium. Solte man die anderen Kräuter alle genau betrachten/ so würde sich ohne Zweiffel bey vielen dergleichen befinden. Und weil nun alle Menschen täglich Fleisch/ Kräuter und andere Früchte zur Speise geniessen/ so kan einer ja wohl sicherlich sagen/ daß alle Menschen/ sie seyn auch wer sie wollen/ Würme bey sich haben/ welche bißweilen lebendig werden/ bißweilen bleiben sie auch in ihren Saamen verborgen/ biß die vernünfftige Seele/ die über sie geherrschet/ von dem Menschen durch den Tod abgesondert ist. Jedennoch sind sie nichts desto weniger rechte warhafftige Würme/ ob sie gleich noch nicht vollkommen alle Glieder haben/ sondern nur in ihren Saamen stecken. Denn sie haben materiam, sie haben auch formam, welche zugleich mit und in der Materie generiret wird. Nur allein die äusserlichen Gliedmassen fehlen ihnen/ welche aber absolutè nicht nohtwendig seyn.

Zu dem ziehen wir auch mit dem Geträncke viel Würmer hinein/ die wir zwar wegen ihrer subtilität mit blossen Augen nicht sehen können. Wie viel Menschen sind/ die da Essig trincken? wie viel belustigen sich an alten Bier? wie viel trincken Milch? wie viel Wasser/ und dergleichen Sachen? in welchen allen so viel Würme sind/ daß man sie bißweilen nicht zehlen kan. Ich habe selbst neberst einem guten Freunde durch ein Microscopium.

in dem Essig/ welcher mir doch ganz reine fürkam/ grosse länglichte Würme observirt, als Schlangen/ welche die Köpffe in die höhe reckten. Dergleichen befindet sich auch in der Milch/ in dem Bier/ und fürnehmlich im Wasser/ welches für andern zu trincken ungesund ist/ wenn es nicht zuvor abgesotten. Denn man hat Exempel/ daß Frösche/ daß Schlangen in des Menschen Leibe gewachsen/ die sie mit dem Wasser hinein getruncken. KERGERUS de Ferment. erzehlet von einer Frau/ Catharina Geilerin genant/ daß sie einsmahls aus einem Teiche getruncken/ darauff unterschiedliche Würmer in ihr gewachsen/ deren sie über 80. als Kröten/ Eydexen/ Frösche/ u. s. f. von Anno 1647. biß 1653. ausgespien. CASP. BAUHINUS in append. ad libell. Franc. Rousseti de partu Cæsar. schreibet/ daß eines Tagelöhners Frau/ mit Nahmen Anna Tromperin/ Anno 1575. in der Ernde/ aus einer Qvelle im Brüderholtz getruncken: bald darauff habe sie einen dicken Leib bekommen/ und als sie nach 3. Monat schwanger worden/ habe sie so zugenommen/ daß sie den Leib hat müssen in Bänden tragen. Endlich habe sie ein Kind gebohren/ und mit demselben zwo Schlangen/ welche dem Kinde den Nacken abgefressen. Besiehe hievon meine Curiositates Physicas cap. 1. sect. 4. pag. 14. 15.

Was das Athem hohlen anlanget/ so werden mit demselben auch bißweilen kleine Würmer hineingezogen. KIRCHERUS de Peste schreibet/ daß zur Zeit der Pest die Lufft mit unzehlich gifftigen Würmern angefüllet sey/ von welchen auch die Pest entstehe. Ist nun dem also/ wie mirs denn nicht unglaublich fürkömmt/ so ist es nicht unmüglich daß einer nicht bißweilen mit der Lufft etliche Würmer in sich ziehen solte.

Wer diesem noch nicht beyfallen will/ der betrachte doch die Kranckheiten der Menschen/ woher haben sie ihren Ursprung? warlich/ offte von den Würmern. Der vornehme Medicus in Dännemarck THOM. BARTHOLINUS hat observiret, daß das Geblüte derer/ so am Fieber kranck liegen/ voll kleiner Würmer sey. Wie auch bey denen/ so die Wassersucht haben Cent. 1. hist 90. BORELLUS in Obs. Microscop. obs. 31. p. 21. hat durch die künstlichen Gläser gesehen/ daß die Bocken und Krätze nichts anders seyn/ als lauter kleine Würmerchen. Darumb hat auch der berühmte Medicus in Leipzig/ Herr D. Chr. LANGE Anno 1660. im April eine Disputation daselbst von den Bocken gehalten/ in welcher er statuiret, daß die Bocken nichts anders seyn/ als erhabene Bläsichen oder Schwere/ darinn unzehlich viel sehr kleine und subtile Würmerchen ihren Auffenthalt hätten. In der Ungarischen Seuche/ so Anno 1540. grassirt, soll auch dergleichen gewesen seyn/ wie TH. JORDAN vorgiebt. Und woher kommen die Haarwürme/ die unsere Kinder so plagen? aus dem verfaulten Geblüte/ darinn sie sich zuvor auffgehalten. Levinus HULSIUS lib. 7. Navig. Holland. c. 48. erzehlet/ daß mitten in Gvinea eine Stad sey/ den Spaniern zugehörig/ mit Nahmen Mina, darinne die Einwohner eine sonderliche Kranckheit haben/ in dem sie die Würme zwischen Haut und Fleisch so sehr plagen/ daß sie weder gehen/ noch stehen/ noch sitzen können. Ja bißweilen werden sie gar unsinnig drüber. SPERLING. Zool. Phys. lib. ult. cap. 8. schreibt dessen Ursache dem Wasser zu/ das sie trincken. Mehr Exempel sind zu finden beym SACHS Ocean. Macro-Microcosm. p. 137. seqq. Petr. FOREST. Epist. ad Henr. à Bra. L. XX. post obs. 12. p. 423. BORELL. in obs. passim, P. d. FABRO lib. 3. Panchym. c. 2. p. 470. P. à CASTRO de febr. malign. sect. 9. §. 14. ZACUT. lib. 3. Prax. admir. obs. 46. RHOD. Cent. 3. obs. 64. LANGIO lib. 2. Ep. 42. &c.

XLII.

Warumb haben die Kinder mehr Läuse / als die erwachsenen Leute?

Die Läuse ernehren sich von der Feuchtigkeit/ so wohl bey Thieren/ als Kräutern. Denn es haben nicht nur die Menschen/ sondern auch die Kräuter ihre Läuse/ wie sonderlich an den Rosen Stöcken zu sehen ist. Und wo es viel humores giebt/ da samlen und vermehren sich auch die Läuse häuffiger/als sonsten. Weil nun die Kinder viel Feuchtigkeit bey sich haben/ wie auch die Weiber: so ist es kein Wunder/ daß sie mehr von den Läusen geplaget werden/ als andere. Wiewohl man auch offte lausichte Jungen findet/ welcher Natur/ zweiffels ohne/mehr feuchte/als trocken ist.

XLIII.

Warumb ziehen die Läuse weg/wenn einer stirbet?

Es ist kein treuer Freund und Gefährte/ als die Lauß. Denn die verläßt den Menschen nicht/ biß er stirbet. Hernach ziehet sie endlich von Ihm / es sey denn/ daß sie zuvor wäre tod geknickt worden. SCALIGER hält dafür/ daß sie deswegen den toden Cörper verlasse/ dieweil sie gerne in warmen sitzet und süsses Geblüte säufft/ welches sie aber bey den Toden nicht mehr findet.

XLIV.

Warumb werden die Fliegen wieder lebendig/ wenn sie im Oehl oder Wasser ersoffen?

Wenn man die Fliegen in Oehl oder Wasser wirfft/ so scheinet es/ als stirben sie gantz dahin; besprenget man sie aber hernach mit Saltz oder mit Asche/ so werden sie wieder lebendig. Darumb ist zuschliessen/ daß sie zuvor nicht recht tod gewesen/ sondern es ist ihnen nur benommen worden die Lebens-Wirckung. Adfuit anima, adfuit vita in extinctis illis muscis, qvoad actum primum: abfuit anima, abfuit vita, qvoad actum secundum, sagt der schlauhe Sperling Zool. Phys. lib. ult. c. 5. p. 457. Das Saltz aber und die Asche wecken sie durch ihre Schärffe wieder auff/ als die da gleichsam geschlaffen.

XLV.

Was sind es für Hewschrecken gewesen/ die Johannes der Täuffer gessen?

Der Evangelist Matthæus cap. 3. v. 4. schreibet von Johanne dem Täuffer/ daß er (ἀκρίδας) Hewschrecken gessen. Was aber durch die (ἀκρίδας) Hewschrecken allda verstanden werde/ sind mancherley Meinungen unter den Gelehrten. STIGELIUS in hypomn. meinet/ daß es Meerkrebse gewesen seyn. Diesem fält bey PHILIPPUS FRANCISCUS, de FOGEROLLES, des Königs in Franckreich Raht und Medicus, in præfat. super dissert. Porphyr. περὶ ἀποχῆς. da er also schreibet: **Es ist gläublich/ daß Johannes an statt des Weins getruncken habe das gesunde Wasser aus dem Jordan; an statt aber des Brods hab er Krebse gessen.** Aber diese Meinung ist irrig und vieleicht daher entsprungen/ dieweil das Griechische Wort κάρις bey etlichen (wiewohl bey keinem guten Autore) eine Art Krebse bedeutet/ daraus durch versetzung der Buchstaben gemacht werde das Wort ἄκρις, welches beym Matthæo stehet. Welches aber keines weges zu billigen/ denn ein anders ist κάρις, ein anders ἄκρις. Dieses stehet beym Evangelisten/ und nicht jenes. Darumb darff man nicht die Schrifft nach seinem Gefallen auslegen und verkehren; sondern beym Buchstaben verbleiben/ biß uns eine grosse Noht treibet davon abzuweichen/ welche aber hier nicht ist. Zu dem sind die Krebse verbohten im dritten Buch Mosis am 11. Cap. da Gott ausdrücklich spricht: Diß solt ihr essen unter dem/ das im Wasser ist. Alles was Floßfedern und Schupen hat in Wassern / im Meer und Bächen / solt ihr essen. Alles aber was nicht Floßfedern und Schupen hat im Meer und Bächen / unter allen / was sich reget in Wassern / und allem was lebet im Wasser / soll euch eine Scheu seyn / daß ihr von ihren Fleisch nicht esset / und für ihrem Aaß euch scheuet. Denn alles was nicht Floßfedern und Schupen hat in Wassern / solt ihr scheuen. Ob nun wohl dieses Cerimonialische Gesetz heut zu Tage auffgehoben und uns nicht mehr verbindet : so können und dürffen wir doch nicht sagen / daß auch Johannes der Täuffer nicht häte wollen und sollen darnach leben / massen er das Jüdische Gesetz noch fleissig gehalten. Andere verstehen durch die Hewschrecken wilde Birn oder Aepffel / und lesen vor ἀκρίδες, ἀχράδες. Diese Opinion wird dem CUJACIO JCTO zugeschrieben vom D. FRIEDLIEB. in obs. ad h. l. Aber die Codices lassen es nicht zu / massen sie alle miteinander haben ἀκρίδες. Die Ebioniten verstunden dadurch Honig oder Pfefferkuchen / und lesen vor ἀκρίδες, ἐγκρίδες. Welches aber auch nicht zu dulden. Etliche legen es aus von den Knospen an Bäumen / oder Spitzen an Blättern / aber gleichfals ohne Grund. Die beste Meinung ist derer / welche sagen / daß es rechte Hewschrecken gewesen seyn / welche im Hew oder Grase hin und wiederspringen / und die Früchte abbeissen / davon sie auch ihren Nahmen haben. Daß man aber vordessen die Hewschrecken gegessen / ist so gewiß / daß man daran gantz nicht mehr zu zweifeln hat. Denn es bezeuget solches von den Africanern, die in Lepti wohnen / DIOSCORIDES lib. 2. cap. 46. von den Parthern schreibt es PLINIUS, lib. 11. c. 29. wie auch von den Indianern / lib. 7. c. 2. von etlichen Mohren erzehlet STRABO lib 16. daß sie die Hewschrecken an der Sonnen getreiget oder geräuchert und sie darnach gessen haben / daher sie auch ἀκριδοφάγοι sind genennet worden. Und BARRIUS ein Spanier meldet / lib. 3. dec. 2. cap. 4. daß noch heute zu Tage die jenigen / so in den Wüsten in Africa und Arabien wohneten / solche Hewschrecken zur Speise gebrauchtē / welches auch von CLENARDO bekräfftiget wird / welcher sagt / daß die Bauren offt gantze Wagen vol Hewschrecken nach Fesam bringen. Ja der Griechische Poet ARISTOPHANES bezeuget / daß die gemeinen Leute nicht allein Hewschrecken gessen / sondern auch Ameisen oder dergleichen Gewürme. Eben dieses bejahen auch die Patres, CLEM. ALEXANDRINUS, ORIGENES, HIERONYMUS, HILARIUS, AMBROSIUS, THEOPHYLACTUS ap. MONTACUT. was ist es denn nun zu verwundern / daß auch Johannes / der sich sonst sehr schlecht beholffen / solche Hewschrecken gessen? Sie sind ja keine unreine Thiere ; Ja sie sind ausdrücklich im dritten Buch Mosis cap. 11 / v. 22. den Israeliten zu essen vergönnet worden. Vid. HOTTINGER. de Jur. Ebræ. Leg p. 209. Jedoch mögen es wohl andere Hewschrecken gewesen seyn / als die wir in unsern Ländern haben. Denn es sind vielerley Arten derselben / von unterschiedlicher grösse und Natur. P. KIRSTEN. in Not. ad Arab. Evangel. Matt. schreibet / daß er habe von einem Arabier, der sein Præceptor gewesen / gehöret / wie er offte bey dem Jordan habe Hewschrecken gessen / welche ziemlich groß / fast wie unsere Vögel. Es würden aber noch grössere in Indien gefunden. SCALIGER Exerc. 192. gedencket / daß die Africaner, Syrer, Persier, nur die Hewschrecken essen / welche keine Flügel hätten. Ob aber Johannes auch solche gessen / kan man nicht eigendlich wissen. Doch sey ihm wie ihm wolle/ es ist und bleibet gewiß/ daß es rechte Hewschrecken gewesen/ die Johannes der Täuffer in der Wüsten hat gessen.

XLVI.

Woraus machen die Spinnen ihr Gewebe?

Aus einer klebrichten Materie/ die sie aus ihrem Leibe ziehen. Es verlacht zwar solches Aristoteles, und wiederlegt deswegen den Democritum. Aber ohne Grund. Die Natur und Erfahrung ist ihm zu wieder. Was diese aber bezeugen/ das muß man gläuben. Herr JOH. CASP. KIRCHMAJER, Prof. zu Wittenberg/ wie er einsmahls von den Spinnen öffentlich disputiren wolte/ so durchsuchte er zuvor dieses Ding auffs genaueste/ und befand aus unterschiedlichen observationibus, daß die Materie/ daraus sie die Fäden spinnen/ eine zehe schleimichte und klebrichte Feuchtigkeit sey/ von viel Flecken und etwas schwärtzlicht. Diese ziehen sie hinten durch ein enges Löchlein heraus/ und machen das subtile Gewebe davon. Als er einmahl eine Spinne mit einem Nädlichen anstach/ so zog er aus ihrem Leibe einen Faden heraus/ der 66. Schue lang war. Aus einer andern/ die mittelmässiger grösse war/ zoge er einen Faden von 170. Schuen/ sehr subtil/ welcher aber offte abriß. Wie er den Leib mit der Nadel auffritzte/ war noch viel solche zehe Materie drinnen. Aus welcher er auch etliche Fäden gezogen/ wiewohl es etwas schwer zugangen/ dieweil die Spinne schon tod gewesen. Vid. Ejusd. disp. annexæ Zool. Sperling.

XLVII.

Warumb tantzen die jenigen/ welche von den Tarantulis gestochen?

Tarantula ist eine Art von den allerschädlichsten und gifftigsten Spinnen/ sie hat acht Füsse/ und jeder Fuß hat 4. Gelencke/ ihre Farbe ist Aschergrau und der Leib gelbe/ und über dieses hat sie zwey rohte Fleckerchen. Sie spinnet/ wie die gemeinen Spinnen/ und fänget mit ihrem Garn oder Gewebe/ Fliegen/ Mücken und dergleichen/ die sie frist. Sie legt unzehlich viel Eyer und erwärmet sie an der Brust/ biß die Jungen auskommen. Die Oerter/ da sich diese Spinnen auffhalten/ sind mehrentheils die warmen Länder in Africa, wie auch in Asia und Europa. Zu Sommers Zeit/ wenn die Sonne am heissesten sticht/ müssen die Leute in Apulia und Calabria Stieffeln anziehen/ damit ihnen die Tarantula keinen Schaden zufüge. Denn sie ist alsdenn so giftig/ daß die Menschen/ wenn sie von ihr gestochen/ dahin fallen/ als rührete sie eine böse Kranckheit/ und känuen nicht wieder auffstehen/ biß sie durch eine Cithar/ oder Flöte/ oder Posaune oder Zincken/ oder durch ein ander liebliches Musicalisches Instrument auffgewecket werden: da sie sich denn alsobald auff die Füsse machen/ und wunderliche Geberden sehen lassen/ ja bißweilen pflegen sie vier/ fünff/ sechs/ sieben oder mehr Stunden nacheinander/ auch wieder ihren Willen zu tantzen. SCALIGER Exerc. 185. schreibet **daß etliche Menschen/ so von den Tarantulis gestochen/ immerfort wachen sollen/ etliche schlaffen/ etliche lachen/ etliche weinen/ etliche lauffen/ etliche sitzen/ etliche schwitzen/ etliche speyen/ etliche rasen/ toben und wüten.** Und zwar nachdem die Natur des Menschen/ und der Tarantulæ Gifft. ATHANAS. KIRCHERUS lib. 3. art. magnet. part. 8. p. 756. setzt hievon folgende Wort: Sicuti non unicuiqve Tarantulæ, qvævis modulationes conveniunt, sed certis certæ, ita & homini, ab hac vel illâ Tarantula icto, hæc vel illa modulatio convenit: aliæ enim non moventur, nisi vehementi strepitu, ut contingit in iis Tarantulis, qvæ tenaciore humore præditæ sunt, ita & in homine, aliæ facilè & ad qvemvis proportionatum illis sonum moventur, veluti in iis, qvæ subtili & bilioso humore præditæ sunt. Ich halte dafür/ daß der Musicalische Klang erstlich durch eine verborgene Sympathetische Krafft die Phantasie bewege. Die Phantasie afficiret hernach die Spiritus animales, und diese rühren das Geblüte. In dem nun der liebliche Klang continuiret wird/ so wird auch dadurch der verletzte Mensch zur Bewegung angelocket/ stehet derowegen auff/ und macht wunderliche Sprünge. Welches alles die Natur in ihm also wircket/ und wil sich also durch diese Bewegung von dem Untergang erretten. Vide post PLINIUM, ÆLIANUM, SCALIGERUM, CARDANUM, SIMON MAJOL. Dier. Canic. Colloqv. 5. Philip. CAMERAR. Cent. 2. Hor. Subcisiv. c. 81. p. 317. Michael PRÆTOR. in Syntagm. Music. Tom. I. part. 2. c. 13. p. 227. OLEAR. lib. 4. der Persianischen Reise-Beschreibung/ATHANAS. KIRCHER. lib. 3. Art. Magnet. l. c. KIRCHMAJ. Disp. de Aran. Wittebergæ habitâ. &c.

XLVIII.

Wie viel Kinder kan eine Frau auff einmahl zur Welt bringen?

ARISTOTELES meldet/ daß die Weiber in Ægypten ins gemein so fruchtbar seyn/ daß sie 3/ ja 4. Kinder auff einmahl gebähren. SPERLINGIUS de format. hom. in ut. p. 83. erzehlet ein Exempel/ welches sich zu Witenberg begeben/ da auch eine Frau drey Kinder zur Welt gebracht/ die er selbst mit Augen gesehen. PLINIUS giebt vor war aus/ daß ein Weib natürlicher weise sechs Kinder auff einmahl tragen und zur Welt gebähren könte/ wie wohl man solches vor ein Wunder hält/ auch in Ægypten/ da die Weiber für andern fruchtbar seyn. Er sagt auch/ daß in Ostia ein Weib auff einmahl 2. Söhne und 2. Töchter lebendig zur Welt gebracht/ wie wohl andre von achten schreiben/ welches man zu Rom für ein Vorzeichen des grossen Hungers gehalten/ so bald hernach darauff erfolget ist. Er meldet auch ferner von einer Frauen in Peloponeso, welche in 4. Kindbetten/ nach ein ander allemahl fünff Kinder gebohren/ so meisten theils lebendig kommen seyn. TROGUS POMPEJUS erzehlet noch mehr von den Gebuhrten der Ægyptischen Weiber/ und saget/ daß sie offtmahl sieben Kinder auff einmahl brächten/ deren eines theils Hermaphroditen wären. PAULUS JCtus schreibet gleichfals/ daß man dem Kayser ADRIANO, von Alexandria aus/ ein Weib mit fünff Kindern so sie auff einmahl gebohren/ wunders halben zu sehen/ zu geschickt habe. deren sie vier auff einen Tag/ das fünffte aber vier Tage hernach gebohren hat. Also meldet auch JULIUS CAPITOLINUS, daß ein ander Weib/ so zum Zeiten Antonini gelebet/ auch fünff lebendiger Kinder auff einmahl gebohren haben solle. Und ANTON. de TORQVEMADA Hexaem. Colloq. 1. p. 21. schreibet/ daß eine sehr vornehme Frau zu Medina del Campo sieben Kinder auff einmahl gebohren. Und ein andre hätte einsmahls ein Kind gebohren/ als man solches nun ihren Eheherrn angezeiget/ wäre sie immittelst noch eines genesen/ welches man ihm auch angezeiget/ und so fort an/ biß deren sechs worden/ daß er endlich lachende zu denen so ihm die Zeitung gebracht/ gesagt: Gehet nur hin zu der alten Huren/ sie wird ihrer noch wol mehr kriegen. NICOLAUS FLORENTINUS 6. serm. de auctoritate Avicen. cap. 9. erzehlet/ daß ein Weib auff einmahl siebentzig Kindlein gebohren. ALBERTUS M. gedencket von einer/ die zwey und zwantzig zugleich gebohren; welchem auch ein Medicus berichtet/ daß/ als er einsmahls in Teutschland erfodert worden/ eine krancke Weibes Person zu besuchen/ so hat er befunden und gesehen/ daß sie hundert und funfftzig Kinder/ alle in einem Netz oder Fell verwickelt auff einmahl gebohren/ und wären alle in der grösse eines kleinen Fingers/ und darzu lebendig und recht formiret gewesen. Dergleichen wird auch erzehlet von Margaretha/Gräffin in Holland/ welche auff einmahl dreyhundert und fünff und sechzig lebendiger Kindlein gebohren/ in der grösse/ als kleine Mäuse/welche man allzusammen in ein Becken gethan/ welches noch auff den heutigen Tag zum Gedächtniß dieser Wundergeburt zu Londen in der Kirchen/ nicht weit von des Graven Haag/ verwahret und gezeiget/ und sind auch alle durch einen Priester getaufft/ und die Knäblein alle Johannes/ die Mägdlin aber alle Elisabeth genennet worden. Wie denn Käyser CAROLUS V. der dis Becken selbst in Händen gehabt/ es mit ansehnlichen Zeugnüssen bestätiget hat. Es hat auch diese Historie beschrieben BAPTISTA FULGOSUS und LUDOVICUS VIVES, welcher meldet/ daß diß Wunder durch den Wunsch eines armen Weibes entstanden sey/ welche ihre Kinderchen/ derer ziemblich viel/ mit sich geführet und gedachte Gräffin umb ein Almosen angesprochen: die Gräffin habe sie darauff angesehen und gesagt/ es könne anders nicht müglich seyn/ es müsten unterschiedliche Väter zu diesen vielen Kindern seyn. Darauff habe das Weib geantwortet: So wünschte sie von GOtt/ daß er ihr (der Gräffin) so viel Kinder von einem Vater bescheren wolle/ als Tage im Jahre seyn/ damit ihre (der armen Frauen) Unschuld dadurch an den Tag kommen möge.

Welches aber mehr für Wunderzeichen/ als natürliche Dinge zu achten. Doch ists nicht alzu seltzam/ daß Zwillinge/ oder drey Kinder auff einmahl zur Welt gebohren werden. Wie dergleichen zu Wittenberg geschehen/ davon oben gemeldet. Die Ursache schreiben etliche dem Himmel zu/ etliche dem Utero, oder der Mutter/etliche dem Saamen/ etliche der Beschaffenheit des Orts. Ich halte dafür/ daß dieses nicht opposita, die einander zu wieder/sondern subordinata seyn/die wol beyeinander stehen mögen/ also daß man sagen könne/ es sey theils der Himmel/theils die Mutter/theils der Saamen/ &c. Ursachen solches effects. Denn der Himmel ist und bleibet Causa universalis, welcher nichts ohne der Mutter und dem Saamen in diesem Fall verrichten kan. Von dem Utero sagen etliche/ daß in demselben sieben Cellichen oder Fächerchen wären/ drey auff der rechten Seiten für die Knäblein/ drey auff der lincken für die Mägdlein/und eins in der mitten für die Hermaphroditen, und daher kähmen so viel Kinder. Aber es verlachen solches die Anatomici, welche zwar bey den Schweinen und Hunden mehr solche Cellichen finden/ aber nicht bey den Menschen. Denn bey diesen ist in dem Utero nur ein Sinus, welcher zwey Theile hat/ die nur durch eine Linie (welche ARISTOTELES διχῆν nennet) von einander unterschieden sind. In diesen werden die Zwillinge formiret, eins auf der rechten/das andere auff der lincken Seiten/ wiewohl sie auch auff einer Seiten seyn können/wie es SPERLINGIUS an angezogenẽ Orte beweiset. COLLADO in obs. in Laurent. Anatom. c. 30 p 190. erklähret dieses folgender Gestalt: De gemellis hoc certum est, 1. Gemellos eodem coitu, aut rarò proximis fieri, 2. simul nasci perfectos ut plurimum. 3. aliàs unâ, aliàs dispersis membranis includi, non ob sexum, sed ob dictam causam. (scil. ob ejaculationes vel distantiores, vel propinqviores) 4. diversis locis contineri, nisi fortè rarò ob aliqvod vitium uteri, aut malum situm matris. 5. duos mares in utroq;, duas fœminas in utroq;, aut marem in sinistra, fœminam in dextra, simul esse posse. 6. Diversitatem situs non pendere necessariò ex sexu, nec sexum ex situ.

XLIX.

Kan auch ein Kind im Mutterleibe natürlicher weise zu Steine werden?

Es ist fast unerhört/ was SCHENCKIUS lib. 4. de Fœt. p. 202. aus dem ALBOSIO berichtet von eines Schneiders Fraw/ Nahmens Columba Chatry, welche acht und zwantzig Jahr schwanger gewesen/ und in währender Zeit sich wohl befunden/ biß auff die letzte/ da sie grosse Gebuhrts-Schmertzen und Angst in die drey Jahr lang gehabt/ also gar/ daß sie endlich ihren Geist hat drüber auffgeben müssen. Als sie verschieden/ hat ihr Mann durch die Chirurgos und Medicos ihren Leib eröffnen lassen/ da haben sie ein Kind darinne gefunden/ welches in Stein verwandelt gewesen, und so schön ausgesehen/ als hätte es der künstlichste Bildhauer geschnitzet/ und wäre von mehr als 2000. Menschen gesehen worden. Diese Geschicht erzehlet nicht allein obgemeldter SCHENCKIUS, sondern auch viel andere glaubwürdige Scribenten mehr/ als THUANUS 17. Hist. PARÆUS lib. 25. de monstr. c. 11. Joh. ALBOSIUS und SIMON PROVANCHERIUS, welche beyde diese Frau haben helffen auffschneiden. Item LICETUS lib. 2. de Monstr. c. 45. LOYS BOURGOISE de offic. Obstetric. p. 102. Mauritius CORDÆUS Comment. in Hipp. de muliebr. CASP. SCHOTTUS Phys. Curios. lib. 5. cap. 17. Ja es wird noch heut zu Tage selbiges Kind in der Königl. Dännemärckischen Kunst-Kammer gezeiget/ darein es aus Franckreich ist gebracht worden/ wie Herr THOM. BARTHOLINUS, ein weitberuffener Medicus daselbst/ bezeuget Cent. 2. Hist. Anatom. p. 355. Darumb kan man es desto sicherlicher gläuben/ fürnehmlich wenn man bedenckt/ was vor eilff Jahren Anno 1659. zu Mussipont sich zugetragen/ da auch ein Steinernes Kind und zwar nicht in Utero, sondern in abdomine ist gefunden worden/ davon DEUSINGIUS Disp. Phys. Anatom. und D. LAURENT. STRAUSS. in einem absonderlichen Tractat gehandelt.

Ob es aber Natürlicher weise sey zugangen/ frage sich nicht unbillig? die Fraw hat zwar offte geklaget/ daß sie wäre bezaubert worden. Aber es kan weder ein Zauberer/ noch der Teuffel selbst ohne die Natur dergleichen Sachen verrichten. Andere bringen die Kälte/ oder Wärme/ oder Dürre/ und andere solche Dinge herfür/ und wollen es ihnen zuschreiben. Aber das sind alles accidentia, welche für sich allein kein Corpus generiren mögen. Ja wenn die Steine von der Wärme herkommen/ warumb werden sie denn in den kalten Brunnen generirt? Macht sie aber die Kälte/ warumb werden sie dann an warmen Oertern producirt, als in des Menschen Leibe/ in der Blasen/ im Kopffe/ im Hertzen u. s. f.? Und wenn sie von der siccität oder Dürre entstehen/ warumb werden sie denn gefunden an feuchten Oertern/ in Brunnen/ in der Blasen/ in den Nieren? Ich halte gäntzlich dafür/ daß dieses Kind im Mutterleibe eben also in Stein verwandelt worden/ wie sonsten die Steine pflegen von der Natur generirt zu werden/ nehmlich durch den Spiritum lapidificum und materiam lapidescentem. Denn alles was generirt wird/ das muß seine causam proximam haben/ von der es seinen Ursprung hat. Nun sind aber weder der Himmel noch das Gestirn causa proxima der Steine/ wie bekannt. Und die accidentia, als die Wärme/ die Kälte u. s. f. sind nur Instrumenta und

Werckzeuge. Darumb muß ein andere causa principalis verhanden seyn/ die solche Instrumenta gebraucht. diese aber ist und kan keine andere seyn/ als die forma lapidis, oder gleichsam die Seele des Steins/ welche die Materie, so sich darzu schickt/ härtet. Wo sich diese in einen Cörper hinein schleichet/ da richtet sie allezeit viel und mancherley Veränderungen an/ nach dem sie viel oder wenig materie bey sich hat.

Daher kommet es/ daß man so mancherley Thiere/ Kräuter/ und dergleichen offt in Stein verwandelt siehet. Aventinus lib. 7. Annal. Bavar, erzehlet/ daß anno 1343. in Bäyern mehr als 50. Bauern/ als sie gemolcken/ nebest den Kühen in Stein sind verwandelt worden. Philippus Camerar. Centur 2. c. 70. berichtet aus dem Cornelio Wietflietio, daß an etzlichen Oertern in Armenien der Sudwind zu gewisser Zeit des Jahrs alles in Stein verwandele/ wie er denn einsmahls einen gantzen Troppen Reuter sammt ihren Pferden in Stein verkehret/ welche aber alle ihre Figur und positur behalten/ also daß es geschienen/ als wäre da eine Schlacht-Ordnung von Steinern Männern angestellet. Aristoteles lib. de admirand. audibil. gedenckt/ daß einsmahls die Bergleute in Lydien in der Gruffe erstickt/ dieweil das Lufftloch verstopffet gewesen: nach langer Zeit aber wären sie gefunden worden/ gantz mit Stein überzogen. Dergleichen haben wir auch zu unserer Zeit von einer Stat in Africa bey Tripolis, wo das Nest der See-Räuber/ vernommen/ welche durch GOttes ernste Straffe mit allen ihrigen in Stein verwandelt/ daraus dem Cardinal Richelin ein Knabe/ mit Stein bekleidet/ ist zugeschicket worden. Thom. Bartholin. Cent. 2. Hist. Anatom. p. 354 schreibt/ daß er selbst zu Rom in Palatio Ludovisiorum einen solchen steinern Menschen gesehen. Sonst werden auch hin und wieder unter den rariteten steinerne Hände/ Hirnschädel/ Brüste u. s. w. gezeiget/ davon Sachsius Gammarol. p. 175.

Es begibt sich aber dieses nicht nur bey dem Menschen/ sondern auch bey unvernünfftigen Thieren. Es ist nicht gar lange/ daß in Schweden in Graff Oxenstierns Mäyerhoff ein Ochse solte geschlachtet werden. Die Fleischer schlugen ihn etliche mahl auff den Kopff/ aber das Beil sprang wieder zu rücke. Endlich nach dem sie ihn niedergemacht/ haben sie befunden/ daß sein Gehirn und Hirnschale gantz steinern gewesen. Zuvor wenn er war auff der Weide gangen/ hat er allezeit den Kopff nieder gehangen/ weswegen er auch hat müssen herhalten. Das Gehirn aber nebenst der Hirnschale soll heute zu Tage auff obgedachten Mäyerhoffe zu sehen seyn. Vid. Thom. Bartholin. Hist. Anatom. 92. Cent. 6. p. 358. Ortelius in descript. Russ. schreibet von gantzen Heerden-Vieh/ die geschwinde in Stein verwandelt. Vor 10. Jahren/ Anno 60. hat der Graff von Hanaw eine steinerne Schlange bey einem Hirsche gefunden/ davon unterschiedliche judicia zu lesen beym Sachsio l. c. p. 178. 179. seqq. Welcher auch viel Exempel anführet der Krebse/ so in Stein verwandelt. Dergleichen hat auch Pflaumerus in merc. Ital. part. 2. p. 65. bey dem Ferranti Imperato gesehen. Vid. Calceolarius sect. 3. Musei p. 429. Torellus Sarayna lib. 2. Hist. Veronens. Aldrovandus de testac. f. 81. Gesner. de aqvatil. f. 180. Scaliger Exerc. 196. §. 9. Laurentius Schraderus monum ital. lib. 1 f. 34. Es ist aber nichts gemeiners/ als die Verwandelung der Oester/ Muscheln/ Eydexen/ Schlangen und Fischgräten in Stein/ davon viel zu lesen beym Georg. Stengel. Tr. de monstr. c. 11. §. 9. und Mus. Worm. f. 90. diß ist denckwürdig/ daß auch eine Henne/ die über den Eyern gesessen und gebrütet/ in Stein verwandelt worden/

Andr. Baccius de Therm. l. 5. c. 4. f. 282. Vom Holtze und dergleichen andern Sinnlosen Dingen könte ich unzehlich viel Exempel anführen/ wenn es von nöhten wäre.

Dieses alles aber hat verursacht der Spiritus lapidificus mit dem succo lapidescente, welcher theils sich an die Cörper gesetzt/ theils auch in sie hinein getrungen ist. Daraus denn leicht zu schliessen/ daß es nicht anders mit dem steinern Kinde müsse hergangen seyn. Denn wie sonst andere Dinge in Stein verwandelt werden/ so ist auch das Kind im Mutterleibe zu Steine worden: Nun aber sind alle die Dinge/ so in Stein verwandelt/ vom Spiritu lapidifico und materia lapidescente also verändert worden; darumb bleibt es dabey/ daß auch die Verwandelung des Kindes also müsse geschehen seyn. Aber es möchte sich jemand bekümmern und fragen:

L.

Wie ist denn die Materie/ und das jenige/ so den Cörper in Stein verwandelt/ in der Frauen Leib kommen?

Darauff ist zu antworten/ daß solches nicht auff einerley Art und weise geschehen. Denn man findet 1. Gewächse/ die den Saamen der Steine bey sich führen. Gleichwie die jenigen vegetabilia, und sonderlich die Weinstöcke/ so an denen Oertern wachsen/ wo Gold-Adern sind/ auch selbst viel Gold mit sich führen/ wie Joh. Chr. Magnenus in Democrit. Rediv. p. 295. Alex. ab Alex. 4. Gen. Dier. cap. 9. Gaudent. Merula Cosmogr. 10, 27. Mizald. lib. 2. mem. §. 1. Joh. Joachim. Becherus in metallurg. Part. I. cap. 1. p. 2. Sachsius in Ampelogr. lib. 1. cap. 5. p. 41. seqq. mit vielen Exempeln darthun und beweisen: also ists auch gläublich/ daß in denen Gewächsen viel Stein-Saamen gefunden werde/ welche an denen Oertern sind/ wo viel Steine generirt werden. Und wer weiß nicht/ daß in dem Wein viel Tartarus verborgen/ daß in andern viel Sand enthalten? Wenn man nun dergleichen offt isset/ so ists ja kein wunder/ daß Steine in dem Menschen gefunden werden. Sonderlich aber muß man sich hüten für den Gewächsen/ die an Metallischen Oertern gewachsen/ weil darinnen am meisten Metallische Materie verborgen lieget.

2. Kömmt auch der Saame der Steine in des Menschen Leib durch das Geträncke/ und sonderlich durchs Wasser. Denn man findet hin und wieder viel Wasser/ die entweder selbst zu Steine werden/ oder andere Dinge/ so hinein geworffen werden/ in Stein verwandeln. Joh. Gerh. Vossius de Idol. lib. 2. c. 71. p. 676. schreibet/ daß bey Coos ein Bach sey/ der alle Wassergänge/ dadurch es fließt/ in Stein verkehret. Carystius Hist. Mirab. c. 150. gedencket/ daß das Wasser Muab in Pamphilien alles in Stein verwandele. Acosta erzehlet von der Provintz Peru in America, daß ein Brunnen darinnen sey/ der eben dergleichen Krafft habe/ alles in Stein zu verwandeln. Dieses schreibt auch Kircher. lib. 5. Mund. Subterran. f. 3. c. 1. §. 2. von einem Brunnen zu Clarimont in Franckreich/ davon das Viehe sterben soll/ weil das Wasser alsobald in Stein verwandelt wird und den gantzen Magen erfüllet. Und solcher Wasser werden noch heut zu Tage viel gefunden in Teutschland/ Böhmen/ Hungarn/ Welschland/ Franckreich/ Griechenland/ Engeland/ Ißland/ Norwegen/ und in andern Ländern mehr. Vid. Mockius de concr. p. 191. l. 1. Wernher, de admirandis Hungar. aqvis p. 67. Seneca lib. 3. qvæst. Nat. c. 20. Plinius Hist. Nat. lib. 2. c.

10. Steph. Pighius Herc. Prodr. p. 484. Sincerus Pnef. Itin. Gall. Strobelberg. in Gall. Polit. Med. l 3. p. 146. Albosius de Litho p. 22. Solenander l. 1. p. 191. Loebel. de re herbar. Cambd. in Brigan. p. 366. Sachsius de mirandis lapidum naturis p. 70. usq; ad 81. & in Gammarol. p. 170. 171. 172. Borellus in Lib. Antiqv. Castrens. & Cent. 1. Obs. Histor. 5. Majol. T. I. Canic. Coll. 11. p. 437. it. Colloqv. 12. p. 462. Anselm. Boot. de Gemm. & lapid. l. 2. c. 300. Helmont. de Lithias. c. 1. §. 19. Langius lib. 3. & 4. Oswald Crollius de Signatur. p. 10. Kircher. Mund Subterran. l. 8. s. 4. c. 5. f. 286.

3. Kömmt auch der Saamen der Steine in des Menschen Leib durch die effluvia, so aus der Erden steigen. Denn wir haben in der vorigen Frage gehört/ daß gantze Troppen Reiter/ gantze Heerden Vieh in Stein verwandelt worden/ welches geschehen durch die effluvia, die als ein Nebel aus der Erden heraus gestiegen/ und die Menschen überfallen. Also hat es auch wohl seyn können/ daß obgedachte Frau mit der Speise/ oder mit dem Geträncke den Spiritum lapidificum zu sich genommen/ oder es haben sich die effluvia lapidifica in ihren Leib geschlichen/ davon hernachmahls das Kind verwandelt worden. Aber es möchte einem hiebey noch ein ander Scrupel entstehen/ und wäre billig zu fragen:

LI.

Warümb hat der Spiritus lapidificus eben das Kind/ und nicht vielmehr die Mutter in Stein verwandelt?

Hierbey ist zu wissen/ daß das Kind noch zart gewesen. Gleich wie man aber leichter ein Bild in Wachs drücken kan/ als in Stahl oder Eisen: also hat auch der Spiritus lapidificus leichter das zarte und subtile Fleisch des Kindes/ als den härtern und stärckern Leib der Mutter verwandeln können. So hat es auch nicht an Wegen gemangelt/ dadurch er zu dem Kinde hat kommen können. Denn es sind da die Vasa umbilicalia, welche dem Kinde Blut/ Lebensgeister/ und andere Sachen zu führen. Durch diese hat auch leicht der Spiritus lapidificus zur Geburht können dringen.

LII.

Kan auch eine tode Mutter ein lebendig Kind gebähren?

Es ist zwar nichts neues/ daß so wohl aus lebendigen/ als toden Frauen die Kinder offtmahls sind geschnitten worden. Also ist Anno 1610. am 1. April zu Wittenberg eines Böttigers Frauen/ nahmens Ursula/ der Leib eröffnet und das Kind heraus genommen worden/ welches fast 3. Viertel Jahr gelebet: die Mutter aber ist darauff im andern Monath verschieden/ nicht zwar wegen der Wunde/ die schon gantz in- und auswendig ist zugeheilet gewesen; sondern durch den Schlag. Diese Historie erzehlet weitläufftig Sennertus lib. 2. Instit. Med. part. 1. c. 9. Mehr aber sind zufinden beym Schenckio lib. 4. obs Med. p. 190. aus welchen ich nur drey/ die für andern Wunderns wehrt sind/ jetzo mit kurtzen berühren wil. Die erste hat sich begeben A. C. 1556. da er einer Frauen/ mit nahmen Bernhardina Arnolda, am ersten Ostertage/ den Leib auffgeschnitten und das Kind lebendig heraus genommen. Nach anderthalb Jahren als ihr Mann gestorben/ hat sich selbige Frau wieder mit einem andern Petrus Chamelau genant/ in Heyraht eingelassen/ und mit demselben eine Tochter gezeuget/ welche groß und auch verehliget. Die andere ist geschehen A. C. 1578. am 2. Febr. mit Johanna Michel, welche/ als sie über 10. Monat schwanger gewesen/ und zur Zeit der Gebuhrt von den Wehe-Müttern übel tractiret worden/ endlich hat die Balbierer zu sich holen / und den Leib aufschneiden lassen / das Kind aber ist todt heraus genommen worden. Nach verrichteter Sachen / ist sie glücklich wieder geheilet / und hat hernach noch zwo Kinder natürlicher weise gebohren. Die dritte hat sich zugetragen anno 1500. die Frau hat geheissen Elisabeth Alespachin / welche auch nicht gebähren können / und deßwegen durch die Chirurgos das Kind aus dem Leibe schneiden lassen / ist auch glücklich wieder curirt worden / und hat hernach noch 2. Zwillinge und 4. andere Kinder gebohren / welche lange Zeit / biß ins 70. und 80. Jahr gelebet / auch das Kind / so aus ihr geschnitten / ist erstlich nach dem 77. Jahre verschieden. Also sehen wir / das GOtt und der Natur nichts unmüglich.

Aber obgesetzte Frage betriffe noch ein höhers; Ob nehmlich auch eine todte Mutter ein lebendig Kind zur Welt gebähren könne? Daß eine lebendige Mutter / die sich auff die Hebammen / Artzte und Balbierer verläßt / gebährt / ist ausser allen zweiffel viel leichter / als daß eine todte Frau / die ohne Kräffte und ohne Seele ist / dergleichen Werck verrichten solle. In dem Sphinge Theol. cap. 17. pag. 247. wird gefraget: Qvænam post obitum mater facta est? Resp. Qvidam cùm mortuâ uxore pararet exeqvias, dictu mirum, exstinctæ matris ab utero subitò emisso claro vagitu, salvus & incolumis pusio egressus est, qvi prius elatus, qvàm natus fuit, cujus cunas sepulchrum, vitam mors præpropera dedit. Qvin tu hic, bona mater, superatâ morte triumfas, qvod post mortem facta es parens? Et qvis, ô marite, te non felicem prædicet, præ cunctis maritis, cui uni mors truculenta, inqvam, illa mors, homicida ille terribilis pulcram sobolem vivumq; fœtum elargitus est? das ist / Welche Frau ist nach ihrem Tode Mutter worden? Antwort: Als einsmahl einer seine verstorbene Frau wolte begraben lassen / so ist aus ihrem Leibe (welches zu verwundern) ein frisch und gesund Kind mit lauten Geschrey heraus kommen / welches ehe zu Grabe getragen / als es gebohren / dem das Grab die Wiegen / und der Tod das Leben gegeben: Liebe Mutter / warumb triumfirestu nicht / weil du nach deinem Tode zur Mutter worden bist? Und wer wolte dich / ô Mann / für allen andern Männern nicht glückseelig preisen / als dem alleine der grimme Menschen Feind / der würgerische Tod ein schön lebendig Kind geschencket hat?

„ Diomedes Cornarius und Paulus
„ Eberus erzehlen / daß A. C. 1567. den
„ 14. Junij, in Niederland zwischen Zut-
„ phen und Daventer / eine Frau mit ihrem
„ Manne von den Spanischen Solda-
„ ten sey auffgehencket worden. Als sie
„ nun 4. Stunden gehangen und schon
„ längst tod gewesen / so hat die Frau ein
„ paar lebendige Zwillinge gebohren.
„ Eben dieser schreibet / daß zu Madrit
„ in Spanien eine vornehme Matron /
„ aus dem Geschlechte Don Francisci
„ Lasso, nach dem sie 3. Tage mit dem
„ Tode gerungen / endlich verschieden und
„ in ihr Begräbniß beygesetzet worden.
„ Nach etlichen Monaten / als sie das Be-
„ gräbniß wieder eröffnet / haben sie zwar

„ den Cörper gefunden an dem Orte da sie
„ ihn zuvor hingeleget/ aber er hat im rech-
„ ten Arme ein tod Kind gehabt. Fast
„ dergleichen Fall erzehlet JOHANNES MATTHÆUS, von Simon Kräuters / eines
„ Bürgers in Weissenburg/ seiner Frauen.
„ denn als diese nun in die 9. Monat
„ schwanger und nicht gebähren konte / so
„ haben endlich die allzu grossen Schmertzen ihr den Athen/ und hernach gar das
„ Leben benommen. Darauff hat man
„ sie begraben / den Leib aber nicht zuvor
„ geöffnet. Was geschicht? nach etlichen Tagen hören sie ein Winseln und
„ Geschrey bey dem Grabe/ und machen
„ es deswegen alsobald auff/ da finden sie
„ die Mutter zwar tod darinne/ aber zu ihren Füssen liegt ein lebendiges frisches
„ Mägdlein/ welche hernach zu Weissingen in der Marckgraffschafft Baden
„ erzogen und noch lange darnach gelebet
„ hat.

Mit diesen nun und dergleichen andern Geschichten wollen etliche beweisen/ daß auch die toden Mütter lebendige Kinder gebähren können. Aber ich kan ihnen noch nicht beyfall geben. Denn es ist unmüglich / daß etwas zugleiche sey/ und nicht sey/ Impossibile est, idem simul esse & non esse. Auff diese weise aber würde alhier ein Ding zugleich seyn / und doch nicht seyn. Die tode Mutter wenn sie gebähret/ so wäre sie etwas/ sie wäre auch nichts. Etwas wäre sie/ weil sie gegebähret; Nichts aber wäre sie/ oder ein non-ens, weil sie gestorben. Denn ein toder Mensch ist nicht mehr ein Mensch/ sondern er ist gewesen ein Mensch: er ist nicht mehr Etwas oder ein ens, sondern ein non-ens. Und was nicht mehr sein Wesen hat/ das kan auch nicht mehr wircken und etwas thun. Denn non-entis nullæ sunt affectiones, nullæ operationes, wie die Gelehrten sagen. Zu dem ist das gebähren die allerschwereste Arbeit/ so unter der Sonnen kan gefunden werden / daher die Königin MEDEA beym EURIPIDE hochbetheuret/ sie wolte lieber dreymahl in der Schlacht vorn an der Spitzen stehen/ als einmahl gebähren. Und der H. Geist selber gebraucht sich solcher Geburts-Schmertzen/ wenn er die allergröste Angst und Noht andeuten wil. Wer könte denn nun gläuben/ daß die jenige die allerschwereste Arbeit verrichten solte / in welcher kein Athem und keine Kräffte mehr verhanden? Und es kan auch das Gegentheil mit obgedachten Historien noch nicht behauptet werden. Denn es ist nichts neues/ daß die Erhenckten/ so man für tod angesehen/ dennoch lebendig gewesen. Die Scharffrichter wenn sie einen erhencken/ und nicht rechten Bescheid darumb wissen oder es aus Boßheit thun wollen / so können sie ihn so lange quählen/ daß er fast den ganzen Tag am Galgen leben muß. Daher liesetman offt in Historien / daß dergleichen Leute wieder lebendig worden sind. WINCKLERUS cap. 19. erzehlet aus dem MARTINO ISENGRINO folgende Geschicht. Als einer mit Nahmen Cunrad Braisenauer/ zu Wien in Oesterreich / des Stehlens halber auffgehenckt/ und nach etzlichen Stunden/ gegen Abend vom Scharffrichter wieder herunter genommen/ und in die Anatomi Kammer gebracht worden/ so ist er wieder zu sich selbst kommen / und hat sich zu regen und zu bewegen angefangen. Darauff wil der Scharffrichter alsobald den Strick / der ihm noch ümb den Halse gehangen/ wieder zu ziehen und ihn noch einmahl würgen; Aber die Studiosi haben ihm gewehret / daß ers nicht hat können zu Wercke setzen. Dem wiederlebenden aber haben sie mit dem Federmesser drey Adern geöffnet / da hat er angefangen zu reden und zu gehen/ und ist hernach frisch und gesund worden. Derohalben ist es der Warheit ähnlich / daß die auffgehenckte Frau nicht recht tod gewesen/ sondern sie hat noch das Leben in sich gehabt / und dadurch vielmehr zur Gebuhrt geholffen / in dem sie den Athen hat müssen an sich halten/ welches dabey viel thut. Auch die andern Frauens-Personen/ so begraben worden/ sind ohne Zweiffel noch lebendig gewesen. Denn es werden offt für tod gehalten/ die doch nicht tod sind / sonderlich die Weiber/ welche wegen der Mutter Kranckheit offt den Toden sehr gleich werden/ in dem sie erkalten/ der Puls sich verlieret/ der Athem ausbleibet / die Sinne sich nicht mercken lassen/ die Bewegung gantz auffhört/ in Summa/ man kan fast nichts an ihnē sehen/das ein Leben anzeigete. Da halten nun die Medici dafür/ daß man solchen Leuten in dergleichen Fällen solle ein subtil Federchen oder Büschelchen Wolle für die Nasen-Löcher halten / so es sich alsdenn ein wenig regte/ könte man dabey spüren/ daß ein Leben noch in ihnen wäre. Andere wollen/ man solle ein Glaß voll Wasser nehmen/ und es über dem Nabel setzen/ und fleissig acht haben/ ob es sich bewege : dabey könne man auch mercken / ob ein Leben verhanden/ oder nicht. SCHENCKIUS der Weltberühmte Medicus l. c. p. 247. erzehlet/ daß ihm selbst dergleichen einsmahls wiederfahren mit einer Frau/ welche die Mutter-Kranckheit also zugerichtet/ daß sie alle Umbstehende für Tod angesehen : da hat er einen hellen Spiegel genommen/ und ihr denselben auff dem Mund und Nase geleget/ und gemercket/ daß er ein wenig angelauffen. Wobey er Hoffnung zu ihrem Leben geschöpffet/ und den Umbstehenden alsofort gesagt/ er wolte noch was versuchen bey der toden Frauen. Als er nun eins und das ander mit ihr vorgenommen/ so hat sie endlich über alles verhoffen / mit höchster Verwunderung/ wieder anfangen zu leben. Darauff ein Geschrey auskommen/ SCHENCKIUS hätte eine Frau von toden aufferweckt. Und dergleichen Exempel sind noch vielmehr. Wenn es sich aber zuträgt/ daß der Leib gantz erkaltet/ und weder die Feder / noch das Wasser/ noch der Spiegel &c. einiges Zeichen des Lebens von sich geben : so ist zwar vermuhtlich/ daß der Leib entseelet ; aber man kan es dennoch nicht gewiß wissen. Denn liegen nicht die Schlangen/ die Kröten / die Schwalben/und andere Thiere im Winter gantz erkaltet und erstarret/also daß man wohl drauff schweren solte / es wäre unmüglich/ daß eine Seele noch in ihren Leibern seyn solte? Und dennoch sind sie warhafftig noch beym Leben/ ob sie zwar die Lebens-Wirckungen nicht sehen lassen. Was nun diesen Thieren wiederfähret/ könte sich auch wohl beym Menschen zutragen. Derohalben wie gewiß es ist/ daß lebendige Kinder so wohl aus Lebendigen/ als toden Müttern sind kommen ; also ungewiß ist es auch/ daß eine tode Mutter noch gebähren solle.

LIII.

Welches unter den Zwillingen bleibt am ehesten leben?

Wenn die Zwillinge alle beyde Mägdlein/oder Knäblein sind / so bleiben sie gemeiniglich alle beyde lebendig. Wenn eins aber ein Knäblein und das ander ein Mägdlein ist/ so ist zwar jenes frisch und lebendig/ aber dieses entweder tod/ oder doch schwach. Denn ein Knäbchen und Mägdchen haben nicht einerley Stärcke und Kräffte. Daher nimmt das stärckere dem schwächern seine Nahrung. Zu dem so werden sie auch nicht zu einer Zeit vollkommen. Denn das Knäbichen wird ehe elaborirt, es fängt ehe an sich zu bewegen/ als das Mägdchen. Was ist es dann nun zu verwundern/ daß das Knäbchen alsdenn lebhaffter/als das Mägdchen: dieweil jenes das beste und meiste Geblühte genossen und also dadurch mehr Lebens-Geister empfangen.

LIV.

Warumb sehen die Zwillinge einander so sehr ähnlich?

Das ist kein Wunder: denn sie haben einerley causam efficientem, nehmlich die Eltern: sie haben einerley Materie/ nehmlich den Saamen/ sie haben einerley Nahrung/ nehmlich das Geblüte; sie haben einen Ort/ den Uterum; sie werden zugleich generirt. Darumb haben sie auch fast einerley Gestalt und grösse. Denn wo einerley Ursachen sind/ da ist auch einerley effect.

LV.

Kan auch ein Kind im Mutterleibe natürlicher weise schreyen?

Man hat so wohl vor Alters/ als auch zu unsern Zeiten erfahren/ daß etliche Kinder sind gefunden worden/ welche im Mutterleibe geweinet und geschrien. WEINRICHIUS de monstr. cap. 26. erzehlet/ daß man zu Breßlaw im vorigen Seculo ein Kind im Mutterleibe drey Tage vor der Gebuhrt habe hören schreyen/ welches hernach die gantze Zeit seines Lebens ein elender Mensch gewesen/ theils kranck/ theils andern Unglück unterworffen. Eben derselbe schreibt auch/ daß an dem Alp-Gebürge ein Kind 14. Tage vor der Gebuhrt im Mutterleibe gewinselt. Als es zur Welt kommen/ ist es eine Mißgebuhrt mit Hörnern gewesen. CRUSIUS ex JOBO FINCELIO berichtet/ daß Anno 1545. in Meissen ein Kind im Mutterleibe geweinet/ und ein anders zu Rottwil am Nicker. In demselbigen Jahre hat sich der Krieg der Protestirenden mit dem Käyser entsponnen. LIBAVIUS part. 2. singul. p. 287. meldet/ daß in seiner Stad (nehmlich zu Rotemburg/ da er Physicus gewesen) Anno Christi 1596. den 12. Novembr. welches der 42. Tag vor der Gebuhrt war/ die Eltern ein Mägdlein im Mutterleibe zwantzig mahl haben schreyen hören/ und auch am folgenden Tage zweymahl. Die Mutter dessen ist in der Gebuhrt gestorben/ das Mägdlein aber lebendig blieben. WEINRICHIUS, dessen schon oben gedacht/ schrieb Anno 1598. an Libavium, daß eine schwangere Edelfrau zu Gaste gewesen/ in welcher das Kind so starck angefangen zu schreyen/ daß es alle Gäste deutlich hätten hören können. Darüber hat einer folgende Verse gemacht:

Mirandum fœtus maternâ clausus in alvo
Dicitur insvetos ore dedisse sonos.
Causa subest. Doluit se angustâ sede teneri,
Et cupiit magnæ cernere molis opus.
Aut qvia qværendi studio vis fessa parentum
Aucupiis aptas innuit esse manus.
Exoriare igitur nobis, Junone secunda,
Ut superes gestis & probitate Tuos.

Mehr Exempel erzehlet FABRICIUS, WEINRICHIUS, JOB. FINCELIUS, CARDANUS, LIBAVIUS und andere. SPERLINGIUS de format. hom. in ut. c. 7. q. 2. p. 144. gedencket/ daß dergleichen auch zu Wittenberg sich zugetragen. Die meisten halten dafür/ daß solch Geschrey nicht natürlich/ sondern übernatürlich sey/ und bedeute entweder den Eltern/ oder dem Kinde/ oder dem gantzen Lande groß Unglück. Etliche aber meinen/ daß es aus natürlichen Ursachen entstehe/ wiewohl es sehr schwer zugehet/ wenn sie dieselben anführen sollen. Denn es bedencke nur einer den Ursprung der Stimme/ wo kömmt sie her? Sie wird formirt in der Kehle und arteria asperâ mit Hülffe der Lungen und des Athem hohlens. Nun aber hohlet ja ein Kind im Mutterleibe nicht Athem/ es bewegt ja die Lunge nicht/ es ziehet ja mit dem Mündlein keine Lufft in die arteriam asperam hinein: denn sonst würde es bald den Tod mit hinein ziehen/ weil allenthalben excrementa sind/ davon es ersticken müste. Saget man/ daß es per transspirationem geschehe/so folget daraus/daß auch die Fliegen/ Bienen und dergleichen Würmer schreyen. Und es wird vielmehr Lufft zur Stimme erfodert / als durch die Schweiß-Löcher in den Leib kommen kan. Daß ich anderer Verweißthümer geschweige/ welchen zwar LIBAVIUS in singul. wil gnüge thun; Aber er hat es nicht erlanget/ was er gewolt. Darumb bleibt es wohl dabey/ daß solch Geschrey der Kinder im Mutterleibe nicht aus natürlichen/sondern übernatürlichen Ursachen herrühre.

LVI.

In welchen Lande wachsen die Lämmer aus der Erden?

Es bezeugen viel Scribenten, daß in Tartaria ein Art der Gewächse gefunden werde/die einem Lamm ähnlich. Herr OLEARIUS in seiner Reise-Beschreibung 3. Buch 2. Capit. setzet hievon nach folgendes: **Hinter Samara / zwischen der Wolge und Dan/ findet man eine seltzame Art Melonen/ welche dem äusserlichen Ansehen nach als ein Lamm gestalt seyn. Der Stengel ist an dem Nabel / und wo es sich hinwendet/ verdorret das Graß/ welches sie abfressen heissen. Wenn es reiff/verdorret auch der Stengel/ und die Frucht bekommet ein rauches Fell/ wie ein Lamm. Man hat uns etliche Stückchen von solchem Felle gegeben/ es war zart und krauß von Wolle/ als ein Lams Fell/das erst jung worden.** SCALIGER Exerc. 181. sect. 29. schreibet/ daß es **recht vier Füsse/ Klawen/ Ohren/ und einen vollkommenen Kopff habe. Das Fleisch soll seyn wie Krebs-Fleisch/ und trefflich süsse schmecken. Aus den Wunden soll Blut fliessen/ wie aus andern Thieren/ wenn sie verwundet werden. Ja es sollen auch die Wölffe und sonst kein ander Thier diesem Gewächs nachstellen / darüber sie offt gefangen werden.** Vid. BARO de Herberstein in rerum Muscoviticarum Commentar. FORTUNIUS LICETUS lib. 3. de spont. viv. ort. l. 45. LAURENT. SURIUS in Comment. Anno 1504. PETRUS GREGOR. THOLOS. l. 33. Syntag. Art. Mirab. c. 13. LIBAV. part. 2. singular.

LVII.

Was ist von diesen Lämmern zu halten?

JOH. EUSEB. NIEREMBERG. lib. 3. Hist. Nat. c. 6. saget / daß sie unvollkommene Thiere wären / und hätten theils die Natur der Gewächse / theils die Natur der Thiere an sich. In der Meinung sind auch die jenigen/ so dem ARISTOTELI nachfolgen. Aber ich kan ihnen nicht beyfall geben. Denn erstlich haben die Weltweisen eine Regul/ welche mit der Natur übereinstimmet und also lautet: Unius rei non nisi unica est forma specifica, ein jedes Ding hat nur eine formam, eine Seele/ von der es sein Wesen / sein Leben und Wirckung hat. Wenn nun obgedachte Gewächse halb Lämmer und halb Thiere wären/ so müsten sie auch zwey Seelen haben/ eine Gewächs- und eine Thier-Seele. Welches im angezogener Regul und der Natur schnur stracks zu wieder. Hernach wenn diese Lämmer Thiere wären / und eine Sinn-Seele hätten / so müsten sie auch können sehen/ riechen / hören/ schmecken/ fühlen: sie müsten den affecten unterworffen seyn/ und bald frölich/ bald traurig/ bald zornig/ u. s. f. werden; sie müsten sich von einem Ort zum andern bewegen kännen. Welches alles aber gantz und gar nicht geschiehet. Daß ich anderer Gründe geschweige/ damit solches noch mehr wiederleget werden kan. Das Gegentheil zwar beruffet sich auff die Gestallt derselben. Aber die blosse Gestalt richtet es nicht aus. Es sind viel Kräuter/ derer Wurtzeln eine menschliche Gestalt haben. Sind sie aber deßwegen Menschen? Etliche Biltze und Schwämme sehen aus wie Hüner-Eyer / etliche wie Zungen. Sind sie aber rechte Zungen/rechte Eyer? ATHANAS. KIRCHER. Mund. subterran. lib. 8. s. 1. c. 9. f. 30. berichtet von den Steinen/ daß etliche die Gestallt des Himmels præsentiren, etliche die Gestalt der Bäume/ Städte / Berge und Wolcken f. 31. und 32. etliche die Gestalt der Narcissen/ Hyacinthen/ Tulipen/ Pöonien f. 28. etliche die Gestalt der Störche/ Enten/ Bachsteltzen und anderer Vögel f. 32. etliche die Gestalt der Pferde/ Katzen/ Fische f. 34. 35. seqq. Wer wolte aber so thöricht seyn und gläuben/ daß auch die Natur solcher abgebildeten Dinge in den Steinen verborgen sey? Darumb kan man aus der Gestalt nicht schliessen/ daß dieses rechte Lämmer seyn. Aber die Wiederpart thut das Blut hinzu/ und saget/ daß man doch zum wenigsten daraus den Cörper eines Thiers erkennen könne. Aber gleichwie man aus der Milch/ die aus unterschiedlichen Kräutern fliest/ nicht argumentiren kan daß alsobald auch eine Sinn-Seele bey denselben wäre : also kan auch das Blut hierbey nichts beweisen. Zu dem ist noch die Frage ob es recht Blut sey oder nicht? ob es gleich roht/ so ists doch noch nicht Blut. Denn sonst müste auch die Dinte/ der rohte Wein u. s. f. Blut seyn. Und kan man nicht auch aus dem Schwalben-Kraut/ aus den rohten Rüben/ rohten Safft drücken? Wer wolte aber deswegen ihnen eine Sinn-Seele zueignen? was aber das Fleisch anlanget/ daraus die Wiedersacher unter andern auch beweisen wollen/ daß es rechte Lämmer seyn; so ist zu wissen/ daß es nicht solch Fleisch sey/ als wie bey unsern Schöpsen und Lämmern zu finden; sondern es ist den schwartzen Weintrauben und Kirschen gleich. Wie nun bey diesen Dingen keine anima sensitiva ist/ also ist sie auch nicht bey m Agno Tartarico, oder vegetabili, wie es genennet wird. Und gleichwie man aus dem rohten Safft und Fleische nichts gewisses schliessen kan/ also kan man auch keinen beständigen Grund hernehmen aus der Wolle / damit diese Lämmer bekleidet. Denn die Pfersing/ die Qvitten und andere Früchte sind auch mit weißlichter Wolle überzogen: die Castanien haben auch innwendig ein rauch Fell. Sind es aber Thiere? ich kan mirs nicht einbilden. Können es die Peripatetici thun/ so wil ich ihnen gerne ihre eingebildete Weißheit gönnen. Dieses möchte vieleicht noch das beste und gröste argument für sie seyn/ daß die Tartarischen Erden-Lämmer die herumbstehenden Kräuter aufffressen/ und auch selbst von den Wölffen zerrissen/ und verzehret werden. Welches mir aber gar verdächtig und fabelhafftig fürkömmt. Jedoch gesetzt/ daß dem also sey/ so werden die Wölffe entweder durch die äusserliche Gestalt dieses Gewächs betrogen; oder sie fressen es aus grossen Hunger / massen sie auch alsdenn der Erden selbst nicht schonen. Daß aber dieses Lamm die herumbstehenden Kräuter frist/ muß nicht propriè, sondern gar impropriè verstanden werden. Denn die Kräuter verdorren nur/ wie ausdrücklich Herr OLEARIUS bezeuget/ und zwar darumb/ weil es ihnen den Safft und Nahrung entziehet. Darumb bleibt es dabey/ daß die Tartarischen Lämmer nicht rechte Thiere/oder halb Gewächse und halb Thiere/ sondern blosse Erd-Gewächse seyn.

LVIII.

Ist es wahr / daß in Schottland die Gänse auff den Bäumen wachsen?

Von den Baum-Gänsen / welche die Holländer Rottgansen nennen / sind unterschiedliche Meinungen der Gelehrten. OLAUS MAGNUS lib. 14 hist. Septentrion. c. 9. und SEBAST. MUNSTERUS lib. 2. Cosmograph. c. de fertil. Angl. & Scot. schreiben / daß sie auff den Bäumen wachsen / und hernach ins Wasser hinnab fallen / darauff sollen sie lebendig werden. JACOBUS ACONENSIS saget / daß sie mit den Schnäbeln an den Bäumen hingen / hernach wenn sie reiff wären / und Federn hätten / so fielen sie herab / und wüchsen / biß sie / wie andere Vögel / könten davon fliegen / kähmen sie aber nicht alsobald zum Wasser / so müssen sie sterben / weil im Wasser ihre Nahrung und Leben wäre. ODORICUS Utinensis setzt hinzu / daß sie in runten Kürbsen generirt würden / welches er von viel Vornehmen und glaubwürdigen Personen gehöret. FULGOSUS ap. NIEREMBERGIUM lib. 3. Hist. Nat. cap. 5. nennet sie Enten / und saget / daß die Bäume / darauff sie wüchsen / unsern Weiden gar gleich wären.

Andere erklähren dieses anders. Denn ob sie wohl zugeben / daß diese Gänse oder Enten auff den Bäumen wachsen / wenn sie ins Meer geworffen sind / so wollen sie doch derselben generation lieber dem Meer / als den Bäumen zuschreiben. In dieser Meinung ist HECTOR BOETHIUS in descript. Regni Scot. Wie auch ABRAH. ORTELIUS Theatr. Orb Terr. in descript. Scotiæ. Welche über das fürgeben / daß erstlich in dem Holtze Würmer wuchsen / und diese würden hernach in Gänse verwandelt. Ja sie würden auch wol bisweilen aus den Muscheln generirt / wie solches mit dem Boëthio, MICHAEL MAYERUS in tract. de volucri arborea cap. 3. SCALIG. Exerc. 59. §. 2. Und MATTHIAS LOEBELIUS in obs. stirpium, ap. ANTON. DEUSINGIUM dissert. de Anserib. Scot. num. 44 p. 608. fascic. select. bekräfftigen.

Etliche wollen / daß sie aus dem verfaulten Holtze entspringen sollen / welche Meinung ALDROVANDUS lib. 19. Ornithol. c. 23. TURNERUS ap. Gesner l. 3. de avib. ALEXANDER ab ALEX. Genial. Dier. lib. 4. c. 9. und viel andere defendiren.

Aber diese alle treten von der Warheit ab / und erklähren die Natur nach ihrem Kopffe / da doch der Verstand sich nach der Natur richten solte. Insonderheit was die erste Meinung betrifft / welche die generation dieser Vögel den Bäumen zuschreibet / so ist dieselbe erstlich der Göttlichen Ordnung gantz und gar zu wieder. **Denn GOtt sprach: Es lasse die Erde auffgehen Graß und Kraut / das sich besame / und fruchtbahre Bäume / da ein jeglicher nach seiner Art Frucht trage / und habe seinen eigenen Samen bey ihm selbst auff Erden. Und es geschach also. Und die Erde ließ auffgehen Graß und Kraut / das sich besamet / ein jegliches nach seiner Art / und Bäume / die da Frucht trugen / und ihren eigen Saamen bey sich selbst hatten / ein jeglicher nach seiner Art.** Gen. 1. v. 11. 12. Wie kan man nun der Göttlichen Ordnung Glauben beymessen / wenn man sagt / daß die Bäume auch Vögel generirten? Heißt denn das / **Frucht bringen nach seiner Art?** Haben denn die Bäume und Gänse in Schottland einerley Natur? O der elenden Leute / die das öffentliche helle Licht der Warheit nicht erkennen können / sondern in Finsternis und Schatten / gleich als Blinde herumb irren! Hernach haben ja die so genanten Baum-Gänse ihre fünff Sinne / sie hören ja / sie sehen /

sie riechen / sie schmecken / sie fühlen / sie bewegen sich auch von einer stelle zur andern, welches alles anzeigungen sind / daß in ihnen eine anima sensitiva oder Sinn-Seele müsse verhanden seyn. Nun fragt sichs / woher sie diese haben? Haben sie sie von dem Baume bekommen? Mit nichten. Ein Baum hat keine animam sensitivam, sondern nur vegetativam. Darumb kan er auch seinen Früchten dieselbe nicht mittheilen. Nam, qvod qvis non habet, alteri communicare non potest. Denn was einer selbst nicht hat / das kan er auch andern nicht geben / nach dem Ausspruch der Philosophen. So können auch diese Vögel ihre Seele nicht von der Sonnen empfangen haben. Denn diese ist nur causa remota & universalis, die zwar mit allen Natürlichen Irrdischen Dingen wircket / aber sie kan vor sich selbst alleine nichts generiren / sondern erfodert concursum causæ particularis & proximæ, von welcher hier geredet wird. Diese aber kan auch nicht die Wärme seyn / ob gleich ihrer viel diese Meinung erfassen. Denn die Wärme ist ein accidens, die Seele aber eine Substantia. Nun kan aber kein accidens einige Substantiam für sich selbsten hervor bringen. Zu dem ist die Wärme auch nur caussa instrumentalis ein instrument / welches der Hauptwirckenden Ursache dienet. Darumb wird nach dieser allhier einig und allein gefraget. Weil sie aber von den Patronen solcher Opinion nicht kan genennet und bewiesen werden / so ist daraus zu schliessen / daß ihre Meinung auff untüchtigen Gründen bestehe.

Und eben dieses ist auch zu halten von des Hectoris Boëthii Opinion, der dem Meere wil eine solche generirende Krafft zueignen. Welches doch gleichfals mit der Göttlichen Ordnung nicht übereinstimmet. Denn da wird befohlen / daß nicht allein die Kräuter und Bäume / sondern auch alle Thiere sich nach ihrer Art vermehren sollen / wie im ersten Capittel des ersten Buchs Mosis zu lesen. Ist nun dieses wahr / wie es denn nicht anders seyn kan / so sage mir doch einer / wie denn das Meer könne Vögel generiren, da es von den Vögeln eine gantz unterschiedliche Natur / Art und Wesen hat. Entweder GOttes Wort muß lügen / oder diese Meinung des Boëthii muß falsch und erdichtet seyn. Jenes kan kein Christ sagen / darumb bleibt es bey diesem. Zwar man beruffe sich auff die Heil. Schrifft / welche bezeuget / daß in der Schöpffung die Vögel aus dem Wasser sind herfür gebracht worden. Aber man muß zwischen der Schöpffung und zwischen der Erhaltung der Welt einen Unterscheid machen. Was bey jener vorgangen / geschieht nicht alsofort auch bey dieser. Distingve tempora, & concordabit scriptura. Hernach hat auch das Meer keine Seele: wie kan es denn den Vögeln eine Seele geben? es bleibt dabey: Qvod qvis non habet, alteri communicare non potest, was einer selbst nicht hat / das kan er auch andern nicht mittheilen. Uber dieses ist auch der modus, die Art und Weise solcher generation, wie sie Boëthius beschreibet / gar verdächtig. Denn er sagt / daß erstlich in dem Holtze / so im Wasser liegt / Würmer sollen wachsen / welche hernach in Gänse verwandelt würden. Nun gesetzt / daß Würmer in dem Holtze wachsen / folget aber alsobald / daß solche Würmer Vögel seyn? Und wachsen denn die Würmer in Schottland so groß als Gänse oder Enten? warlich es muß daselbst wunderliche Würmer geben. Ferner spricht er / er habe diese Vögel in Muscheln gesehen / da es doch nur ein geflügelt Thierichen gewesen / so aber nicht alsofort eine Ente oder Gans ist. Jedoch sey ihm wie ihm wolle / es mag für ein Thier gewesen seyn / was es für eins wil / so ist doch nicht der Warheit ähnlich / daß selbiges aus dem Meer generirt sey. Denn was in dem Meer gezeuget wird / das kömmt nicht alsobald aus demselben. Ein anders ist materia ex qvâ, ein anders materia in qvâ.

Was über diß noch Lœbelius und Mayerus von den Muscheln/ in welchen diese Vögel generirt werden sollen/ fürgeben/ das kan man füglich von den Eyern verstehen/ welche gleichfals runt/ weiß und leicht/ wie die Muscheln beschrieben werden. Vid. CAROLUS CLUSIUS in Auctar. Exoticor. daß aber die Muscheln selbst in solche Vögel sollen verwandelt werden/ ist gantz falsch/ wie solches klärlich wiederleget/ SENGVERDIUS Exerc. 44. p. 175. seqq. Sonst erzehlet SCALIGER l. c. eine Historie/ daß dem Könige Francisco einsmahls eine Muschel/ so nicht allzu groß/ sey überreichet worden/ darinn ein Vögelchen gewesen/ mit Flügeln/ Schnabel/ un̄ Füssen/ welches an der Schnecken gehangen. Aber daraus kan der Ursprung dieser Vögel noch nicht sattsam probiret werden. Denn es kan seyn/ daß das Vögelchen seine Nahrung zu suchen/ in die Muschel kommen/ welches sich hernach zugeschlossen/ und also ist das Vögelchen an ihr behangen blieben/ und zugleich mit ihr gestorben/ weil keines von dem andern hat kommen können. Vid. SENGVERDIUS l. c.

Was die letzte opinion anlanget/ welche dafür hält/ daß die Baum-Gänse aus dem verfaulten Holtze entstehen: so ist dieses davon meine Meinung/ daß die putredo, als ein accidens keine substantiam machen könne. Zu dem ist auch die putredo ohne Seel und Leben/ daher sie dem andern wieder keine Seel und Leben geben kan. Und ob sie wohl dispositivè etwas thut bey der generation etlicher natürlichen Cörper; so ist sie doch nicht causa principalis, oder die Haupt-wirckende Ursache. Daß ich geschweige/ wie kein Thier aus verfaulten Sachen generirt werden könne/ ob es zwar bißweilen in denselben formiret wird.

Darumb halte ichs vielmehr mit denen/ welche sagen/ daß die Schottländischen Baum-Gänse/ nicht aus den Bäumen/ oder Muscheln/ oder andern dergleichen Dingen/ sondern nach gemeiner Art der Natur/ aus Eyern generiret werden. Diese Meinung kömmt mit GOttes Ordnung überein/ welche wil/ daß ein jedes sich nach seiner Art vermehren solle. Sie findet auch in der Natur statt/ als welche alle Dinge aus ihren Saamen zeuget. Und endlich bekräfftiget sie auch die Meisterin aller Dinge/ nehmlich die tägliche Erfahrung/ welche bezeuget/ daß diese Vögel/ wie die andere/ von ihres gleichen aus ihren gewissen Saamen produciret werden. Also schreibet ALBERTUS MAGNUS lib. 23. Histor. Animal. ap. Gesnerum, daß er selbst und viel andere mit ihm gesehen/ wie diese Schottischen Gänse sich zusammen finden/ Eyer ausbrüten/ und ihre Jungen ernehren. Also berichten auch die Holländer/ welche/ da sie durch Mitternacht in China̅ schiffen wollen/ viel Nester und Eyer derselben Gänse angetroffen haben. Aus vielen wil ich nur zwey Zeugnüsse herbeyfügen/ daraus die Warheit dieses Dinges Sonnen-klar erhellet. GERARD DE VEER in itin. Extract. pag. 13. schreibet hievon in seiner Sprache folgende Wort: **Doe roeyden sy voort aen 't Eyland dat in de midden lagh/ en vonden daer veel Eyeren van Rotgansen/ die sy op 't Nest sagen sitten/ ende verjaeghden/ smytende een van de selbe met een Steen doodt/ die sy koockten met omtrent 60. Eyers daertoe. Dit waren oprechte Rotgansen alsser in Hollandt op Wieringhen in grooter menighte alle Jaers overkomen en de gevangen worden/ die men tot noch toe niet gheweten en heeft waer sy haer Eyeren leggen ende uytbroeden. Dae-**

rom sommighe Schryvers haer niet ont sien hebben te schryven datse in Schotland aen Boomen wassen/ ende dat de vruchten derselbe Boomen die in 't Water vallen Ganse Kuyckens zyn / ende stracks beginnen te schwemmen: maer die op 't Landt vallen / bersten in stucken/ ende komen te niet.

Dit blyckt nu contrarie/ ende is niet te verwanderen dat niemant tot nach toe ghewetén heeft/ waer dese Vogels haer Eyeren leggen/ na dien noyt Mensche dat men weet / op de 80. Graden geweest heeft / ende dit Landt noyt is bekennt geweest / veel min dat die Rotgansen daer op haer jonghen broeden.

Hier hören wir. Woher diese Vögel kommen/ nehmlich aus den Eyern. Jngleichen was die Ursache sey / daß die Alten davon solche irrige Meinungẽ geführet? Nehmlich weil sie niemahls an den Ort kommen / da diese Vögel generirt werden / sie haben niemahls ihre Nester oder Eyer gesehen. Beydes aber haben die Holländer observiret. Ja der bekante SENGVERDIUS Exerc 44. sagt / daß er unterschiedliche solche Enten oder Gänse anatomiret und zertheilet / bey welchen er unzehlich viel Eyer gefunden/ und daraus geschlossen / daß sie / wie alle andere Vögel aus Eyern kommen müssen. Vid. DEUSING. Dissert. de Anser. Scot. num. 47.

LIX.

Sind die Einhörner in der Sindfluht alle ersoffen?

Es sind mancherley Thiere in der Natur / die nur ein Horn haben. Anno 1601. haben die Holländer/ da sie aus Jndien wieder zurück gekommen / einen einhörnichten Fisch mitgebracht/ dessen Kupfferstich bey dem CLUSIO lib. 2. Exot. c. 27. zusehen. Anno 1576. hat MARTINUS FORBISSERUS in dem Septentrionalischen Meer unter den Eiß-bergen einen Fisch angetroffen / der ein grosses Horn an der Nasen gehabt / zwey Ellen lang / davon CASP. ab ENS lib. 2. hist. Ind. Occid. c. 26. OLAUS M. l. 21. c. 10. OLEAR. l. 3. Itin. Pers. c. 4. f. 175. ALBERTUS M. RONDELETIUS und andere schreiben. ÆLIANUS lib. 17. hist. animal. c. 10. gedenckt einhörnichter Vögel / dergleichen in Æthiopia sollen gefunden werden / (Wie DINON ap. Corn. Nep. & Athen. berichtet/) Und von den Spaniern bey dem rohten Meer einsmahls geschehen worden seyn/ ap. LUDOVICUM de URRETA lib. 1. hist. Æthiop. p. 344. JOHANNES VESLINGIUS, der fürtreffliche Anatomicus hat zu Cair einhörnichte Schlangen gesehen / ap. BARTHOLIN. pag. 16. Und in der Windischen Marck / wie auch in Campanien soll eine Art solcher Kefer gefunden werden / wie KIRCHMAJER. ex OLAO WORMIO & BARTHOLINO berichtet. Von einhörnichten Eseln schreibet PLINIUS lib 11. c. 37. Hist. Nat. und ARISTOTELES lib. 2. c. 1. l. 3. c 2. daß Pferde mit einem Horn gefunden werden/ bezeuget NIEREMBERGIUS lib. 7. hist. nat. adm. c. 2. Welcher ein solches gesehen. Und dem Durchleuchtigsten Fürsten und Herrn/ Herrn JOHANN GEORG, Ertz-Hertzogen zu Sachsen / und Churfürsten u. s. f. Glorwürdigsten Andenckens / wurd vor etlichen Jahren dergleichen Pferd verehret / welchem Jährlich das Horn einmahl abfiel / aber wieder wuchs. Vid. KIRCHMAJER. l. c. CÆSAR de bell. Gall. schreibet / daß im Hartz-Walde einhörnichte Ochsen gefunden würden Jn Æthiopien sollen auch dergleichen Kühe seyn / wie sie denn LUDOVICUS VARTOMANNUS selbst zu Zeilan gesehen / conf SCALIG. Exerc. 206. sect. 7.

Was das Nasen-Horn / auch sonst Rhinoceros genant / für ein Thier sey / ist aus dem MÜNSTERO gnug bekand. Besiehe auch hievon PAULUM JOVIUM, CARDANUM lib. 10 Subt. de anim. perfect. f. 328. SCALIG. Exerc 205. sect. 1. FRANZ. Hist. Anim c. 11. p. 110. BARTHOLIN. de Unicorn. addend. ad p. 147.

Aber diese Thiere alle miteinander sind nicht die jenigen Einhörner / von welchen in dieser Frage geredet wird. Denn die rechten Einhörner sind so groß als ein Pferd / haben auch einen solchen Kampff; aber am Kopff und Füssen sind sie den Hirschen gleich / und haben einen Schwantz / wie eine Ziege oder Sawe. Ihre Stimme ist greulich; Ihre Natur wilde und unbändig / daher spricht GOtt selber zu Hiob / cap. 39, v. 12 13. **Meinestu das Einhorn werde dir dienen / und werde bleiben an deiner Krippen? kanstu ihm dein Joch anknüpffen / die Furchen zu machen / daß es hinter dir bröche in Gründen?** Und im folgenden 14. Verß gedenckt er ihrer Stärcke / in dem er spricht: **Magstu dich auff es verlassen / weil es so starck ist?** Es liebet einsame und unwegsame Oerter / dahin kein Mensch kommen kan. Daher bekömmt man sie auch gar selten zu sehen / und noch seltener werden sie gefangen. Sie sollen so schnelle seyn / als ein Pferd / oder Hase. Ihre Wohnung ist in Arabien, Syrien, Æthiopien, und Indien.

Und von diesen hat man bißher fürgegeben / daß sie alle miteinander in der Sündfluht wären ümbkommen / und nun gräbe man ihre Gebeine aus der Erden. Aber das ist eine gemeine Fabel / welcher die Heilige Schrifft / die Natur und Erfahrung wiederspricht. Die H. Schrifft redet hin und wieder von dem Einhorn / wie unter andern aus angezogenen Orte erhellet. Und im ersten Buch Mosis am 7. cap v. 13. stehet geschrieben: **daß Noah in den Kasten gangen mit Sem / Ham und Japhet / seinen Söhnen / und mit seinem Weibe / und seiner Söhne dreyen Weibern. Dazu allerley Thier nach seiner Art / allerley Vieh nach seiner Art / allerley Gewürm / das auff Erden kreucht / nach seiner Art / und allerley Vögel nach ihrer Art / alles was fliegen kunt / und alles was Fittich hatte. Das ging (NB) alles zu Noah in den Kasten bey paaren / von (NB) allem Fleisch / da ein lebendiger Geist innen war. Und das waren Männlin und Fräulin von allerley Fleisch / und gingen hinein / wie denn GOtt ihm gebohten hatte. Und der Herr schloß hinter ihm zu.** Wann nun alle Thiere zu Noah in den Kasten gangen / und GOtt selbst hernach die Thüre zugeschlossen: wie kan es denn müglich seyn / daß die gantze species der Einhörner in der Sündfluht umbkommen? Zu dem lehret die Natur / daß keine species untergehe: Denn sonst würde die Welt unvollkommen. Daher schliesse ich also: Was zur Vollkommenheit der Natur gehöret / das vergehet nicht ehe / biß die Natur selbst untergehet: Nun aber gehöret das Einhorn / ja alle species zur Vollkommenheit der Natur; darumb so vergehen sie auch nicht ehe / biß die Welt selbst vergehet. Vid. SCALIG Exerc. 250. s. 1. SPERING. Instit. Phys. lib. 3, cap. 1. q. 2. p. 405. seqq. Und endlich bezeuget die Erfahrung / als die Lehrmeisterin aller Dinge / daß die Einhörner noch in der Welt gefunden werden. LUDOVICUS de VARTHEMA, der vor zweyhundert Jahren den gantzen Orient durchwandert / und Ægypten, Arabien, Æthiopien, Indien / und andere Länder besehen / derselbe hat zu Mecca in Arabien / in dem Tempel / wo der Mahometh begraben liegt / zwo rechte Einhörner gesehen/ so mit Gitterwerck verwahret gewesen/ lib. 1. de Arab. cap. 18. p. 20. MARCUS PAULUS VENETUS, welcher viel Jahr unter den Orientalischen Tartarn gewesen/ erzehlet lib. 3. descript. Orient. c 15. daß in dem Königreich Basman die Elephanten und Einhörner in grosser menge gefunden würden. Gleichfals schreibet auch Leonhard Rauchwolff/ daß der Persier König zu Samarcand pflegte Einhörner zu halten. Und BARTHOLINUS de Unicornu p. 163. berichtet/ daß die Kauffleute in Arabien offte/ nicht ohne grosses Schrecken/ hätten solche Einhörner gesehen/ wie in den Büchern abgemahlet sind/ ehe sie sie aber recht hätten betrachten können/ wären sie wieder davon gewesen. Wie viel Potentaten und grosse Herren sind/ welche die Hörner von dergleichen Thieren haben/ oder doch zum wenigsten gesehen haben? Zu Friedrichsburg in Dännemarck ist eins von 7. Schuen/ welches Bartholinus am angezogenen Orte beschrieben hat. Dergleichen ist auch zu Dreßden in der Kunstkammer zu sehen/ Und an viel andern Orten mehr. Vid. Ulyss. ALDROVAND. in Paralip. de qvaduped. ad lib. 1. fol. 223. welche vieleicht in den Wüsten Arabiæ sind gefunden worden/ und dem Einhorne entfallen; wie es denn/ gleich als die Hirsche/ sein Horn abzulegen pflegt.

Es ist aber obgedachte Meinung vielleicht daher entsprungen/ weil man auch fast dergleichen Hörner aus der Erden gräbt/ welche aber nicht so harte/ schwer und dichte/ noch also riechen/ wie das rechte Einhorn. Sie werden ausgegraben in Thüringen/ Böhmen/ im Hartzwald/ bey Elbingerod/ Hildesheim und Heidelberg/ in Schlesien/ Mähren und an etlichen Oertern in Meissen. CLUSIUS sagt/ daß man sie auch in Italien finde. Und diese werden ins gemein mit des Thieres Horne vermenget/ da sie doch weit von einander unterschieden. Vid. SENNERTUS scient. Nat. lib. 4. c. 4. p. 423.

LX.

In welchem Lande tragen die Hüner Wolle?

KIRCHERUS Chin. Illustr. p 196. A. schreibet/ daß im Königreich Suchuen Hüner seyn/ die Wolle tragen/ als unsere Schaffe/ sie sollen klein vom Leibe seyn/ von kurtzen Füssen/ doch kühn/ und generos. Ob es aber rechte Wolle sey/ ist billig zu zweiffeln. Denn gleichwie die weise Natur die vierfüssigen Thiere mit Haaren/ und nicht mit Federn hat bekleiden wollen: also hat sie auch die Vögel nicht mit Haaren/ sondern mit Federn bedeckt. Daher ist ein ander principium bey den vierfüssigen Thieren/ welches die Haare oder Wolle herfürbringet: ein anders ist bey den Vögeln davon die Federn entstehen. Und kan nicht seyn/ daß in derer Dinge ihren Saamen/ die gantz weit voneinander unterschieden sind/ eine virtus plastica wäre/ welche so wohl die Haare/ als Federn producirte. KIRCHERUS hat alle Umbstände fleissig erwogen und endlich befunden/ daß diese Hüner nicht rechte Wolle/ sondern nur kleine subtile krause Federchen haben/ welche so lassen als Wolle. Wie er sie denn in Kupffer stechen lassen/ und an angezogenen Ort hingesetzet/ daraus der günstige Leser besser die äusserliche Beschaffenheit derselben wird ersehen können.

LXI.

Können die Jungen Hüner auch wohl im Backofen auskommen?

BENEDICTUS PERERIUS de mag. lib. I. c. 12 §. 4. p. 118. und BUSBEQVIUS Epist. 3. Legat. Turcic. p. 165. erzehlen/ daß sie von den Ægyptiern/ so täglich nach Constantinopel kommẽ/ gehöret/ wie die Hüner-Eyer in Ægypten in einen warmen Backofen gesetzt/ und durch dessen Wärme hernach ausgebrütet würden. BELLONIUS lib. 2. obs. 31. bezeuget/ daß er es selbst gesehen. Es hat es auch offte erfahren und gesehen der Curiösische Joh. Veslingius observat. & Epist. à Bartholino editis, Epist. I. & II. von ihm hats gelernet Hertzog FERDINANDUS II. welcher es in Hetrurien versucht/ ap. Rhodium Lit. ad Worm. Und in Dännemarck hat es CHRISTIANUS IV. practiciret, nicht ohne glücklichen Success, wie Bartholinus Cent. 4. Hist. 11. p. 213. berichtet. Digbæus schreibet in seinem Tractat de Corp. Nat. Tom. 1. c. 24. p. 280. daß ein Englischer Connestabel mit Nahmen Joh. Heydonius auch dergleichen vorgenommen/ und es so weit gebracht/ daß endlich die jungen Hüner sind auskommen. Bartholinus Cent. 3. Hist. 100. gibt vor/ daß es auch im Miste angehe.

LXII.

Warumb hält ein Mensch den Athem an sich/ wenn er soll eine schwere Last auffheben oder sonst harte Arbeit verrichten?

Wir sehen es an den Trägern und Tagelöhnern/ wenn sie sollen eine schwere Last tragen oder sonst harte Arbeit verrichten/ so pflegen sie den Athem an sich zu halten: daher läufft ihnen das Gesichte und der Halß auff und wird roht. Die Ursache/ warumb sie solches thun/ ist diese: weil sie dadurch stärcker werden/ in dem sie den Athem nicht gehen lassen. Denn die Musculi und Spiritus sind die Instrumenta, welche wir gebrauchen/ schwere Sachen auffzuheben. Wenn die agiren und strenge zusammen gezogen werden/ so wird auch der Mensch stärcker: werden sie aber schlaff gelassen/ so ist auch desto minder Stärcke bey dem Menschen. Je mehr nun Musculi angestrenget werden/ desto mehr vermag auch ein Mensche auszurichten; ie weniger aber derselben sind/ desto geringer Arbeit kan er auch thun. Derowegen wenn nur eine leichte Last auffzuheben und zu tragen/ so sind nur die Musculi an Händen und Armen geschäfftig: ist aber die Last schwer und groß/ so müssen auch die Musculi an andern Gliedmassen mit helffen arbeiten. Wenn man nun den Athem an sich hält/ so werden dadurch die Musculi in dem obern Leibe/ im thorace und abdomine, ja im gantzen Leibe angezogen/ in dem die spiritus motorii sich mehr bewegen/ die Musculos erfüllen und straff machen. Man siehet es daran/ wenn man einen Arm oder Fuß bindet/ so läufft er alsobald auff/ weil die Musculi gebunden werden/ und sich daher die Spiritus desto mehr zur Gegenwehr setzen: Also auch wenn man den Athem unterläßt/ so lauffen deswegen die Spiritus zusammen/ und wollen solcher Gewaltsamkeit wiederstehen/ treiben daher die Musculos und strengen sie auffs schärffeste an. Hierzu kömmt noch dieses/ wenn man den Athem an sich hält/ so wird die Wärme des Hertzens nicht temperirt: denn deswegen hohlet man Athem/ daß man durch die kühle Lufft/ die man in sich ziehet/ das Hertze erfrische. Nimmt nun die innerliche Wärme zu/ so werden auch die Lebens-Geister desto hefftiger beweget/ alldieweil sich die Wärme durch den gantzen Leib ausbreitet. Daher werden auch die Puls- und andere Adern/ und das Blut/ so in denselben enthalten/ desto hitziger/ welche Hitze hernach den Musculis mitgetheilet wird. Aus diesen erhellet gleichfals die Ursache/ warumb die Träger und Tagelöhner bey solcher ihrer harten Arbeit roht werden: nehmlich weil das erhitzte Blut zugleich mit den Spiritibus an die äusserlichen Gliedmassen tritt.

LXIII.

Warumb kan einer/ wenn er sich gurgelt/ den andern nicht wohl verstehen/ der etwas zu ihm redet?

Hier muß man wissen/ wie es erstlich mit dem Gehör zugehe/ nehmlich/ daß der Schall durch die Lufft in das Ohr hinein dringe zu dem nervo qvintæ conjugationis, wie er genennet wird. Hernach muß man wissen/ daß unser Gehör offt verhindert werde durch einen andern Schall: wie denn dieses unter andern daraus zu sehen/ weil die jenigen/ so nahe bey den Glocken stehen / einander nicht vernehmen können/ wenn geläutet wird. Zum dritten ist zu mercken/ daß man die Stimme alsdenn nicht wohl verstehen könne/ wenn sie durch einen andern nähern oder stärckern Schall und durch die Bewegung der Lufft von dem Ohre zurück getrieben wird. Daher hören wir nur die letzten Syllaben bey einem Echo, da es doch von Anfang biß zu Ende alle Syllaben und Wörter wiederhohlet/ aber in dem wir reden / wehret unsere Stimme/ daß der reflectirte Thon nicht wieder in die Ohren hinein kommen kan. Endlich ist auch dieses zu præsupponiren, daß ein Röhrichen von dem Ohre zum Munde gehe/ durch welches die Lufft auch beweget und der Tohn hindurch kommen kan.

Wann nun ein Mensche sich gurgelt/ so macht er durch die Bewegung des Wassers und der Lufft einen Schall in dem Munde: derselbe Schall gehet hernach durch obgedachtes Röhrichen in das inwendige Ohr/ und verhindert also/ daß die auswendige Stimme des jenigen/ so da redet/ zum Ohre nicht hinein kommen kan. Denn die Bewegungen/ sind einander zu wieder/ in dem ein Schall ein / der ander aus wil.

Daher ist auch zu sehen / warumb einer den andern nicht recht verstehen kan/ wenn er gehnet. Denn wer da gehnet/ der macht einen Schall im Munde und treibet also die Lufft auswerts zum Ohre hinaus/ daß die Stimme des andern/ so da redet/ nicht hineinkommen kan.

Man kan auch aus diesen leicht schliessen/ warumb wir den Athem an uns halten/ wenn wir genau auffhören wollen. Nehmlich weil sonst die Lufft/ so durchs Athem hohlen hin und wieder in dem Munde gezogen wird / den auswendigen Schall verhindert.

LXIV.

Kan es auch wohl liechte seyn/ wenn es finster ist?

Ja. Es scheinet zwar ein unmügliches Ding und eine contradictio in adjecto zu seyn; aber es scheinet nur so. Wer die Natur recht betrachtet/ dem wird dieses nicht ungläublich fürkommen. Denn es mag eine Nacht so schwartz und dunckel seyn/ als sie immer wolle/ so ist doch Liecht in der Lufft/ wo anders der gestirnte Himmel zu sehen: Es ist aber kein condensirtes oder dickes Liecht / sondern dünnes und hin und her zerstreuetes/ welches man hernach durch gewisse instrumenta dicke machen kan/ also daß mans siehet. Wer dieses noch nicht gläuben wil/ der nehme einen Tubum Opticum, und halte ihn bey finstrer Nacht/ da man sonst im geringsten nichts erkennen kan/ gegen den Arcturum, Cor leonis, oder einen andern Stern: er wirds erfahren/ daß ferne zum Tubo heraus ein Glantz fallen wird / dabey man alles genau sehen kan/ und doch hat man zuvor gantz nichts gesehen. Wo kömmt aber dieses her? die Sterne schiessen ihre Strahlen ohne Zahl in die Lufft biß auff die Erden/ so wohl bey Tage/ als bey Nacht. Dieselben Strahlen aber samlet hernach der Tubus zusammen und condensiret sie also / daß man sie sehen kan/ ob sie schon zuvor/ da sie noch zerstrewet waren/ unser Gesicht nicht hat erfassen mögen. Darumb schliesse ich also.

Wo Strahlen sind/ da ist auch Liecht: Posita enim causa, ponitur causatum:

Nun aber sind des Nachts/ wenn der Himmel gestirnet/ ob es schon sonst finster ist/ Strahlen in der Lufft;

Ergo so ist auch des Nachts Liecht in der Lufft/ wenn nur der Himmel gestirnet/ ob es schon sonst finster ist.

Der erste Satz erhellet daher/ weil die Strahlen das Liecht produciren, Vid. SPERLING. Inst. Phys. der andere Satz ist aus vorigen klar/ weil nehmlich durch die Kunst des Nachts die Strahlen können condensiret werden: welches doch nicht geschehen könte/ wenn sie nicht zuvor in der Lufft wären. Denn die Kunst kan nichts ohne die Natur. Und wo die Natur gantz und gar kein Liecht hingewendet/ da wird es auch die Kunst nimmermehr hinbringen. Daß dem aber also sey hab ich zum öfftern selber erfahren und versucht mit meinen Tubis, die ich mir selbsten zur Ergötzung gemacht habe.

LXV.

Giebt es auch Leute/ die des Nachts im finstern sehen können?

SVETONIUS cap 68. schreibet vom Käyser TIBERIO, daß er des Nachts alles habe sehen können. PLINIUS lib. 7. cap. 2. berichtet/ daß es in Albania eine Art Leute gebe/ die in ihrer Kindheit alsobald grau würden/ und des Nachts mehr als bey Tage sehen könten. NEANDER in Phys. sagt/ daß er einen gesehen habe der bey Nacht gelesen/ und habe kein Liecht darzu gebraucht. DELDIUS ap. Libav. in sing. Tom. I. p. 278. bezeuget/ daß er einen sechzigjährigen Mann gekennet/ der bey Tage so blind gewesen/ daß er nicht einmahl aus der Kammer gehen können; des Nachts aber ist er nicht allein in dem Hause allenthalben umbgangen/ und die Pferde beschicket/ sondern er ist auch aus dem Hause gangen. Der Philosophus Asclepiodorus, des Procli Schüler/ erkennete bey finsterer Nacht die Leute so bey ihm stunden/ und laß auch im Buche/ wie PHOTIUS in Bibliothec. erzehlet. Von einem Bürger zu Brigant in Portugal erzehlen die CONIMBRICENS. lib. 2. de Anim. c. 7. q. 9. art. 1. daß derselbe im dicken Finsternis alles aufs genawste von einander unterscheiden können. CÆLIUS RHODIGINUS lib. 15. Antiq. Lect. betheuret hoch/ daß es ihm einmahl wiederfahren/ daß er bey Nacht auch die geringsten und subtilesten Dinge klärlich kennen und von einander unterscheiden können. CARDANUS schreibet von ihm selbst/ daß er in seiner Jugend in der größten Finsternis/ wenn er vom Schlaffe erwacht/ alles so habe gesehen/ als wenn es heller liechter Tag wäre/ jedoch habe sich solches bald verlohren. JOSEPHUS SCALIGER gibt für/ daß seinem Vater Julio Cæsari, und ihm selbst biß ins 23. Jahr/ dergleichen Liecht sey aus den Augen gegangen/ wie dann auch dieses FROMONDUS in Meteorlog. von ihm selbst schreibet. SOPHRONIUS de Spiritibus cap. 51. erzehlet von einem Munche Julianus genant/ welcher in die 70. Jahr alt gewesen/ und doch niemals ein Liecht angezündet/ nichts desto weniger habe er bey Nacht im Finstern die Bücher durchlesen. Von einem andern berichtet FABRICIUS ab AQVAPENDENTE lib. de Vis. c. 4. daß er des Nachts wohl gesehen/ bey Tage aber gar nichts/ oder doch gar dunckel. Und dergleichen Exempel findet man noch viel mehr.

LXVI.

Wie kan denn ein Mensche sehen/ wenn es finster ist?

Es ist aus der Optica bekant/ daß man nichts sehen könne/ was nicht illuminiret und erleuchtet/ oder selbsten Liecht ist. Nichts desto weniger hören wir aus angezogenen Exempeln/ daß auch etliche Leute des Nachts haben sehen können. Aber man muß wissen/ daß die Nacht nicht so finster ist/ als wenn gantz und gar kein Liecht darinnen wäre/ dergleichen bey der Aegyptischen Finsternis geschach/ da weder die Katzen / noch Pferde / noch die Nacht Eulen sehen konten. Sondern es ist auch des Nachts in der Lufft Lumen dispersum, ein Liecht / das zerstrewet / und von den Sternen seinen Ursprung hat. Wie in der 64. Frage bewiesen. Ferner ist zu mercken / daß in des Menschen Augen viel Liecht sey / wie es TH. BARTHOLINUS de Luc. hom. lib. 1. cap. 14. p. 106. seqq. weitläufftig dargethan. Also wird von Cajo Mario geschrieben / daß derselbe die jenigen / so ihn solten umbringen / mit dem Glantz seiner Augen erschreckt habe. Solche hell-glänzende Augen soll auch der Römische Käyser AUGUSTUS gehabt haben / davon SVETON. in ejus vitâ cap. 79. zulesen. Von Theodoro Beza erzehlen die jenigen / so ümb ihn gewesen / daß ümb seine Augen ein heller Glantz gewesen / der von dem innerlichen Liecht der Augen herkommen. Eben dieses hat Gaspar Schioppius dem Bartholino erzehlet von dem Vornehmen Mann / Joh. Mich. Pieruccio, welcher zu Nacht beym Liecht seiner Augen die schönsten Carmina geschrieben. Vid. BARTHOLIN. l. c. Daher sind etliche auff die Gedancken gerahten / daß die Visio oder das Sehen nicht allein entstehe von dem äusserlichen Liecht / welches in die Augen fiele; auch nicht allein von dem innerlichen Liecht / welches aus den Augen heraus ginge; sondern von der Conjunction beyder Liechter / also daß das äusserliche sich mit dem innerlichen verbinde / und alsdenn finge einer an zu sehen. In dieser Meinung ist gewesen PLATO ap. PLUTARCH. lib. 4. de placit. Item PLOTINUS Ennead. 4. lib. 5. ALCINOUS cap. 18. SPEUSIPPUS in Defin. Welchen beyfällt BARTHOLIN. de Causs. Luc. cap. ult. p. 522. seqq.

Nach dieser Meinung müste man sagen / daß solche Leute viel Liecht in ihren Augen hätten / welches sich mit dem äusserlichen conjungirte, daher kähme es / daß sie auch bey Nacht sehen könten. Denn Simile simili gaudet, gleich, und gleich gesellet sich gerne / das äusserliche zerstrewete Liecht ist dem innerlichen Liecht der Augen gleich / darumb verbindet sichs auch mit demselben / und wird also viel stärcker / vis unita enim forcior est dispersâ. Daher wird das Objectum illuminirt, und schicket seine Speciem sein Ebenbild in das Auge hinein / woraus die Visio entstehet.

Daß aber etliche bey Tage nicht sehen können / aber wohl bey Nacht / ist daher kommen / weil ihre Augen des Tages Liecht nicht ertragen kännen / sondern sind so schwach gewesen / daß sie von demselbigen sind verblendet worden / gleich wie denen wiederfähret / die das helle Sonnen-Liecht anschawen. Und also haben sie nur ein schwaches dunckeles Liecht von nöhten gehabt / dergleichen bey Nacht von den Sternen ist geflossen. Denn es muß eine Proportion und Gleichheit seyn zwischen den Sinnen und denen Dingen / mit welchen sie ümbgehen. Sind die Objecta sensibilia stärcker / so kännen sie von den Sinnen nicht erfasset werden / sondern verletzen vielmehr dieselben / wie wir an den Carthaunen Knall sehen. Hingegen wenn sie zu schwach sind / so können sie auch wegen ihrer subtilität die Instrumenta der Sinne nicht afficiren. Also hören wir es nicht / wenn einer heimlich redet / wir fühlen es nicht / wenn ein atomus auff die Haut fällt. u. s. f. Darümb bleibet es dabey / was die Philosophi aus der Natur lehren: Inter sensile & sensorium certa sit proportio. Vid. LIBAV. sing. Tom. I. pag. 273. seqq.

LXVII.

Welches ist unter den beyden das erste gewesen Liecht oder Finsterniß / Tag oder Nacht?

In dem Buch der Schöpffung wird gemeldet / daß GOtt am ersten Tage das

Liecht geschaffen / welches ein grosser heller Cörper gewesen / und mit seiner Circularischen Bewegung die ersten drey Tage und Nächte gemachet / biß endlich am vierten die Sonne an das Firmament des Himmels ist gesetzet worden. Und also ist das erst-erschaffene Liecht kein accidens gewesen / sondern eine substantia, ein Cörper / der der Sonnen Stelle vertreten. So lange nun derselbe gegenwärtig gewesen / so lange ist es auch Tag gewesen; so bald er aber unter den Horizont kommen / so bald ist auch darauff die Nacht erfolget. Daraus schliesse ich also:

Was alsdenn erst sich angefangen hat / wie das erst-geschaffene Liecht weggewesen / das ist nicht vor dem Liecht hergangen / sondern darauff erfolget:

Nun aber hat sich die erste Nacht alsdenn erst angefangen / wie das erst-erschaffene Liecht weggewesen;

Derohalben so ist die erste Nacht nicht vor dem Liecht hergangen / sondern darauff erfolget.

Wer sich der Metaphysischen Wörter gebrauchen wil / kan es mit diesem Schluß beweisen:

Omnis habitus privatione prior est:
Dies est habitus & nox privatio;
Ergo dies prior nocte est.

Hingegen sind etliche / welche sagen / die Nacht sey ehe gewesen / als der Tag. Und dieses wollen sie anfänglich beweisen aus der H. Schrifft / un̄ zwar aus folgenden Worten: **GOtt sprach: Es werde Liecht. Und es ward Liecht. Und GOtt sahe / daß das Liecht gut war / da scheidet GOtt das Liecht vom Finsternis. Und nennet das Liecht / Tag / und die Finsternis / Nacht.** Gen. I. v. 3. 4. 5. **Da ward** (NB.) **aus Abend und Morgen der erste Tag.** Hier wird erst der Abend gesetzt / und darnach der Morgen / oder das Liecht. Eben dieses wird auch in beschreibung der folgenden Tage in acht genommen / da Moses allezeit spricht: **Da ward aus Abend und Morgen der ander Tag v. 8. Da ward aus Abend und Morgen der dritte Tag v. 13. Da ward aus Abend und Morgen der vierte Tag v. 19. u. s. f.** Aber hierauff ist zu antworten / daß ein anders sey der **Abend** / ein anders die **Nacht**. Der Abend gehöret mit zum Tage und ist desselben letztes Theil. Darumb folget vielmehr das contrarium aus diesen obgesetzten Worten. Denn wer da sagt / daß der Abend sey vor dem Morgeen hergangen / der gestehet zugleich daß der Tag / dessen letztes Stück der Abend ist / sey vor der Nacht hergangen: Nun aber saget Moses / daß der Abend sey vor dem Tage hergangen; darumb so gestehet er auch zugleich / daß der Tag / dessen letztes Stück der Abend ist / sey vor der Nacht hergangen.

Hernach wenden sie für / daß wenn man sagte / der Tag wäre ehe gewesen als die Nacht / so müste man einem Tage zwey Nächte zu legen / welches ungereimt. Und dieses beweisen sie daher / weil es finster auff der Erden gewesen / ehe noch das Liecht erschaffen worden Gen. I, v. 2. 3. wenn man nun dieselbe Finsterniß zum ersten Tage thäte / welcher ja auch eine Nacht haben müste / so würde ein Tag zwey Nächte haben / eine die vorher gegangen / die andere / so darauff erfolget. Würde man aber dieselbe Finsterniß nicht mit zum ersten Tage rechnen / so folgete daraus / daß der grosse ungeheure Klumpen / daraus die gantze Welt producirt, nicht sey in tempore in der Zeit geschaffen worden. Denn ein jedwede Zeit ist entweder ein Theil des Tages (naturalis scil.) oder bestehet aus demselben / oder gehöret zu demselben. Darumb scheine es besser und der Warheit ähnlicher zu seyn/ wenn man sage/ daß das erste Finsterniß und das darauff erschaffene Liecht/ den ersten Tag gemacht: die folgende Nacht und das Liecht hätte den andern Tag verursacht: der dritte Tag wäre entstanden aus der dritten Nacht und dritten Tag. Und daß das Finsterniß/ so vor dem erschaffenen Liecht über der Tieffe gewesen/ die erste Nacht sey/ beweisen sie daraus/ weil sie GOtt selbst Nacht genennet v. 5. Aber es kan auch mit diesen das Gegentheil noch nicht behauptet werden. Die Consequentz ist falsch. Wir schreiben nicht einem Tage zwey Nächte zu/ wenn wir sagen/ das Liecht sey ehe gewesen/ als die Finsterniß. Sondern die Gegenwart des Liechts hat den ersten Tag gemacht/ und die Abwesenheit desselben die erste Nacht. Die Finsterniß/ so über der Tieffe gewesen v. 2. gehöret hieher nicht. Denn sie ist ein pur lauter nichts gewesen/und kan mit nichten eine Nacht genennet werden. Denn die Nacht præsupponiret den Tag: und wo kein Tag gewesen/da ist auch keine Nacht. Omnis privatio enim præsupponit habitum. Die Nacht entstehet ex interceptione luminis à lucido sparsi, wenn das Liecht von einem dicken Cörper (nehmlich der Erden) auffgefangen wird daß es die Lufft nicht gantz illuminiren kan. Wo war aber vor dem ersten Tage ein Liecht? wie kan da eine privatio luminis seyn/ wo nie kein Liecht gewesen? wenn gefragt wird/ ob dasselbe mahl der ungeheure Klumpen (Chaos) sey in tempore, in der Zeit/ gewesen? So ist die Antwort/ ja. Aber die Zeit war noch nicht in ihre gewisse Stücke abgetheilet. Endlich wenn GOtt die Finsterniß Nacht genennet v. 5. so hat er nicht die gemeinet/welche vor dem Liecht über der Tieffen gewesen/ sondern welche nach Erschaffung des Liechts durch dessen Abwesenheit ist verursachet worden.

Der dritte Einwurff des Gegentheils bestehet im folgenden argument: Was für einen Anfang des Tages GOtt unter seinem Volcke geordnet hat/ von demselben ist auch des ersten Tages Anfang zu rechnen: Nun aber hat GOtt die Nacht zu des Tages Anfang/unter seinem Volcke geordnet; darumb ist auch von der Nacht des ersten Tages Anfang zu rechnen. Den Minorem oder andern Satz beweisen sie daher, weil GOtt befohlen/ daß sie den Tag solten vom Abend anfangen zu rechnen/ biß auff des folgenden Tages Abend. Welches die Jüden noch heutiges Tages in acht nehmen. Daher sagen sie/ könte man viel Oerter in der H. Schrifft viel leichter verstehen/als sonst. Zum Exempel wenn gesagt wird/ daß Christus/ unser HErr und Heyland/ drey Tage und drey Nachte im Grabe geruhet/ da er doch am Freytage gegen Abend begraben/ und des Sontages frühe wieder auffgestanden. So fragt sichs nicht unbillig/ wie man denn die drey Tage und drey Nächte rechnen solte? nehmlich also/ daß man den Freytag von demselben Abend/ da er das Oster-Lamm gessen/ anfange. Und also hat man einen Tag und eine Nacht. Drauff folget der andere Tag/ der Sabbat/ welchen er gantz und gar im Grabe zugebracht. Der dritte fänget sich an von dem Abend des Sabbats/ und währet biß zum Abend des Soñtages. Weil er nun die gantze Nacht/ von welcher sich der Sonntag anfänget/im Grabe gelegen/ so kan man auch sagen/daß er denselben gantzen Tag im Grabe zugebracht. Nach dem alten Gesetze: **Was zu einer Zeit des Tages geschiehet/ daß muß man demselben gantzen Tag zuschreiben.** Aber wie scheinbar dieses argument auch fürgebracht wird/ so hat es doch keinen Grund. Denn es folget nicht: was für einen Anfang des Tages GOtt unter seinem Volck geordnet hat/ von demselben ist auch des ersten Tages Anfang zu rechnen. Denn die Jüdischen Gesetze offenbahren nicht die Natur/ sondern den Willen GOttes. So ist es auch nicht von nöhten / daß des Sabbats Anfang zugleich des ersten Tages (naturalis diei) Anfang sey. Man muß nicht die naturalia mit den moralibus und ceremonialibus vermischen. Was aber das angeführte Exempel anlanget / so ist solches nicht schwer auch nach der ersten Meinung zu erklähren. Denn der HErr Christus ist begraben worden am Freytage gegen Abend / welcher mit der folgenden Nacht den ersten natürlichen Tag macht. Am Sabbat und dieselbe Nacht über hat er im Grabe geruhet / welches der ander Tag ist. Am Sontage ist er aufferstanden / dessen Anfang für den gantzen Tag zu rechnen: daher kömmt der dritte Tag. Und also wird so wohl auff diese als auff jene Weise / ein Theil des natürlichen Tages für dem gantzen Tag gesetzet / nach voriger Regul.

LXVIII.

Was ist das für ein Liecht gewesen / dadurch Himmel und Erden / wie sie erstlich in ungeschmückter grober Gestalt gewesen / liechte worden sind / da doch dazumahl weder die Sonne noch die Sterne geschaffen waren?

Der Heilige AUGUSTINUS, BEDA, EUCHERIUS und RUPERTUS ap. GERHARD. in Disp. Isagog. XI. verstehen dadurch die Engel / und zwar aus diesen Ursachen / weil 1. die Engel auch an andern Orten Morgensterne genennet würden / 2. weil sie sich gemeiniglich in heller Gestalt den Menschen hätten offenbahret. Aber diese Ursachen sind nicht von solcher Wichtigkeit / daß wir alhier von dem eigendlichen Wort Verstande deswegen solten abgehen. Denn was die erste anlanget / so ist die Conseqventz darinnen nicht richtig. Massen nicht folget: Beym Hiob am 38. Capitt. v. 7. werden die Engel Morgen-Sterne genennet; Ergo so werden sie auch Gen. I, v. 3. durch das erst-geschaffene Liecht verstanden. A particulari enim neq; ad universale, neq; ad particulare concludere licet. Hernach hatte ihm Moses fürgenommen / die sichtbahre Materialische Welt zu beschreiben / zu welcher die Engel nicht gehören. Und dieses Liecht / davon Gen. I, v. 3. geredet wird / wird ausdrücklich dem Finsterniß entgegen gesetzt v. 4. welche dazumahl auff der Tieffe war v. 2. Ja es hat den ersten andern und dritten Tag gemacht / und wird selbst ein Tag genennet v. 5. Eben dieses ist auch auff die andere Ursache zu antworten / wobey zugleich ein Unterscheid zu machen / inter simile & idem, zwischen dem / das einem andern nur gleich siehet / und was gantz ein Wesen mit demselben hat. Die Engel sind zwar in hellen Cörpern erschienen / aber sind das ihre eigene Cörper gewesen? Sie haben sich auch in der Gestalt des Feuers offenbahret da sie doch propriè aus Feuer nicht bestehen.

Derohalben thun auch diese nicht wohl / welche durch das erste Liecht / das Element des Feuers verstehen / als DAMASCENUS lib. 2. Orth. Jud. c. 7. und zum Theil LAMBERTUS DANÆUS Phys. Christian. l. 2. c. 8. deswegen / weil das Feuer nicht allein trennete / sondern auch leuchte. Denn die Natur selber lehret / daß ein anders sey Feuer / ein anders Liecht. Man muß bey dem Wort-Verstande bleiben / sonst werden wir eine allegorische Schöpfung haben / und keine Historie. So gehet es auch nicht überall an / daß allda Feuer sey / wo Liecht ist. Es leuchten die Sterne / sie sind aber nicht feurig. Gleichfals ist auch liecht in dem Schnee / in dem Eyse und Wasser / bey welchen doch wenig / oder gar kein Feuer zu finden. Daß ich geschweige der Menschen / der unvernünfftigen Thiere / der Gewächse / der Metallen und anderer Dinge mehr / in welchen allen Liecht ist / welches vom Feuer weit unterschieden. Und gleichwie diese Conseqventz falsch ist: wo Liecht ist / da ist Feuer; also ist auch die andere nicht war: wo Feuer ist / da ist Liecht. Denn was ist für Liecht im ungeleschten Kalck / im dürren Eichen Holtz / im Oel und Schwefel? da doch hingegen viel Feuer darinnen ist. Daß sie sich aber auff die Grund-Sprache beruffen / und daraus erzwingen wollen / als wenn durch das erste Liecht das Feuer müste verstanden werden / hilfft sie gleichfals wenig. Denn ob wohl die radix אור in der Hebräischen Sprache so wohl anzünden als leuchten bedeutet / und daher die zwey Wörter אור Liecht und אור Feuer / hergestammet werden; so kan doch aus solcher Gleichheit der Wörter / nichts gewisses geschlossen werden. Denn sind nicht auch diese zwey Wörter עוד und עוד einander gleich? nichts desto weniger bedeutet jenes lumen, dieses aber glumam, stipam. Ferner wird dergleichen Ubereinstimmung gefunden bey den Wörtern שוק und שוק deren jenes crus vel armum, dieses aber vicum vel plateam bedeutet. Daß ich geschweige / wie diese Bedeutungen der radici אור nicht auff einerley Art und Weise zukommen. Denn in primâ conjugatione bedeutet sie die Erleuchtung / in tertiâ aber bedeutet sie die Anzündung / wie aus den Lexicis und Grammaticis bekant. Nun muß ich auch mit wenigen berühren ihr Haupt-Argument / das sie von der Wärme hernehmen / in dem sie also schliessen: Wenn die Sterne feurig und in sich warm sind / so ist auch das erste Liecht also beschaffen gewesen: Nun aber ist jenes wahr / darumb muß auch dieses wahr seyn. Den andern Satz / daß die Sterne feurig und in sich warm sind / beweisen sie daher / weil sie die Erde und Lufft erwärmen. Vid. HIERON. CARDAN. Thom. CAMPANELLA, Francisc. VALLESIUS, Sebast BASSO, M. Fried. WENDELIN. in Contemplat. Phys. sect. 3. c 16. p 428. & 118. Christoph. SCHEINER in Ros. Ursin. lib. 4. c. 17. Ismaël BULLIALDUS Parisiens. Prof. RICCIOLUS Almagest. Nov. l. 9. sect. 1, qv 4. fol. 230. Aber wenn die Sterne feurig wären / so würde ja die Sonne im Winter / da sie näher ist / mehr Hitze erregen / als im Sommer / da sie noch mehr entfernet; Es würde auch das oberste Theil der Lufft viel wärmer seyn / als das unterste. Welches falsch. Hernach wenn die Sonne deswegen innerlich und formaliter warm ist / weil sie die Erde und Lufft erwärmet / so muß auch der Saturnus in sich und formaliter kalt seyn / weil er die Krafft hat Kälte zu erregen. Welches aber gleichfals wieder die Warheit und Meinung ist. Darumb muß man distinguiren inter calorem effectivè & affectivè, unter der Wärme / und unter der Krafft warm zumachen. Die Sonne ist in sich nicht warm / sondern hat nur eine Krafft andere Dinge warm zu machen / und zwar mit hülffe deß Feuers. Aber das Gegentheil sagt / daß gleichwohl in der Heiligen Schrifft die Sonne mit dem Feuer verglichen werde. Denn also sagt Jesus Syrach cap. 43. v. 2. 3. 4. Die Sonne wenn Sie auffgehet / verkündiget sie den Tag / sie ist ein Wunderwerck deß Höchsten. Im Mittage trucknet sie die Erde / und wer kan für ihrer Hitze bleiben? Sie machts heisser denn viel Ofen / und brennet die Berge / und bläset viel Hitze von sich / und giebt so hellen Glantz von sich / daß sie die Augen blendet. Aber in diesen Worten redet Jesus Syrach 1. nicht so wol von dem modo, von der Art und Weise / als von der Sache selbst. 2. redet er nach der gemeinen opinion der Leute. 3. redet er gar impropriè, und 4. ist diß auch liber apocryphus, daraus kein gewisses argumentum apodicticum kan hergenommen werden.

Andere verstehen durch das erste Liecht / zwar ein rechtes Liecht / aber das ein accidens sey und kein beständiges Wesen habe. Dieser Meinung pflichtet bey THOMAS part. I. q. 67. art. 3. bringet auch ein und andern grund herbey/ welcher aber keinen bestand haben kan.

LUTHERUS im zehenden Wittenbergischen Theil fol. 9. hält dafür/ daß es ein hellglänzender Cörper sey gewesen/ und also kein accidens, sondern ein selbständiges Ding. **Ich halte dafür/** spricht er/ **daß es ein rechtschaffenes Liecht/ so seine Bewegung gehabt/ und herumb gangen sey wie die Sonne/ gewest ist/ wiewohl es so ein helles Liecht nicht gewest/ als es darnach worden ist/ da es mit der Sonnen Liecht gemehret/ gezieret und gebessert worden ist. Wie denn auch die Heil. Schrifft zeuget/ das GOtt am Jüngsten Tage/ der Sonnen Liecht/ wie wirs jetzund sehen/ als ein dunckeles/ unvollkommenes Liecht gegen der künfftigen Klarheit/ scheinbarlicher/ herrlicher und heller machen wird. Wie uns derhalben das Liecht/ so wir jetzund sehen und haben/ gleich als ein dickes und grobes Liecht ist gegen der künfftigen Klarheit zu rechnen/ so ist auch dasselbe erste Liecht/ so mans gegen den jetzigen halten wolte/ grob und unvollkömmlich gewest.**

Und diese Meinung ist die beste. Denn solte GOtt von einem unedlen accidente das Werck der Schöpffung angefangen haben? Mir kommt es nicht gläublich für. So kan ja auch kein accidens seyn/ wenn es nicht ein subjectum hat/ darinnen es ist. Was war aber das subjectum lucis primogeniæ? Worinne war das erst erschaffene Liecht? MOLINA, TANNERUS, SALIANUS, und JOH. BAPT. RICCIOLUS sagen/ daß das ersterschaffene Liecht ein accidens sine subjecto gewesen/ ein Ding/ so zwar nothwendig müste in einem andern seyn/ aber durch Gottes Allmacht wäre es für sich selbst eine zeitlang geblieben. Sein Schluß ist dieser: GOtt hätte können ein Liecht schaffen/ daß ein accidens wäre/ und doch für sich selbst bestünde; Ergo so hat er es auch gethan. O der elenden Philosophi! Die Knaben in Schulen können diß beantworten/ als welche wissen/ qvod à posse ad esse N. V. C.

LXIX.

Wo ist das Liecht hinkommen/ das GOtt am ersten Tage erschaffen?

Es ist am vierten Tage in die Sterne vertheilet worden/ welche daraus erschaffen. Denn weil es ist das erste Werck der Schöpffung gewesen so ist es auch eine Substanz gewesen: weil es ist gut gewesen/ so ist es nicht verdorben: und weil es ist unvollkommen gewesen/ so ist es hernach zur Vollkommenheit gebracht worden. Daß es das erste Werck der Schöpffung gewesen/ lehren diese Wort: **GOTT sprach: es werde Liecht/ und es ward Liecht.** Daß es aber gut gewesen/ ist aus diesen Worten zu sehen: **Und GOtt sahe/ daß das Liecht gut war.** Daß es sey zu grösserer Vollkommenheit gebracht worden/ bezeuget die Ordnung der Schöpffung und die Gleichheit deß Liechts und der Sterne. Denn was GOtt an einem Tage gemacht/ hat er an dem andern zur Vollkommenheit gebracht. Er hat nichts vernichtet/ was er am ersten Tage erschaffen. Der Himmel war nicht alsobald mit den göldenen Sternen ausgeschmücket. Die Erde war wüste und leer. Das erste Liecht machte den ersten/ andern und dritten Tag. Aber am vierten wurden erst die zwey grossen Liechter und andere Sterne gemacht/ welche

TAB. LXVI.

GENESIS Cap. IX. v. 12. 17.
Iridis demonstratio.

I. Buch Mosis Cap. IX. v. 12. 17.
Untersuchung des Regenbogen.

Die Erklärung des Regenbogens

Hier wird der Regenbogen schon sorgfältiger erklärt als von Gottfried Voigt: der Hauptbogen durch zweimalige Brechung und einmalige Totalreflexion, der Nebenbogen durch zweimalige Brechung und zweimalige Totalreflexion. Diese Erklärung – auch quantitativ ausgeführt – stammt schon von Descartes vor 1650. Aber auch die Newtonsche Entdeckung der Farbaufspaltung des weißen Sonnenlichts wird berücksichtigt, (d.h. daß für die verschiedenen Farben unterschiedliche Brechungskräfte existieren und deshalb erst eine Farbauffächerung im Regenbogen auftritt).

(Kupferstich aus J. J. Scheuchzer: Kupfer-Bibel, in welcher die Physica sacra, oder geheiligte Natur-Wissenschaft derer in Heil. Schrift vorkommenden natürlichen Sachen deutlich erklärt und bewährt. Bd. 1. Augsburg und Ulm 1731. Taf. 66 bei S. 80) viel herrlicher die Welt erleuchteten / als zuvor geschehen. Es würde aber solches Liecht nicht gleich in die Sterne vertheilet. Denn wer wolte nicht glauben / daß die Sonne mehr von dem erst erschaffenen Liechte bekommen / als der Mond / Der Planet Jupiter mehr als das letzte Sternichen in dem grossen Behr / deß Stiers Auge mehr als das Sieben gestirne / der Hunds-Stern mehr als der dunckele Krebs / und die Milchstrasse mehr / als anders wo der Himmel. Jedoch hat ein jedweder Stern sein eigenes Liecht / wie unter andern aus 1 Cor. xv, 41. zusehen. Derohalben die billig zu verlachen / welche den kleinen Sternen ihr Liecht benehmen / und alles der Sonne zueignen / als ALTABEGNIUS, VITELLIO, REINHOLDUS, SCHEINERUS, BRUNUS. Ja JOH. CARAMUEL à LOBKOWIZ, schreibet / daß die Fixsterne nichts anders wären / als lauter Bildnisse der Sonnen / die unzehlich viel tausendmahl in dem Cristallenen Himmel reflectirt und præsentirt würden. Welches aber der Warheit nicht gemäß. Vid. SPERLING. Inst. Phys. lib. 3. p. 466.

LXX.

Ist der Regenbogen vor der Sündfluth gewesen?

GOtt sprach Gen. IX, 12. **Das ist das Zeichen des Bundes / den ich gemacht habe / zwischen mir und euch und allem lebendigen Thier bey euch hinfort ewiglich. Meinen Bogen habe ich gesetzt in die Wolcken / der soll das Zeichen seyn des Bundes / zwischen mir und der Erden. u. s. f.** Aus diesen Worten haben viel Vornehme Theologi und Philosophi geschlossen / daß der Regenbogen erst nach der Sündfluht entstanden sey / zuvor aber wäre er nicht gewesen. denn / sagen sie / GOtt machte dazumahl einen newen Bund mit dem Menschen: Der neue Bund muste auch mit einem neuen Zeichen bekräfftiget werden. Was wäre aber der Regenbogen für ein new Zeichen gewesen / wenn er schon vor der Sündfluht wäre gewesen? Hernach hätte er Noah sein betrübtes Gemüht nicht so mächtig trösten und auffrichten können / wenn er schon zuvor von demselben wäre gesehen worden. Und wenn GOtt von diesem Bogen redt / so gebraucht er allezeit das Præsens und futurum, wie in der Grundsprache zu sehen / darümb / schliessen sie / wäre es gläublich / daß auch der Regenbogen zuvor nie gewesen / sondern erst nach der Sündfluht von GOtt erschaffen wäre.

Andere aber / mit welchen ichs auch halte / sagen / daß der Regenbogen von Anfang der Welt / und also auch vor der SündFluht sey gewesen. Denn es sind vor derselben die Dinge gewesen / von welchen der Regenbogen entstehet / nehmlich die Sonne / und die Wassertröpfflein / zu welchem noch hinzu kömmt das Auge / welches zwischen diesen beyden in der Mitte seyn muß / also daß die Sonne hinter den Rücken / die tröpfflende Wolcke für uns / und wir in der Mitte sind. Die Sonne wirfft ihre Strahlen auff die herabfallenden Regentröpfflein / die Regentröpfflein fangen die Strahlen auff und reflectiren oder beugen dieselben auff unterschiedliche Art zurücke / daher entstehen mancherley schöne Farben / wiewohl es nicht rechte (reales) sondern nur schein-Farben sind (intentionales) dergleichen auch etliche Gläser præsentiren. Wir sehen dieses daran / wenn man der Sonnen den Rücken zuwendet / nimmt den Mund voll Wasser und spritzet mit dem Munde oder mit einem Röhrichen dasselbe tropffensweise in die Lufft / so siehet man da einen künstlichen Regenbogen / in dem die Wassertröpfflein von der Sonnen erleuchtet und mit so viel schönen Farben angestrichen werden / welche sich aber im herunterfallen wieder verlieren. Aus diesen nun mache ich einen solchen Schluß:

Wo die Dinge sind / von welchen der Regenbogen kömmt / da ist auch der Regenbogen selbst; Positis causis ponitur causatum:

Nun aber sind vor der Sünd-Fluth die Dinge gewesen / von welchen der Regenbogen entstehet / wie zuvor gemeldet;

Darumb ist auch der Regenbogen selbst vor der Sünd-Fluht gewesen.

Aber sie sagen / dieselben Dinge / so den Regenbogen selbst verursachen / wären verhindert worden / daß sie vor der Sünd-Fluht ihren effect nicht hätten erreichen können. Wenn dieses wahr wäre / so wäre zwar kein Regenboge vor der Sündfluht gewesen; aber es folgete auch / daß lauter Mirakel und Wunderwercke vor derselben sich immer zugetragen hätten. Denn wenn die natürlichen Ursachen alles / was zu ihrer action dienet / haben / und alsdenn verhindert werden / so entstehet daraus ein Mirakel oder Wunderwerck. Als wenn das Fewr an dem Menschen oder an einer andern schwefelichten Materie lieget / und doch dieselbe nicht anbrennet / so ist das für ein Wunderwerck zu achten / dergleichen in dem Babylonischen Fewr-Ofen mit den drey Männern geschahe. Gleichsfals ists ein Wunderwerck gewesen / als die Sonne zu Josuæ Zeiten in ihrem Lauff verhindert ward. u. s. f. Nichts weniger wären es Mirackel gewesen / wenn GOtt allezeit die Sonne / so offt sie einer tröpffelnden Wolcke entgegen kommen / verhindert hätte / daß sie ihre Strahlen nicht auff dieselbe hätte werffen können. Welches aber gar ungereimt / und auch der Natur der Miracktel / als welche sich selten begeben / zu wieder.

Derohalben muß man einen Unterscheid machen / zwischen einem Dinge selbst / und zwischen desselben Ampte oder Verrichtung: inter rem, & rei officium. Der Regenbogen selbst ist vor der Sünd-Fluht gewesen: Aber er hatte vor derselben das Ampt und die Bedeutunge nicht / die er hernach bekommen. Und also ist er neu gewesen nach seiner Bedeutung / nicht aber nach der Natur. Fast dergleichen findet sich bey dem Wasser / welches lange / lange zuvor gewesen / ehe es zu der H. Tauffe gebraucht werden. Es war auch der Wein viel eher / als er uns die Wesentliche Gegenwart des HErrn Christi im Heil. Abendmahl andeuten solte. Und die Gräntz-Steine sind auch viel eher gewesen / als sie zu solchem Ampte die Gräntzen zu unterscheiden / gebraucht worden. Darümb ist es nicht von nöhten gewesen / daß der neue Bund / den GOtt mit Noah gemacht / mit einem solchen Zeichen solte bekräfftiget werden / das absolute gantz und gar neu wäre: es ist gnug gewesen / daß der respect und die Bedeutung desselben neu gewesen. Und daran hat sich Noah am meisten getröstet und erqvicket / nicht aber an dem Regenbogen selbst. Wenn auch gleich das tempus præsens und futurum in der Grundsprache stehet / wenn von dem Regenbogen geredet wird / so ist doch nichts gemeiners in der H. Schrifft / als daß eine Zeit für die andere gesetzt werde / per Enallagen. Und also fallen die argumenta dahin / mit welchen das Gegentheil behaupten wollen / daß der Regenbogen vor der Sündfluht gewesen. Hingegen bleibt feste stehen der Grund / auff welchem die andere opinion bestehet / welche sagt / daß der Regen-Bogen von anfang der Welt / und also auch vor der Sünd-Fluht gewesen.

LXXI.

Kan auch des Nachts ein Regenbogen seyn?

Ja / wenn der Mond scheinet / und voll ist / und die andern darzugehörigen Dinge gegenwärtig sind / so ist solches nicht unmüglich / wiewohl es selten geschiehet. Jedoch darff man es nicht verleugnen /

massen auch die Erfahrung solche bißweilen gelehret. Also schreibt ARISTOTELES lib. 3. Meteor. daß innerhalb 50. Jahren nur zwey Monden Regenbogen wären gesehen worden. CUMBACHIUS hat Anno 1609. im Junio einen solchen zu Oxonien gesehen. SENNERTUS in Clav. Scient. Nat. lib. 4. cap. 9. p. 347. hat dergleichen zu Wittenberg observiret, zwischen Auffgang und Mitternacht/ ALBERTUS M. lib. 3. tr. 4. c. 22. sagt/ daß solche Mond-Regenbogen nicht recht aneinander hingen/ wie die andern/ so die Sonne verursachte/ sondern sie hätten schwartze Striche. Aber SENNERTUS l. c. schreibt/ daß der jenige/ so sie zu Wittenberg gesehen hätten / eben so schöne wäre gewesen als die andern/ welche bey Tage entstünden. Darumb irret PLINIUS lib. 2. c 29. welcher die Nachts-Regenbogen für lauter Fabelwerck hält/ Welchem auch Beyfall giebt COELIUS ap. JONSTON. in Thaumatogr. Nat. p. 117. Ob aber dieses wahr sey/ was PARACELSUS vorgiebt / daß nehmlich auch die andern kleinen Fixsterne Regenbogen machen können/ überlasse ich dem günstigen Leser zu bedencken. SENNERTUS hats nicht wollen gläuben/ weil die Fixsterne so weit entfernet / und daher auch so ein schwaches Liecht von sich schiessen/ welches nicht reflectiret werden könne. TYCHO sagt/ daß die Venus, wenn sie Perigæa wäre / einen Cometen erleuchten könne. Ist dieses wahr/ so könte sie auch wohl einen Regenbogen machen. Aber man muß dieses der Lehrmeisterin aller Dinge anbefehlen.

LXXII.

Wie viel Regenbogen können zugleich seyn?

MEURERUS Meteorol. p. 117. sagt/ daß zwey / oder auffs höchste drey Regenbogen zugleich seyn können. Aber einer ist nur recht schön/ und der beste/ welchen die Sonnen-Strahlen machen. Der andere kömmt von dem ersten her / welcher sein Bildnis abmahlet in einer andern tröpffenden Wolcken / so nahe dabey. Und wenn noch eine darneben/ so kan auch diese den andern Regenbogen/gleich als ein Spiegel præsentiren und reflectiren. Aber die Farben sind allezeit einander entgegen gesetzt. Denn welche die öberste ist in dem ersten Regenbogen/ die ist hernach die unterste in dem andern: und welche die unterste in dem ersten/ die ist die öberste in dem andern. Die Grüne aber bleibt allezeit in der Mitten. Solche drey Regenbogen sind Anno 1544. zu Wittenberg/ und Anno 1551. zu Magdeburg zugleich gesehen worden/ wie FELESIUS lib. de Iride c. 13. bezeuget.

LXXIII.

Was ist zu halten von dem schiessen der Sterne / welches wir pflegen zu nennen das Sternen reinigen/ das Sternen schneutzen?

Es ist ein natürlich Ding / so zwar nicht am Himmel/ sondern in der Lufft entstehet. Anfangs sammlet sich in dem düstigen Lufft-Revier eine zimliche Menge von zähen/ dürren und schweffllichten Materien/ dieselbe wircket in einander in dem kalten Lufft-Revier / biß daß der subtile Schweffel sich entzündet/ so bekommt solche Materie einen Stoß/ welche unterwerts treibet. Ursach ist/ weil solche subtile Materie die wärmesten Spiritus oben hat/ welche am ersten angesteckt werden. In dem nun der Brand verhanden und die Materie in der Bewegung ist/ wegen des ersten feurigen Anstosses/ entgehen die verzehrten schweffelichten Spiritus, und wird solcher Mischmasch schwerer und schwerer/ dannenhero es natürlich nach der Erden fällt/ und scheinet solches einem schiessenden Sterne gleich/ welche Figur es von dem Sterne empfangen/ darunter es sich versamlet. Aus diesem erhellet / wie gar ungereimt es sey/ wenn Epicurus gemeinet hat/ daß es warhafftige Sterne seyn / und noch ungereimter/ daß sich die Sterne von solchem Unflat reinigen sollen. Denn sollen sie vom Himmel fallen / würden sie aus ihren natürlichen Orte fallen / welches gleich so ungereimt / als wenn ich wolte sagen / daß ein irrdischer Stein nach dem Himmel fallen solte. Zu dem so würden sie müssen in einer abscheulichen Grösse an der Erden gesehen werden. Daß ich andere absurditäten vorbey gehe. Vid. LINDEMAN. in Delic. Calendar. Prognost. Anno 1643. q. 6. p. 239. & Disp. meas Physicas Wittebergæ habitas.

LXXIV.

Woher kommen die Irrwische?

Die Irrwische sind meteora, welche von den entzündeten schwefflichten Dünsten entstehen. Denn die Sonne ziehet bey Tage viel Materie aus der Erden / welche sich hernach versamlet (denn gleich und gleich geseller sich gerne) und durch die Bewegung endlich angezündet wird. Daher werden sie gemeiniglich an fetten und schwefflichten Oertern / als an Gerichten / und Gottes-Aeckern gefunden. Wo aber dürre sandichte Erdreich ist / da sind selten dergleichen Irrliechter zu sehen. Ihre Bewegung haben sie theils von der Materie / welche nicht gleichförmig an einander henget / auch nicht gleich dicke ist; theils von den Winden / und von der Lufft / die sie immer hin und her bewegen. Was aber die Bewegung bey eines Dinges Entzündung thun könne / ist daraus zu sehen / wenn man ein Liecht ausbläset / und beweget es hernach etliche mahl nacheinander / so fänget es endlich an wieder zu brennen. Wiewohl auch die feurigen atomi, so in der Lufft sind / solche Anzündung verrichten können. Doch sind dieses nicht opposita, sondern subordinata. Und kan seyn / daß sie theils von den feurigen atomis, theils von der Bewegung angezündet werden. Wobey denn auch die herümbstehende Kälte nicht wenig thut. Denn sie werden mehrentheils bey Nacht gesehen / welche kühle ist / die herumbstehende Kälte aber macht / daß die schwefflichten atomi sich versammlen und fest zusammen halten / ihrem Feinde zu widerstehen. In dem sie nun also fest und hart beyeinander / erwärmen sie sich endlich und brechen in eine solche Flamme heraus. Welche aber bald wieder vergehet. Und stehet nicht wohl zu gläuben / was etliche sagen / daß ein Irrwisch eine Stunden lang brennen solle; sondern es sind unterschiedliche effluvia, welche immer nach und nach angezündet werden. Darumb haben die jenigen unrecht / welche die Irrwische für blosse Gespenster und Teuffelsspiele halten. Denn sie haben ihre natürlichen Ursachen / welche jetzt angeführet sind / und noch weiter könten erklähret werden / wenn es die Zeit zuliesse. Zwar man kan nicht in Abrede seyn / daß nicht bißweilen der Teuffel mit den Irrwischen sein Gauckelspiel treiben solle / die Menschen dadurch zu verführen. Aber es geschiehet nicht allezeit. Und offte bilden ihnen die Leute etwas ein / welches doch gantz und gar nichts ist. Es ist wahr / daß ihrer viel / wenn sie den Irrwischen nachgefolget / ins Wasser und schlammichte Oerter kommen sind. Aber daran haben nicht die Irrwische Schuld / sondern die Leute selbst / welche ihnen nachfolgen. Dis ist ihr Ort da sie entspringen / von dannen sie hernach weggetrieben werden / aber aus natürlicher Liebe immer trachten wieder hinzuzukommen. Denn eine Flamme liebet die andere / und wil nicht gerne von der andern. Man kan nicht wohl ein brennend Stücke Holtz aus dem Ofen bringen / man kan auch nicht wohl ein Liecht bey einem grossen Feuer anzünden. Also halten sich auch die Irrwische gerne auff / wo sie ihres gleichen finden / nehmlich feurige / fette und schwefelichte effluvia. Es kan auch wohl seyn / was etliche erzehlen / daß die Leute bißweilen gestorben / denen ein Irrwisch begegnet. Aber dis kan noch nicht beweisen / daß sie deswegen unnatürlich wären. Denn wie viel gifftige Dünste sind in der Lufft? welche wegen der natürlichen Sympathia sich zu den hitzigen effluviis wenden/und mit ihnen die Lufft durchwandern. Wenn sie nun ein lebendiges Thier antreffen/so können sie ja leicht dasselbe niedermachen/ weil sie eine natürliche Feindschafft mit den meisten lebendigẽ Creaturen haben. Es kan auch das erschrecken einem wohl den Tod anthun/ wie zu sehen an C. Cæsaris Tochter beym VALER. Max. l. 4. c. 6. §. 4. p. 227.

LXXV.

Warumb gehen die Irrwische bald vor/bald nach?

Wem ein Irrwisch begegnet/der wird wissen/wie er bald vor/ bald nach gangen. Und zwar aus dieser Ursachen. Wenn man gehet/so wird die Lufft beweget. Die Lufft beweget hernach wieder den Irrwisch. Ist nun der Irrwisch zuvor vor einem gewesen/so treibet ihn die bewegte Lufft auch immer vor uns hin. Ist er aber hinter unsern Rücken gewesen/ so wird er uns auch von der Lufft nachgetrieben. Denn wenn die Lufft durch den Wandersman zertrennet wird/ so läufft sie alsdenn hinter ihm wieder zusammen. Und also kömmt auch der Irrwisch mit nach. Legt man sich aber nieder/ so fält zwar der Irrwisch auch ein wenig mit nieder/ aber er wird bald wieder von den Winden hinweg getrieben/ oder vergehet/ aus Mangel der Materie/ darinnen die Flamme sich bißher auffgehalten.

LXXVI.

Kan auch ein Irrwisch natürlicher weise einen Thon von sich geben?

Wenn die schwefelichte Materie Salpeter bey sich hat/ wie es denn offte geschiehet/ so kan solches wohl seyn. Denn der Salpeter hat eine natürliche Feindschafft mit dem Feuer. Wenn nun der Schwefel angezündet wird/ so fliehet der Salpeter davon und trennet also die Lufft heftig voneinander. Die zertrennete Lufft aber verursacht hernach den Tohn. Vid. SPERLING. Inst. Phys. lib. 5. cap. 7. q. 1. Ferner kan auch ein Tohn oder winseln entstehen/ wenn der Irrwisch bald auff- bald niederwerts/ bald gerade/ bald auff die Seite/ beweget wird/ also daß er mit seiner geschwinden Bewegung die Lufft zertheilet. Wir sehen es an den Fackeln/ wenn man eine angezündet und läufft damit fort/ so geben die herabfallenden Bech Tröpflein ein Gezische und winseln von sich. Warumb solte es nicht auch ein Irrwisch thun können?

LXXVII.

Warumb kühlet sich das Wetter/ ehe es donnert?

Wenn die schweflichten und Salpetrichten Dünste in der mittlern Lufft zusammen kommen/ und jene sich entzünden/ so fliehet der Salpeter davon und stößt zugleich das Feuer wieder seine Natur mit herunter. Daher kommt der Blitz/ und Donner. Den Donner veruhrsachet die von dem Salpeter mit gewalt gebrochene Lufft; den Blitz aber macht die Fewr-Flamme/ so vom Schwefel kömmt. Weil nun der Schwefel und Salpeter zugleich miteinander streiten und herunter fahren/ so entstehen auch diese beyde/ der Blitz und Donner zugleich auff eine Zeit/ aber sie kommen nicht zugleich zu unsern Sinnen. Denn den Blitz sehen wir allezeit ehe/ als wir den Donner hören. Die Ursache liegt theils an der Lufft/ theils an den Ohren und Augen/ theils an dem Liecht und Knalle selbst. Wenn ein Knall entstehen soll/muß die Lufft zuvor mit höchster Gewalt gebrochen werden. Welches Zeit und Weile erfodert/ sie mag auch so klein seyn/ als sie immer wolle. In den Ohren sind auch viel ümbschweiffe krümmen und ümbwege/ durch welche der Tohn muß/ ehe er zum Gehör kömmt. Welches alles aber bey dem Gesichte nicht ist. Denn das Liecht erfüllt in einem Augenblick die Lufft/ und bedarff keiner Brechung oder anderer Gewaltsamkeit / weil es ein ens intentionale ist. Die Augen sehen auch alsobald solches Liecht / und kan daher nicht anders seyn / wir müssen das Liecht ehe sehen / als den Thon hören. Fast dergleichen findet sich bey den Büchsen und Geschütz / wenn sie gelößt werden. Denn da sehen wir allezeit zu erst das Feuer / hernach hören wir den Knall. Also auch wenn einer Holtz hauet / so höret man den Schlag nicht in dem Augenblick da er geschicht / sondern ein wenig hernach.

LXXVIII.

Ist der Lorbeer-Baum sicher für dem Donner.

PLINIUS lib 2. cap. 55. & lib 15. c. 30. schreibt / daß der Donner den Lorbeer-Baum nicht beschädige. Daher singet der Heydnische Poet HORATIUS lib. 2. carm. Ode 15.

> Tum spissa ramis laurea fervidos
> Excludet ictus.

Und diese Meinung hat die Leute dermassen eingenommen / daß auch der Römische Käyser TIBERIUS allezeit wenn es gedonnert / einen Lorbeer-Krantz auffgesetzet / damit er also sicher für dem Donner seyn möchte / wie SVETONIUS in ejus vitâ cap. 69. berichtet. Andere haben zu den Hünern / wenn sie gebrütet / in Wetters-Zeit einen Lorbeerzweig geleget / wie COLUMELLA lib. 8. cap. 5. meldet. Etliche haben auch Lorbeerzweige auff die Wein-Fässer gelegt / damit der Donner den Wein nicht verderben möchte / MEURER. meteor. p. 262. Und was dergleichen dinge mehr sind. Aber es ist eine alte und gemeine Fabel / welche die Erfahrung schon längst wiederleget. VICO MERCATUS hat selbst gesehen / daß das Wetter in einen Lorbeer Baum geschlagen / com. ad. lib. 3. cap. 10. Arist. Und dergleichen mag wohl viel tausendmahl geschehen seyn / welches aber nicht auffgezeichnet worden. Unterdessen kan man hievon besehen BRODÆUM Miscell. lib. 3. c. 2. LUDOVIC VAIR. lib. 2 de Fascin c. 14. VOSSIUM de idol. lib. 2. cap. 7. welche es mit mehren dargethan.

LXXIX.

Können auch wohl Fische in des Menschen Fingern wachsen?

BORELLUS Obs. Medico-Phys. Cent. 1. obs. 28. erzehlet eine wunderliche Historie von einem Fischer / welcher bey der Stat Monspel von einem Fisch Rascasse genant / dessen Kupfferstich beym RONDELETIO lib. de piscib. zu finden / an dem Finger also ist gebissen und verwundet worden / daß der Finger sehr darnach auffgeschwollen und grosse Schmertzen verursacht / und weil ihm nichts hat darwieder helffen wollen / so hat er ihn endlich durch den Chirurgum eröffnen lassen. Als solches geschahe / ist ein klein wohl formirtes Fischlein / darinne gefunden worden / welches eben so ausgesehen / als der grosse Fisch / der ihn gebissen. Ein wunderliches ding! Wehrt wäre es wohl / daß man dessen Ursachen etwas genauer erforschte. Aber ich muß mich der kürtze befleissigen. Jedoch wil ich der gelehrten Meinung mit wenigen eröffnen. Bey etlichen Thieren soll der Saame nicht allein in den testiculis, sondern auch bißweilen am Kopffe oder andern Ohrten liegen. Ja er soll bisweilen durch den gantzen Leib zerstrewet seyn / wie Borellus statuiret. Wenn er nun einen Ort antrifft / der seiner Natur bequehm / so soll die Seele so in dem Saamen verborgen / ihr alsobald einen Cörper daselbst machen / nach ihrer Art. Und also wäre es auch in dem Finger zugangen. Daß aber der Fische Saame für allen andern Fruchtbar sey und leicht bekomme / sey daraus zu sehen / weil die Fische empfingen / wenn sie nur sich aneinander rieben / daß mans kaum sehen könne. Also sollen auch in dem Urin derer / so von tollen hunden gebissen / kleine dingerchen seyn / welche als Hündchen aussehen / und von den Saamen ihren Ursprung haben / den der Hund mit seinem Schaum zugleich in den Menschen gebracht / wie solches observiret Borellus l. c. obs. 9. Sonst schreibet auch GASSENDUS in vitâ Peirescii, daß zu Frontiniac in Occitaniâ inferiori in eines Fischers Finger eine Gräte vom Scorp-Fische gewesen / als diese heraus genommen / sind auch zugleich drey kleine Scorp-Fischlein daraus mitgezogen worden. Und Linschott erzehlet / das etliche Indianer in den Waden lange Würme haben / die sie Drachen nennen.

LXXX.

Haben die Fische ein Gedächtnis?

PLINIUS lib. 10 c. 70. erzehlet / daß in etlichen Fischhelteru die Fische gewohnet herzu zu schwimmen / wenn sie geruffen worden. MARTIALIS lib. 4. Epist. 30. schreibt von den Fischen in dem Wasser Bajæ genant / daß sie ihren Herrn gekennet und seine Hand belecket / und wenn sie bey ihren Nahmen geruffen worden / ist ein jeder herzu kommen. Die Verse lauten also:

Qvi norunt Dominum manumqve lambunt,
Qvid? qvod nomen habent, & ad Magistri
Vocem qvisqve sui venit citatus.

Und von den Formianischen Fischen schreibt er eben dieses lib. 10. Ep. 40. v. 22. Mit folgenden Worten:

Natat ad Magistrum delicata Muræna,
Nomenclator mugilem citat notum.
Et adesse jussi prodeunt senes mulli.

Der Edle Römer Crassus hat eine Murene gehabt / die ein Halseband von Edelgesteinen getragen / und seine Stimme gekant / auch zu ihm geschwummen und für Frewden in die höhe gesprungen / und wenn er ihr was vorgehalten / hat sie es mit dem Maule erschnappet / MACROB. Saturn. lib. 3. cap. 15. Und von solchen zahmen Fischen kan man mehr lesen beym CICERON. lib. 20. ad Attic. Ep. 1. PLIN. l. 32. c. 2. ÆLIAN. Anim. lib. 8. c. 4. JUVENAL. Sat. 4. LUCIAN. dialog. de Deaspia. Vid. etiam NIEREMBERG. lib. 3. Hist. Nat. cap 25. DIGBÆUS Tr. 1. de Corp. Nat. cap. 36. p. 389. Aus diesen aber ist gnug zu sehen / daß die Fische müssen ein Gedächtnis haben. Denn wie könten sie sonst die Stimme ihres Herrn erkennen? Zu dem haben sie eine Sinn-Seele / welcher Eigenschafft das Gedächtnis ist. Wo aber die Seele ist / da müssen auch ihre Eigenschafften seyn. Posito subjecto, ponitur ejus proprium.

LXXXI.

Kan einer wohl ein Glaß durchsehen / daß ein Loch drinnen wird?

D. LE FLAUCHER, Ecclesiæ Carentoniensis Pastor, hat zu Pariß einen Mann gekant / der seine Brillen durchsehen / also das Löcher darinne worden sind. Eben dieses hat BORELLUS Cent. 2. obs. 1. von einem Alten Manne gehöret / und zweiffelt nicht / daß sich dergleichen offt zutrage / wenn es nur observirt würde. Die Ursache schreibt er den radiis visivis zu / die aus dem Auge gehen. Ich wolte lieber sagen / daß aus etlichen Menschen solche gifftige Dünste gingen / und sonderlich aus den Augen / welche die objecta oder die Dinge so für sie kähmen / also verletzten / und auch wohl gar durchbohrten. Ich habe es an einem Spiegel gesehen / welcher gantz unbeweglich in der höhe gestanden / und doch voll Flecker gewesen / als Aug-Aepffel. Diese kännen nirgend anders herkommen seyn / als von den giftigen effluviis etlicher Persohnen / deren verhaltenes Geblühe also verderbet und in Gifft verwandelt ist. Daher kömmt es auch / daß die Kinder / und andere grosse

Leute offt böse Augen bekommen/ wenn sie alte Weiber scharff angesehen haben. Nehmlich weil die giffeigen Dünste aus ihren Augen heraus gegangen und das entgegen gesezte Kindes Auge eingenommen.

LXXXII.

Woher kömmt es/ das etliche Leute Lincks seyn?

Es pflegen zwar die meisten Menschen die rechte Hand in ihren Verrichtungen zugebrauchen; Nichts desto weniger finden sich auch etliche/ die alles mit der lincken Hand verrichten/ sie essen mit derselben/ sie schreiben damit/ sie neen/ sie spinnen damit u. s. f. Nun was ist die Ursache/daß sie solches thun? Die Mütter und Seugammen haben Schuld daran. Denn gleichwie die Kinder schielen lernen/ wenn ihnen die Wahrtesfrauen das Liecht nicht gerade für/ sondern nur auff die Seite setzen: also werden sie auch lincks/ wenn sie die Wärterinnen immer auff einem Arme tragen. Denn also bleibt der eine Arm nur frey/ der andere aber wird gehemmet/ daß sie ihn nicht regen können/ und auff diese weise wird er auch ungeschickter als der andere. Darumb sollen die Mütter wohl acht auff ihre Kinder geben/ damit sie nicht zu dergleichen Sachen unvorsichtlicher weise angeführet werden. Denn sie sind dem zarten Wachse gleich/ das sich leichte ziehen läßt/ wie mans haben will. Wird es aber alt/ so kan mans nicht nach seinen Gefallen lencken und beugen/ sonst zerbricht es/ oder bekömmt einen Schandfleck.

LXXXIII.

Warumb brennen die Nesseln/ und machen/ daß man die Haut jucken muß?

Etliche meinen/ daß es herkomme von ihrer Wärme/ daher würde auch bey den Lateinern die Nessel Urtica genennet ab urendo. Aber die argumenta, so von der Etymologia hergenommen werden/ gelten nicht viel. Und daß die Nesseln eine solche grosse Wärme haben/ dergleichen Schmertzen zu verursachen/ ist noch nicht bewiesen. Das Gegentheil ist vielmehr wahr/ massen DODON. PEMPT. I. lib. 5. c. 35. bezeuget/ daß der Nesseln ihr temperament kaum in primo gradu warm sey. Darumb verwirfft er auch diese Meinung. Hernach haben die tauben Nesseln viel eine wärmere Natur/ als die lebendigen. Und doch brennen sie nicht/ wie die Erfahrung bezeuget. Solte aber die Wärme die Ursache solches effects seyn/ so müsten sie ja mehr brennen/ als die anderen/ weil sie wärmer sind. Ferner brennen die Nesseln nicht mehr/ wenn sie gekocht worden: sie müsten aber brennen/ wenn sie es vermittelst der Wärme thäten. Derohalben muß man vielmehr die Ursache solches Dinges den Stacheln zuschreiben/ die an den Blättern sind/ und mit natürlichen Augen können gesehen werden/ insonderheit aber durch die Microscopia, in welchen sie fast so groß lassen als ein Finger/ wie ichs offt selber habe observiret. Diese Stacheln nun gehen in die Schweißlöcher hinein/ und verhindern also die transpirationem, daß der Schweiß nicht hindurch die Haut kan/ daher entstehet das Jücken. Uber dieses stechen sie auch mit ihrer Spitze in die Haut/ daher kömmet der Schmertzen und das beissen oder brennen.

LXXXIV.

Kan man die Ochsen-Hörner pflantzen/ also daß sie in der Erden Wurtzeln setzen und wachsen?

Man hat mir sagen wollen/ schreibet Mandelslo in seiner Morgenländ-Reise-Beschreib. daß in Indien ein Orth sey/ da die Hörner der Thiere/ als von Ochsen/ Kühen und Ziegenböcken/ wenn sie auff das Erdreich geworffen würden/ wachsen und Wurtzeln in die Erde setzen solten/

daß sie so steiff stünden/als wenn sie aus der Erden gewachsen wären/und kan man solche mit Gewalt kaum heraus ziehen. Und Hugo von Lindschotten schreibet ausdrücklich und sagt/daß es auff der Insul Goa geschehe/an einem steinichten Orte/woselbst die Schlächter die Hörner als nichtswürdige Dinge hinwerffen/und habe er selbst etliche aus der Erden gezogen/ welche 2. und 3. Spannen lang Wurtzeln in die Erden geschlagen hätten/ sollen sonst nirgend als bey Goa gefunden werden. Indianisch Schiffahrt. Arthus und de Bry im 4. Theil 17. Cap. Dergleichen hat auch BORELLUS gesehen/wie er in seinen Observation. berichtet. Aber ich halte dafür/ daß etwan Saamen von andern Gewächsen in den Hörnern gewesen/ welcher hernach unter der Erden Wurtzeln gesetzet/also daß es geschienen/als hätten die Hörner gewurtzelt. Vide Curiositates meas Physicas, pag. 27.

LXXXV.

Kan auch eine Maul-Eselin gebähren ?

Es ist ein altes Sprichwort bey den Römern und andern Völckern gewesen/ wenn sie haben etwas unmügliches andeuten wollen/ das nie geschehen würde / so haben sie sich dieser Redens-Art gebraucht: Cum mula pepererit, ἐπεὰν ἡμίονοι τόκωσι, wenn die Maul-Eselin gebähren wird / das ist/nimmermehr. Denn sie hielten dafür/ daß eine Maul-Eselin nicht gebähren könne/ weil sie aus zweyen unterschiedlichen Naturen bestünde. Vid PLINIUS lib. 8. cap. 44. HEROD. in Thalia, SVETON. in vitâ Galbæ Cæs. Aber THEOPHRAST. schreibt/daß sie gemeiniglich in Cappadocia gebähren. ARISTOT. lib. de Nat. Animal. c. 6. berichtet/ daß viel Maul-Eselinnen in Syria gebohren hätten. BORELLUS Cent. 3. obs. 90. erzehlet/ daß solches auch zu seiner Zeit in Albig geschehen. Bey den Römern ist es für ein Wunderzeichen gehalten worden. Wie JULIUS OBSEQVENS, TITUS LIVIUS und LYCOSTHENES berichten.

LXXXVI.

Warumb steckt man die Ringe am Goldfinger ?

LEMNIUS de Occult. Nat. Mirac. lib. 2. c. 11. schreibet/ daß eine kleine Arterie von dem Hertzen zu diesem Finger gehe/ die man bey den gebährenden und abgematteten mit dem Zeiger fühlen könte. Und darumb hätten die Alten diesen Finger mit Golde gezieret/ daß dadurch das Hertze solte gestärcket werden. Eben selbiger Autor hat auch observiret/ daß in Niederland diejenigen/ so sonst am Podagra oder Chiragra kranck liegen und an allen ihren Gliedmassen Schmertzen haben// doch am Goldfinger keine Beschwerung empfinden. Derohalben pflegten auch die Medici die Artzeneyen damit ümbzurühren. Denn es könte kein Gifft daran bekleben bleiben / er müste sonst auch alsobald zum Hertzen kommen und dasselbe angreiffen. SPERLINGIUS Synops. Anthropol. p. 177. wil nichts davon halten / weil kein nervus oder keine Spann-Ader von diesem Finger zum Hertzen ginge. Aber es scheinet/als wenn er die Arterien mit den nervis confundirte, welches doch unterschiedliche Dinge sind. Daher LEMNIUS selbst gestanden/ daß zwar kein nervus das Hertze mit diesem Finger verbinde/ unterdessen wäre doch eine kleine Puls-Ader/die diese beyde zusammen hielte.

LXXXVII.

Wird ein Mensch kleiner/ wenn er alt wird ?

Wenn einer alt wird/ so scheinet es/ als wenn er kleiner würde/dann er zuvor gewesen. Aber es scheinet nur so. Der Mensch bleibt so groß/als er zuvor gewesen. Die Figur wird nur verändert/ in dem die musculi und ligamenta eingezogen werden. Den Beinen aber gehet nichts ab. So wird einer auch im Alter dünner und schlanger/ als er zuvor gewesen; aber nicht kürtzer.

LXXXVIII.

Warumb können die Kinder im ersten Jahre weder gehen noch stehen?

Weil sie so zarte Glieder haben/ die man als ein Wachs drehen kan. Sie haben auch kleine Fußsohlen / und einen schweren Kopff/ den sie für sich selbst nicht in der Höhe tragen können. Daher müssen sie jemand haben/der sie leite und führe.

LXXXIX.

Worzu ist der Speichel gut?

LEMNIUS l. c. p. 249. schreibet / daß der nüchterne Speichel des Menschen grosse Krafft und Wirckungen habe. Denn er sey gut wieder die Blattern/ juckende Raude/ und andere Kranckheiten. Und wenn einen ein gifftig Thier angerühret / als eine Kröhte/Spinne und dergleichen/ davon eine Geschwulst entstünde/ so solte man dasselbige verletzte Glied mit Speichel beschmieren/ alsdenn würde sich die Geschwulst bald setzen. Uber dieses soll auch der Speichel die Scorpionen tödten/ und andere gifftige Thiere/ oder doch zum wenigsten verletzen. Denn es wäre ein verborgenes Gifft darinne/ welches theils von den unsaubern Zähnen/ theils von den bösen Feuchtigkeiten herkähme/die aus dem Leibe stiegen. Und daher röche einem der Athem so übel / wenn man noch nüchtern. Gleichwie aber der Speichel eines gesunden Menschen sehr kräfftig und heilsam;also wäre hingegen der Speichel derer/so mit dem Aussatz/oder Neapolitanischen Kranckheit behafftet / sehr böß und schädlich. Wie er (Lemnius) denn viel kennte welche aus den Bechern getruncken/ daraus solche krancke Leute nüchtern getruncken / daß dieselben Blattern am Munde bekommen/ von dem gifftigen Speichel/der daran gesessen. Daher mag es auch wohl kommen seyn/ daß die Alten so viel auff den nüchtern Speichel gehalten/so gar/daß sie ihnen eingebildet/er wäre gut für Bezauberung. Vid. ALEX. lib. 5. c.27. p.313. daher spieen sie dreymahl in den Schooß/biß sie darinnen konten sehen die Männerchen in Augen. Und dieses solte gut seyn wieder die Bezauberung und Schlangen-Stechen PLIN. l. 28. c.4. VIRGILIUS bezeuget es in folgenden Versen/ in Ciri v.372.

- Nutrix patula componens sulfura testa,
Narcissum, casiamq; herbas incendit olentes:
Terq; novena ligat triplici diversa colore
Fila, *ter in gremium mecum*, inqvit, *despue* virgo:
Despue ter virgo: - - - - -

JUVENAL. Sat. 7. v. 112. Conspuiturq; sinus. PERS. Sat.2. v.33.

Ecce avia aut metuens divûm matertera, cunis
Exemit puerum, frontemq; atq; uda labella
Infami digito & lustralibus ante salivis
Expiat.

Im Alten Testament soll der Gebrauch gewesen seyn/ daß sie haben müssen schweren/ wenn sie noch nüchtern Speichel gehabt/ welches etliche aus dem 26. Capitt. des ersten Buchs Mosis beweisen wollen. Ja in der ersten Kirchen sollen den getaufften Kindern die Augen/Nasen und Lippen mit Speichel beschmieret worden seyn/ wie CYPRIANUS bezeuget. Etliche wollen auch/ daß Christus deswegen habe ausgespieen/ wie er den stummen Menschen geheilet/ Marc. VII, 33. weil der Speichel eine solche Krafft hätte zu trocknen un die bösen Feuchtigkeiten wegzutreiben. Aber die Theologi antworten recht/daß der natürliche Speichel solche Krafft nicht könte haben/Stumme wieder redend zu machen; sondern der

HErr Christus hätte es deswegen gethan/ daß er anzeigete/ wie alles an seinem Leibe heilig wäre. THEOPHYLACTUS redet hievon also: Cum exspuisset, tetigit lingvam illius, ut ostenderet, omnes partes carnis suæ sanctas & divinas esse adeò, ut & sputum solveret lingvæ vinculum, tametsi superfluitas sit omne sputum, tamen in Domino admirabilia erant & divina omnia.

XC.

Warumb kan das Gesichte für allen andern Gliedmassen die Kälte ertragen?

Des Nachts werden alle Gliedmassen zugedeckt; allein das Gesichte bleibt bloß. Im Winter verhüllet man sich auch gantz und gar/ ausgenommen das Gesichte/ welches frey ist/ und doch von der Kälte nicht sehr verletzet wird. Die Ursache ist an der Gewohnheit/ welche allenthalben viel vermag. Es ist nichts gärstigers als das Geld/ welches durch allerley Hände und Finger geht/ und doch trägt niemand einen Abscheu dafür. Viel belustigen und erqvicken sich an alten stinckenden Käsen/ welcher voll Würmer/ aus blosser Gewohnheit. Etliche essen Frösche und Schnecken/ weil sie es so gewohnet. Denn die Gewohnheit macht/ daß auch garstige Dinge einem schön fürkommen.

XCI.

Warumb fangen die Menschen unten an zu verfaulen/ die Fische von oben an?

Wenn eines Menschen Cörper verfaulet/ so fänget er allezeit an vom Bauche zu faulen/ hingegen die Fische am Kopffe/ oder vielmehr an der Brust. Und zwar wegen der Sachen/ so darinn enthalten. Denn im Bauche des Menschen liegen viel Därme/ da sind die Excremenra, der Urin/ der Unflat und andere humores, welches alles bey den Fischen oben ist.

XCII.

Warumb haben die Weiber nicht so krause Haare/ als die Männer?

Die geraden Haare werden generirt von dem überflüssigen Geblüt; die krausen aber kommen her von der Wärme/ wenn sie starck ist. Daher werden die Haare von dem heissen Flammeisen alsobald krause; hingegen wenn eine Feuchtigkeit darauff fällt) so vergehet es ihnen wieder. Und das ist auch die Ursache/ warumb die Männer mehrentheils krausere Haare haben/ als die Weiber? nehmlich weil sie voller Feuchtigkeit seyn und viel unnützes Geblüt bey sich haben. Die Männer aber hingegen sind hitziger/ und daher haben sie auch kräusere Haare. SENGVERDIUS Exerc. 8. thut noch eine andere Ursache hinzu und sagt/ daß die geraden Haare herkommen von den geraden Schweißlöchern/ die krausen aber von den ungeraden krummen poris. Welches ich an seinen Ort gestellet seyn lasse.

XCIII.

Warumb isset man sich des Brods nicht überdrüssig?

Ich verstehe gutes und wohlgesäuertes Brod: denn wenn es nicht wohl gesäuret/ so verstopfft es. Es muß aber auch nicht warm seyn/ daß es nur aus dem Backofen gekommen/ denn solches ist nicht gesund/ und kan einem leicht einen Eckel verursachen. Und so viel ich gemercket/ macht einem das fürnehmlich Eckel/ wornach man grossen appetit trägt/ und es zum öfftern isset. Darumb sind dieses meine Ursachen/ warumb man des Brods nicht überdrüssig wird: Erstlich weil es eine gute Nahrung giebt/ und unserm temperament angenehm ist. Daher beschweret es den Magen nicht so sehr/ sonderlich/ wenn man etwas zu isst. Hernach weil unsere Natur das Brod leicht vertragen/ und verdauen kan/ massen sie es von Kindheit auff gewehnet. Zum dritten/ weil wir es immer essen/ so tragen wir nicht grossen appetit darzu/ daß wir dessen zu viel genössen.

XCIV.

Was ist die Ursache / daß die Fliegen / Kefer und dergleichen Insecta so ungerade und krum fliegen?

So offt ich bißher die Fliegen und andere solche Thierlein habe fliegen sehen / bin ich allezeit gewahr worden / daß sie nicht gerade zu / sondern auff die Seite und krum herumb fliegen: Hingegen die andern Vögel / wie auch die Fische im Wasser / bewegen sich gemeiniglich motu recto, bißweilen auch obliquo. Meine Gedancken sind / daß die Insecta deßwegen eine solche ungleiche Bewegung haben / weil sie in freyer Lufft sind und keinen Schwantz haben. Die Vögel regieren ihren Flug mit dem Schwantze / der an stat der Steuer-Ruder ist: Etliche die einen kurtzen Schwantz haben / als die Störche u. s. f. gebrauchen darzu ihre Füsse: Gleicher gestalt regieren sich die Fische im Wasser mit dem Schwantze. Wie nun ein Schiff ohne Steur Ruder keinen geraden Gang hat: also können auch die Insecta, welche ohne Schwantz sind / keinen ordentlichen Flug haben. Aber es möchte einer einwerffen. Wenn dieses die rechte Ursache wäre / so würde auch folgen / daß die Menschen / welche gleichfals ohne Schwantz sind / keine richtige bewegung haben könten / welches doch falsch. Nun will ich zwar nichts sagen von den Menschen / die Schwäntze haben / davon HARVEUS de Generat. Anim. Exerc. 5. und ANTONIUS de TORQUEMADA handeln. Dieses wil ich nur zubedencken geben / daß die Menschen nicht so durch die freye Lufft beweget werden / wie die Vögel und Insecta. Denn sie haben etwas / darauff sie fussen und sich halten können / indem sie fortgehen / nehmlich die Erde / welche unbeweglich ist. Die Lufft aber / wie auch das Wasser ist beweglich / daher können die Vögel und Fische sich nicht darauff verlassen / sondern müssen etwas anders haben / mit welchem sie ihre Bewegung dirigiren / und das ist der Schwantz.

XCV.

Gibt es auch Städte und Dörffer unter der Erden?

GAFFARELLUS hat ein absonderlich Buch davon geschrieben. Welchem zwar KIRCHERUS nicht hat wollen Glauben beymessen / wenn er es nicht hernach selber erfahren. Denn als ich Anno 1637. zu Melita war (schreibt er in Mundo Subterran. part. 2. l. 8. Sect. 4 c 3. p 97.) hat sichs zugetragen / daß ich einmahl mit dem Magistro ordinis Hierosolymitani, mit Nahmen Johannes Lascari, in einen lustigen Meyerhoff gegangen. Nachdem wir nun daselbst untereinander von der Natur und Eigenschafft dieser Insel discurriret / hat er zu verstehen geben / wie in der nähe ein Ort wäre / da die Leute unter der Erden wohneten und wären ihm unterthan / und sehe es gerne / daß ich möchte hinein gehen und beschauen den grossen Fleiß / den diese Leute anwendeten diese unterirrdische Höhlen anzurichten / und ihre Wohnungen darinne zu bauen. Als ich sagte / daß mir nichts liebers und angenehmers wiederfahre könte / hat er mir einen zugeordnet / der bescheid ümb den Ort gewust und mich dahin geführet. Und also bin ich zu derselben Wohnung / die sie auff Arabisch Ghaar Kebir, das ist / die grosse Höhle nennten / gekommen. Wie ich zum Thore hinein ging / welches groß und breit war / hab ich gesehen / das es voll Leute / Männer und Weiber / Knäbchen und Mägdchen / die alle Baur-Kleider an hätten. Und ob es wohl das ansehen hatte / als wohneten sie confus untereinander / so hatten doch jede Geschlechter ihre eigene wohnungen / die theils die Natur gemacht / theils auch ausgehauen waren: In denselben waren unterschiedliche Kämmerchen und Fächerchen / darinn sie ihre Speise hatten: Hier war ein Bette in Stein gehauen / dort ein Schranck zu Brodt und Käse / anderswo Kühe- Esel- und andere Vieh-Ställe / ja es waren auch Hüner Nester drinnen: Sie hatten grosse irrdene Geschirre / darinn sie das Wasser samleten: An den Wänden hingen lange Reyen Zwiebeln und Knoblauch: es waren auch Back Ofen da / und Löcher die dazu gemacht waren / daß das Liecht hinein fallen konte / jedoch konte ihnen weder Regen noch Wind einigen Schaden leicht zufügen: Die Ofen hatten auch ihre Caminen und Schorsteine / damit sie nicht vom Rauch erstickten / wenn sie Feur machten: Bey tage arbeiteten sie ausser der Höhle und versorgten sich mit nothwendigen Lebens Mitteln / die Weiber spunnen / machten Käse / und was dergleichen Weiber-Arbeit mehr ist: Und weil sie kein Holtz hatten / so gebrauchten sie an dessen statt den Mist vom Viehe / den sie an der Sonne dürreten: Sie sind von langer Statur / so wohl die Männer als Weiber / starck vom Leibe / und bringen ihr Leben hoch / die Frauen sind nicht heßlich: Sie wohnen aber so gerne in ihrer Höhlen / daß wenn sie etwan die Noht treibet nach Melitam zu reisen / entweder etwas zuverkauffen / oder andere nöhtige Dinge ihnen zu schaffen / so lassen sie sich nicht halten / sondern machen sich nach vollendeten Verrichtungen / alsobald wieder hinein / und blieben nicht eine Nacht aus / wenn man ihnen gleich viel böhte. u. s. f. Dergleichen hat auch obgedachter KIRCHERUS in Hetrurien gesehen: Denn als er Anno 1659. einsmahls das Viternische Feld besehen wolte / ging er ohngefehr bey einer Wiesen vorbey / aus welcher viel Rauch auffstieg; da hat er erstlich gemeint / es wären Dünste / so doch sonst aus der Erden kähmen: Als er es aber hernach anders erfahren / ist er hinein gangen / und hat es eben so befunden / wie bey denen an Melita / nur daß die Höhle grösser und einem rechten Dorff ähnlich gewesen.

XCVI.

Sind auch Wiesen unter dem Wasser?

Dieses wissen die jenigen so aus Spanien und Portugal in Americam hin und wieder schiffen: Woselbst das gantze Meer viel tage nach einander grünet / gleich als eine lustige Wiesen; das Graß und Kraut wackelt von einer Seiten zur andern / und wird Sargasso genennet. KIRCHERUS hat Blumen gesehen / die unter dem Meer gewachsen / und von den Urinatoribus herauff gebracht seyn. Er hat auch viel andere Wiesen unter dem Meer observiret, davon sein mundus subterraneus mit mehren zu sehen. Sonst habe ich oben auch von Wäldern gedacht / die unter dem Wasser zu finden: Itzo setz ich noch dieses hinzu / was mir neulich beym Kirchero fürkommen / nehmlich daß die Fischer zum öfftern eine grosse Menge Corallen Bäume / die fast wie unsere Kirsch-Bäume sind / aus dem rohten Meer heraus ziehen / wie die Arabier / so daselbst wohnen / berichten. Vid. KIRCHER. l. c. part. 1. lib. 2. cap. 14. p. 97. Ja sie sollen so hoch wachsen daß die Gipffel davon übern Wasser heraussteben / welches den Schiffen sehr hinderlich und gefährlich: so werden sie auch nicht nur an einem Ort/ sondern an unterschiedlichen Orten in demselben Meere gefunden/ und gehen über etliche Meil Weges. Dergleichen sollen auch seyn in dem Sicilischen Meer bey Drepano, und an unzehligen andern Oertern im Oceano, die ich geliebter Kurtze willen nicht alle anführen wil.

XCVII.

Welche Schaffe haben die besten Schwäntze?

Von Schaffen halten die Persier grosse Herden/ dann das Schaffleisch wird am meisten und täglich verspeiset. Es ist gar eine seltzame Art und hat einen frembden Geschmack: an etlichen Orten seynd sie so groß/ als unsere gemeine/ etliche grösser wie die in Ditmarsen/ die meisten und besten haben krumme erhabene Nasen und lang herunter hangende Ohren/ haben Schwäntze/ welche zehen/ zwantzig ja dreissig Pfund wägen/ ist lauter Fett/ hergegen haben sie auch nicht viel Fett am Leibe und auff den Riebben/ es hat zwar der Schwantz seine ordentliche Knochen und Glieder/ als andere Europæische/ aber das Fett hat sich rund herumb gesetzet. BEHR im Tage-Buch der 9. Jährigen Ost-Indianischen Reise p. 78.

XCVIII.

Kan man auch mit Steinen neen?

Es ist ein Stein/ welcher Amiantus, linum vivum, pulvis salamandræ, linum asbestinum &c. auff deutsch/ Erdflachs/ Salamander Haar/ u. s. f. genennet wird. Der wächst als Haare/ bißweilen ist er weiß/ zum öfftern aschergrau/ bißweilen hat er auch andere Farben an sich/ auswendig ist er trocken und läst sich in Faden zertheilen/ inwendig aber ist eine zähe fettigte Feuchtigkeit/ die mit keinem Feuer kan herausgebracht werden. Die Fäden sind also beschaffen/ daß man damit neen/ und Leinwad daraus machen kan/ nicht anders als aus gemeinen Flachs. Vor Alters wurden Leichen-Tücher davon gewebet/ darinn der verstorbenen Könige Cörper geleget wurden/ wenn sie solten verbrennet werden. Denn dazumahl wurden die Todten nicht begraben/ wie heute zu Tage geschiehet/ sondern verbrennet. Dieselbe Leinwad aber verbrante nicht/ sie mochte auch so lange im Feuer liegen/ als sie immer wolte/ ja sie ward vielmehr weisser und schöner. Und wenn Flecken hinein kommen/ wurden dieselben alle durchs Feuer/ und nicht durchs Wasser weggenommen. Bey etlichen Potentaten wird noch heute zu Tage dergleichen Leinwad gefunden/ aber es ist etwas rares. Der Stein selbst wächst in India, Arabia, Cypro, Insula Corsica, Hetruria &c. Vid. PLINIUS, ÆLIANUS, SOLINUS, CARDANUS, SCALIGER, LUDOV. VIVES, ALDROVANDUS, BOETIUS, AGRICOLA, FALLOPIUS, CÆSALPINUS, GESNERUS, LICETUS &c.

XCIX.

Kan man auch aus Steinen Papier machen?

Der Amiant oder Erdflachs läßt sich nicht allein neen und verweben/ sondern man kan auch Papier draus machen. KIRCHERUS Mund. Subterran. part. 2. lib. 8. p. 67. hat dergleichen/ und wenn es beschrieben/ so wirfft ers ins Feuer/ alsdenn vergehen die Buchstaben/ und das Papier wird weiß/ also daß man wieder darauff schreiben kan. Und mit einem solchen Papier kan man sich die Zeit seines Lebens behelffen/ wenn man an einen guten Freund was schreibet/ derselbige reiniget es hernach durchs Feuer /und schreibet die Antwort drauff/ der ander kan es wieder so machen/ so lange er wil/und darff sich nicht besorgen/ daß es ihm verbrenne. Wie mans aber machen soll / beschreibet er in folgenden Worten: In mortario tundantur in non exiguâ qvantitate lapides asbestini, usq; dum nihil aliud qvam lanuginosa materia appareat. Hoc præstito, fiat cribrum ad instar craticulæ ex filis ferreis, aut, qvod melius, cupreis confectum, ita ut fila minimo spatio, qvantum fieri potest, inter se distent, eo prorsus modo, qvo chartarii opifices hodierna die uti solent; deinde lanuginosam materiam aqvæ immissam probè exagita, exagitatam cribro excipe, succussandoq; cribrum in tantum, donec lanuginosa materia in Chartæ formam juxta cribri formam diducatur. Nota hic, post materiam exagitatam in aqvâ sine ullâ morâ cribro excipiendam esse, si enim vel tantillo tempore expectaveris, materia utpote mineralis ex insitâ sibi gravitate fundum petet, adeoq; non nisi aqvam cribro hauries. Diducta itaq; materia juxta formam cribri, illam solito filtro aut panno exceptam umbroso loco, donec exsiccetur, expones, & habebis chartam in dictos usus paratam.

C.

Kan man auch ein Liecht machen/ das etliche hundert Jahr nacheinander brennt?

Es wird von den Römern geschrieben/ daß sie solche Liechter in die Gräber gesetzt/ die hundert und mehr Jahr gebrannt haben. Also soll ein solches Liecht in des Ciceronis seiner Tochter Grabe zu Pauli III. des Römischen Pabsts Zeiten / gefunden werden seyn/ welches dazumahl noch gebrant/ aber alsobald ausgeleschet/ wie die Lufft hinein kommen; des Callimachi Liecht soll in dem Tempel der Göttin Minervæ ein gantzes Jahr gebrant haben/ also daß es weder Wind noch Regen auszuleschen vermocht. Und solcher Exempel sind sehr viel zu finden bey dem Liceto, der ein absonderliches Buch in folio davon geschrieben. Ich halte nichts davon/und wolte mit vielen Gründen darthun/ daß die Römer keine solche ewig-brennende Liechter gehabt wiewohl ich weiß daß man solche Liechter machen könte/ auch wie man es machen solte; Aber ich muß es versparen biß auff eine andere Zeit und Gelegenheit. Denn die vielfältigen Verrichtungen/ mit welchen ich itzo überhäuffet bin; das unverhoffte Trauren/ so mir GOtt zugeschicket/ und die herannahende Franckfurter Messe heissen mich hier machen ein

ENDE.

Unterdessen muß ich dem geehrten Leser noch berichten/daß im Ersten Hundert dieses Physicalischen Wercksleins/ bey der 54. Frage/ wegen grosser Eil/ etwas ausgelassen/welches ich hier am Ende noch herbey zufügen für nöhtig erachtet. Die Worte sind diese:

Daß aber die Sonne den Menschen schwartz mache/ hat diese Ursachen/ weil die Sonnen-Hitze die Schweißlöcher eröffnet/also daß der Schweiß häuffig heraus trit. Nun ist zwar der Schweiß wässericht/ aber es ist auch etwas von Erde dabey/welches der saltzige Geschmack anzeiget/ das wässerichte/ weil es subtiler ist als das andere/wird zuerst von der Sonnen resolvirt, daher bleibt die irrdische Materie in den Schweißlöchern sitzen/ welche hernach nicht/ oder doch schwerlich wieder heraus gebracht werden kan. Hierzu kömt noch der Staub / der in der Lufft hin und wieder herumb fliehet und sich an die Schweißlöcher setzt / davon gleichfals die Schwärtze entstehet. Aus diesen kan man auch die Ursache nehmen/woher es komme/daß die Schmiede schwärtzer aussehen/ als andere Leute? nehmlich weil sie viel schwitzen/ und viel Staub erregen/ der sich an ihr Gesicht und Hände setzt/ und zwar in die Schweißlöcher hinein dringt. Weswegen denn selbige Schwärtze nicht wohl ausgehet.

So noch etwan sonst was mehr in diesem Tractätlein versehen/das wolle der günstige Leser der Menschlichen Schwachheit zu schreiben; ist aber etwas gutes darinne gestifftet/dafür wolle er den allein weisen und grundgütigen GOtt mit mir preisen und sagen

GOtt allein die Ehr.